西北高寒矿区生态修复关键技术集成与示范

杜军林　金　铭　冯宜明　著

中国原子能出版社

图书在版编目（CIP）数据

西北高寒矿区生态修复关键技术集成与示范 / 杜军
林，金铭，冯宜明著． --北京：中国原子能出版社，2023.5
　　ISBN 978-7-5221-2699-9

Ⅰ．①西… Ⅱ．①杜… ②金… ③冯… Ⅲ．①寒冷地
区－矿区－生态恢复－研究－西北地区 Ⅳ．①X322. 24

中国国家版本馆 CIP 数据核字（2023）第 080180 号

西北高寒矿区生态修复关键技术集成与示范

出版发行　中国原子能出版社（北京市海淀区阜成路 43 号　100048）
责任编辑　王　蕾
责任印刷　赵　明
印　　刷　北京九州迅驰传媒文化有限公司
经　　销　全国新华书店
开　　本　787 mm×1092 mm　1/16
印　　张　15.25
字　　数　362 千字
版　　次　2023 年 5 月第 1 版　　2023 年 5 月第 1 次印刷
书　　号　ISBN 978-7-5221-2699-9　　定　价　68.00 元

前言

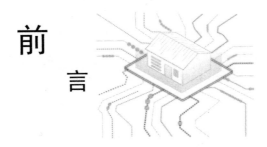

  本书是一本介绍西北高寒矿区生态环境修复现状、新技术与前沿问题和未来发展方向的著作。主要介绍我国西北高寒矿产资源及其开采，阐明西北高寒矿区生态环境问题，对西北高寒矿区生态扰动的监测与评价、西北高寒矿区生态修复的基础理论与原理、西北高寒金属矿冶区生态环境修复的现状与未来、西北高寒能源矿区生态环境修复的现状与未来、西北高寒非金属矿区生态环境修复的现状与未来、西北高寒矿区生态修复的法规与监管进行阐述，讨论中国矿区生态环境修复战略并对未来的发展给予展望。

  本书关注高寒矿区生态修复理论、技术创新与实践，内容涵盖了高寒矿区生态现状与修复理论、高寒矿区煤炭资源与开采、高寒矿区种草复绿探索、木里矿区土壤重构及植被恢复技术研究、高寒矿区生态修复技术创新、高寒矿区生态修复典型案例、高寒矿区生态修复管理创新与实践等。解决了西部地区井工矿开发地面沉陷缓减与治理、高矿化度矿井废水高效稳定处理关键技术、矸石综合处置及资源化利用、矿区生态修复、数字矿山建设等方面共性关键技术问题，为绿色矿山建设提供技术数据支撑。分析了中央生态环境保护督察反馈的涉矿问题和我国西北高寒矿区生态修复存在的问题，提出了生态环境协同治理对策。本书介绍了西北高寒矿区环境污染综合治理关键技术集成示范及生态环境修复，对于完善我国矿区开采环境污染治理技术体系与理论、提高西部生态脆弱区煤炭开采生态修复科技含量，推动地区科技进步具有重要的科学意义。

  为深入贯彻生态文明思想，坚持绿水青山就是金山银山理念，紧扣西北高寒地区的价值在生态，发展潜力也在生态的省情定位，坚决扛起西北高寒地区生态环境保护责任，开展了木里矿区大规模生态修复工作，成功运用到了生态学领域，创造性地建立高原高寒特色的生态修复治理模式，采用"一坑一策"解决了世界性的高原高寒矿区生态修复治理的难题。

  本书配备有详细图解记录了工程的细节，用生动而丰富的图片，再现了生态环境问题的调查分析，采坑渣山治理中的工程监管，以及覆土复绿的土壤重构和种草复绿效果监测等各环节的施工细节，具有很强的视觉冲击力。本书的出版，对促进我国黄河流域生态环境保护，对高原高寒地区生态环境修复和煤炭资源保护将起到积极的推动和指导作用；同时本书的出版，对从事煤炭地质、煤矿开发和矿山生态环境保护的工程技术人员，以及地矿类和生态类等高校师生和科研人员具有重要的赏阅和参考应用价值。

目 录

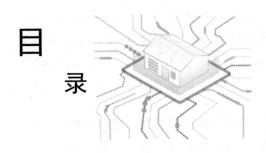

第一章 矿山生态修复概述

第一节 矿山生态修复概念

一、相关概念及基础理论解析

（一）相关概念

1. 寒冷地区

（1）寒冷地区的定义

我国可分为五大气候区：严寒地区、寒冷地区、夏热冬冷地区、夏热冬暖地区、温和地区（《民用建筑热工设计规范》GB 50176－93），每个气候区都有各自的分区指标和气候特点。

（2）寒冷地区的气候特征

寒冷地区最基本的气候特征就是冬季寒冷漫长、干燥，多以降雪的方式降水；一般来讲，同一国家范围内气候类型相同的寒冷城市，向北的地理纬度越高，冬季气温越低。就光照特征来讲，寒冷地区光照时长也受维度的影响，维度越高，光照时间相对减少。除此之外，寒冷地区还会有强降水和强风等明显的气候特征。

（3）寒冷地区因气候受到的影响

第一，受自然气候环境影响，寒冷地区冬季的低温限制了一些植物的生长，植物景观显得萧条、荒凉；空气质量较差，严重时还会有沙尘暴、雾霾等环境问题。因为气候寒冷，城市的经济发展也会受到一定的影响，如：建筑业、农业等会在寒冷冬季停工。

第二，寒冷气候会影响人类的活动行为和身心健康。在最寒冷的月份，人们除了上班、上学等必要性活动外，极少会自发性的去户外开展运动和社交。另外，由于长期处于活力低下的空间，人们更容易感到心情抑郁、苦闷；光照不足还会影响人体的骨骼发育，等等。此外，有学者研究得出，寒冷地区的居民受气候的影响，性格更加勇敢无畏，喜欢具有挑战性的娱乐项目。

总的来讲，寒冷地区的人居环境质量相比其他温暖地区较低。在这种情况下，寒冷地区的矿山废弃地转型尤为重要，通过生态修复和景观再造赋予矿山废弃地新的社会、文化和景观价值，不仅能提升周边人居环境质量，还提供就业机会，有效防止人口流失。

2. 矿山废弃地的概念与特征

（1）矿山废弃地的概念

矿山废弃地是指在矿业生产活动中，由于开采破坏和占用而无法使用的土地。按照矿产资源种类可以分为煤矿废弃地、采石场废弃地、金矿铁矿废弃地和稀有金属废弃地。

由于矿种、开采方式、条件的差异从而形成不同类型的废弃地，大致可以分为四类：一是堆积的尾矿废弃地，常见于金属矿区废弃地；二是剥离的废弃表土堆积形成的排土场废弃地，常见于煤矿废弃地；三是废石场废弃地；四是被采空区和塌陷区、工业建筑物等占用的废弃土地。

（2）矿山废弃地的特征

矿山废弃地的生态、文化、景观特征区别于其他自然环境。对其特征具体内容进行了解和总结，有利于后续研究和设计的科学开展，为废弃地的合理利用提供思路。

① 生态特征

从开采到废弃，矿区的土地资源、水、气环境均受到污染，打破了矿区原有的生态平衡。从土壤基质条件看，矿区土地资源受到毁损，原生的地形地貌景观遭到破坏，易造成土地贫瘠。废弃矿石的堆积不仅污染原有的土地耕种功能，还造成了土地资源浪费。从矿区水环境来看，植被覆盖率的减少大大降低了土地保水的能力，且开采过程中强制的疏干排水改变了区域内的储水结构，造成地下水位下降等问题。特别是有色金属矿的废弃渣经过雨水的淋漓，其废水的流动渗透，直接影响农作物的耕种，也影响周边人畜的生活用水。从动植物生境状态看，人类的过度干扰打破了原有的生态平衡，阻隔了生境板块之间的流动和运转，导致了物种多样性的大大降低。

此外，矿区还存在一些潜在的危险，如：塌陷、滑坡、泥石流等。应采取超前剥离表土和风化层，清除浮石危石、降坡消坡等手段以确保场地的安全性。

② 景观特征

地理学家定义为一种地表现象；艺术家称之为表现和再表现的对象，生态学家定义为生态系统。在本文的景观特指对"景观"这一概念的通识理解，即：土地及土地上的空间和物体所构成的综合体。

就矿区废弃地而言，其景观特征较之前有强烈的差异性，表现在自然山体景观的破坏，废弃的渣石土料堆积、破碎的路网、植被的毁坏、散发恶臭的水体以及散乱遗弃的开采设施和破败的建筑。相反，这些无序的基质语言恰恰可以体现矿山废弃地的独特性，也可以成为设计过程中独一无二的名片。

③ 人文特征

"一方水土，一方文化"，不同的城市孕育出不同的地域特色文化。与许多地方文化一样，矿山废弃地的文化脉络记载了特定时间、空间区域内的历史变迁，承载着社会生产力发展的变化和城市经济形态的动向。因此矿山废弃地特有的文化产物不仅限于有形的结构与形态，如：废弃厂房、废弃工业设施和生产建筑等；还包含于无形的意识文化形态，积累了特定时间社会的生产资料、发展形态等精神产品。

如今，在矿山废弃地规划设计中，景观侧重于保护和再利用矿业遗产。对废弃物的处理方式不再是遮盖和隐藏，而是激发场地文化价值，统筹文化遗产实物结合当下社会经济、文化与生态，给予其尊重和更好的表达。这样既可以延续城市的文脉，又能全方位地体现可持续发展思想。

3．生态修复

（1）生态修复的概念

生态重建强调通过各种人工措施重新构建一个新的健康稳定的生态系统。生态修复即有修也有复，主要依靠人工参与辅助。生态修复强调将人工干扰和生态系统的自我恢复两者相结合，它服务于生态系统的健康运转。

（2）矿山生态修复的概念

以生态修复为主，人工为辅，利用生态学相关原理和方法，对受损、受污染的矿山生态环境和发展状态进行修复改善，使矿山生态系统恢复到能自我维持、自然演替的健康状态。

矿山生态修复是一项多学科交叉参与和支持的系统工程，涉及生态学、物理学、植物学、地质学、土壤学、经济学等。矿山生态修复技术主要有植被恢复技术、土壤基质改良技术和辅助修复技术。在当今经济全球化的背景下，矿山生态修复的目标也随之更新，即生态修复、生态提质、实现生态增值。三个新目标的统一对矿山生态修复后的景观再造设计提出了新要求，既要修复改善生态环境，提升生态品质，更要孵化文化、旅游等绿色产业形态，将产业选择和生态环境融合，探寻新的经济点。

4．生态生产力

生产力的内容必须包括生态，生态也是生产力。人们可以享受到生态系统提供的服务，主要有供水、供食的供给服务；精神享受的文化服务和调洪、调气候的调节服务。

矿山生态修复既提供大量公共性生态产品，比如清洁空气、森林碳汇、湿地碳汇、水土保持、水源涵养等，也提供经营性生态产品，比如优质农产品。普通的绿化或简单的生态景观，无法激活矿山内部的生态生产力，需要产业的植入和消费者的进入，才能产生良好的经济效益和社会效益。这就要求在修复前就要有顶层设计的指导，既要青山绿水美起来也要当地人民富起来。

（二）基础理论解析

1．恢复生态学理论

恢复生态学是研究生态重建技术方法、恢复生态系统的学科理论，其研究对象是退化的生态系统。此外，国际恢复生态学会给了它最新的定义，强调恢复的生物的多样性、生态整合性等。

恢复生态学理论的指导，为解决寒冷地区矿山废弃地的生态问题和实现可持续发展提供了新的机遇，其参与对矿山废弃地景观再造设计尤为重要。主要启示在以下几个方面：① 对场地进行设计时要注重尊重和保护区域内现有的生态系统，尊重植物再生的过程，实现最小干预。② 对矿山废弃地的污水进行收集处理再利用时，可以通过动植物、微生物的自然演替净化水体。③ 在遵循自然法则修复生态系统的同时，要从可持续发展的角度出发，激发生态生产力，以此带动经济和社会效益。

2. 景观生态学理论

景观生态学是一门交叉学科，主要构成是生态学和地理学。研究对象是景观单元，研究内容是景观格局和生态过程。在实践方面，景观生态学更多聚焦在景观格局和功能等问题上，核心是景观异质性和多样性。

秉承这一思路，一方面应以广域的空间视角将寒冷地区矿山废弃地融于城市景观规划中，提高城市环境的竞争力；另一方面应维持场地与周边环境的异质性，这样才能更好地促进矿山废弃地的可持续发展，这是景观生态学理论与废弃地重建相结合有意义的实践。在规划设计矿山废弃地的过程中，以可持续发展为目标提供有益的景观生态布局，才能在景观管理中更好地维持景观系统的生产力。

3. 循环经济理论

寒冷地区的低温低、上冻期长是制约经济发展的一大因素。寒冷气候会影响农作物的生长、影响人的活动性，一些基建工程在冬季最寒冷时会停工。这不仅会影响城市经济收入，还会造成人才流失。而循环经济的本质要求是：生态环境与经济社会全面协调、高效合理利用资源避免浪费。再回收原则、减量化原则和再利用原则是循环经济的三大基本原则。

因此，循环经济理论对寒冷地区矿山废弃地景观再造设计具有高度的指导意义。具体而言，① 低成本，高利用模式。在生态修复环节，尊重场地现状以最低成本进行植被复绿，土地复垦等生态恢复措施。充分发挥其价值实现废物持续再利用，并创造经济和生态价值。② 低排放，可持续循环。去除污染物质对其再利用，将场地内自然资源有效整合最大化循环。如：将渣土污水淤泥作为植物的肥料；雨水去污收集再供给植物生长。③ 实现社会生产与自然界的物质交换。在矿山废弃地生态区域可承受的范围内进行经济活动，融入最小干预的种植业或者旅游观光，确保可持续生产和消费，实现经济转型。

二、寒冷地区矿山生态修复

（一）地质灾害隐患防治

矿山开采活动不仅破坏了原生的地形地貌景观，损坏了山体结构，坡面渣土堆积还对矿区土地资源造成了毁损。矿山废弃地存在较强的地质灾害（隐患），主要有坡面不稳定、地面塌陷、泥石流等。因此矿山生态修复的首要任务就是地质灾害隐患防治。

因为寒冷地区独特的气候条件，矿山环境会相对复杂，选择适合寒冷气候环境条件，成本低，便于机械化施工的技术清除危石、浮石。对于体积较小的可以人工破碎，体积较大的可采用静态破碎等。在清理边坡松散的混合土石坡面后，可以通过降坡削坡等方式将边坡降到安全的角度以内，从而消除边坡崩塌隐患。另外，在已经处理好的边坡加种植被，进一步增加稳定性。此外还要设置排水截水阻渗装置，防止水渗透出现塌方。

（二）土壤改良

矿山开采直接损坏矿区内土壤基质，造成土地贫瘠甚至退化。矿山复绿依托植被修复，而植被修复的先决条件便是土壤改良。因此，在寒冷地区矿山废弃地生态修复的进程中，土壤改良是重要且先行的环节，可采取的修复技术有物理修复、化学改良和生物改良。

1. 物理修复技术

在不损伤异地土壤的条件下，取适量土壤用客土回填的方法移至废弃地土层较薄或者受污染的土壤部位，在土壤上种植农作物、植被，对受损的土壤进行修复。

2. 化学改良技术

在土壤中添加化学物质来降低或消除污染物，使土壤壤质得到改良，达到植被生长的土壤需求。这一技术能缩减演替过程的时间，达到快速实现植被复绿的效果。

3. 生物改良技术

运用动物、植物、微生物进行改良。土壤动物例如蚯蚓即是消费者也是分解者，它的活动能够增加土壤的通气能力，加速养分的流动，提高土壤肥力等。一些根系发达、生命力顽强的植物可以吸收污染元素改良土壤，腐化后还能增加土壤有机质的含量。微生物土壤改良是当今矿区土地复垦技术的研究热点，它能促进有机物和营养物的转化，加快土壤内污染物的吸收降解与转化，完成养分循环。

受寒冷气候的影响，寒冷地区还存在季节性冻土情况，春季融化后土壤的含水率会增加，因此还要注意冻土对地下水的补给与排泄问题。

（三）水体修复

寒冷地区粗放型的矿山开采方式导致矿区内水系发生断流或者受到污染，对地表水与地下水均造成较强影响。水土流失、水污染等问题对生物的生存和人畜的生活饮用造成了严重的影响。对于地表水修复可以通过调用水源对污染水体进行稀释净化，还可以采用生物膜净化技术、人工增氧修复技术等；对于地下水的修复着重于构建蓄水系统。

受气候影响，寒冷地区的河流夏季有汛期，冬季有结冰期，水量时空分布不均；部分河流还存在容量小、流动性差的问题。因此，应根据寒冷地区气候特点，结合矿区具体的生态环境问题，选择合适的修复方式去污，增强水体自净能力和营建景观，等等。

在矿区水系重塑的过程中，一定要结合寒冷地区气温低、冬季降雪的气候条件，考虑寒冷地区的地域特点。若废弃地自然条件优越，降雨充沛且周边水系发达，可以通过景观再造展现水体修复的过程。因此，根据寒冷地区气候特点，选择耐寒的越冬水体修复植物，例如荷花、睡莲、芦苇等符合寒冷地区水体特点的植物。

（四）植物恢复

植被恢复是矿山生态修复的常用技术，它的优点在于既不破坏土壤结构，又能减少矿山生态修复的资金投入。按照寒冷地区光照和气候的要求，要挑选耐寒、耐贫瘠、抗逆性强，能适应寒冷地区不同积温区生长环境要求的乡土植物。

1. 植物种类的选择

植物种类的选择跟矿区的地质、水文土壤条件密切相关，要因地制宜地选择植物，才能促进植物群落的稳定性，提高生态演替效率。针对寒冷地区，应筛选抗逆性强、生态适应性强、稳定性高的植物。一般来讲，常见的植物分类有：固氮植物、先锋植物、乡土植物等。

氮元素是植物生长的关键元素，固氮植物顾名思义是指该类植物有较强的固氮能力，不需要额外施加肥料，就能够有效改善土壤肥力。常见的固氮植物大多是豆科植物，如：紫云英、三叶草、紫花苜蓿、白三叶等。还要一些非豆科固氮植物，包括桤木、沙棘、杨梅、马桑植物等。这些植物都可以在一定程度上改良矿区废弃地的土壤基质。

先锋植物抗逆性强，有较强的生命力，即使无人养护也能实现自我生长。在寒冷地区矿区植被重建前期，先栽种耐性强的先锋植物，使其快速覆盖裸地，随着生长改良土壤，为后续植被生长提供良好的环境。常见的先锋植物有：侧柏、白桦、臭椿、胡枝子、刺槐等。

此外，考虑到植物群落的安全性和稳定性，应首选乡土植物进行乔灌草搭配。因为乡土植物立足于本地有着较好的生态适应性，能够有效达到植被恢复的效果。

2. 边坡复绿的技术方法

由于寒冷地区特殊的工程环境，对边坡复绿技术有着较强的要求。整体结构强、透水性好、柔性好、抗冻的边坡材料更适合在寒冷地区使用。

矿山地形地势情况复杂，针对不同类型的边坡，应选择不同的技术方法来营造种植空间，实现矿山生态复绿。

第二节　矿山开发产生的环境地质问题

一、矿山地质灾害

滑坡地质灾害主要发生在露天采场。一般而言，滑坡形成的自然因素和条件主要包括：① 岩层（岩体）结构面对滑坡形成的影响；② 断层对滑坡形成的作用；③ 软弱夹层对顺层滑坡形成的作用；④ 围岩蚀变、软岩体对滑坡的影响；⑤ 降雨、地表水入渗对滑坡形成的作用；⑥ 微裂隙弱含水层（带）、残余水头对滑坡产生的影响。

（一）滑坡

1. 滑坡分类

（1）按滑坡区岩体结构、滑面特征及其采矿关系划分可将发生过的边坡失稳归纳为以下几种类型。

① 顺层滑坡：发生最多的一种滑坡类型，一般为顺着层面的滑动。它又可分为沿单一层面的滑坡和坐落式平推滑移型滑坡两类。沿单一层面的滑坡，一般滑面倾角大于其内摩擦角，发生规模较大，且坡角切层开挖，往往是形成滑坡的重要原因。坐落式平推滑移型滑坡，滑面具有复合形态，主体滑面为岩层滑面，而滑坡后缘为近似的圆弧形，它是沿着构造节理等追踪发展而成的，倾角逐渐变陡以至于高倾角。主滑面比较平缓，滑体的滑动变形速度较小。

② 圆弧滑坡：指其滑动面是弧形的，常见于土质滑坡。这类滑坡一般要经过坡角蠕

动变形、滑坡后缘张裂扩张和滑坡中部滑床断裂贯通三个阶段。前期发展缓慢,中后期发展迅速,滑坡速度很大。散体结构的破碎岩体或软弱沉降岩边坡滑坡多属此类,是第四系表土层中常见的类型。露天矿北帮风化基岩的软岩边坡及断层破碎带中的边坡可多次出现圆弧滑坡。

③ 倾倒滑坡:一般具有反倾边坡结构,最初为沿着边坡岩体中的反倾结构面产生错动,边坡面形成微细的错动裂纹,继而发展为裂缝,随着岩层层面的进一步错动使边坡面的裂缝两侧产生相对的差异变形,并使岩层逐渐向外倾斜直至崩塌。当边坡岩体结构面倾角很陡时,岩体可能发生倾倒,它的破坏机理与上述两种不同,它是在岩石重力作用下岩块发生移动而产生的倒塌破坏。这种滑坡往往发生在台阶坡面上,很少导致整个边坡下滑。

④ 楔形体滑坡:最常见的一种滑坡形式。楔形体滑坡的主要特点是滑动面及切割面均为较大的断层或软弱结构面;根据结构面的数目,又可以分为由两个结构面组合形成的楔形体,以及由三个结构面组合形成的滑动楔形体。由两个结构面组合形成的滑坡,一般为沿组合线交线方向滑动的双滑面滑坡;由三个结构面组合形成的滑坡,既可能是组合线交线方向滑动的双滑面滑坡,也可能是单一结构面倾向滑动的单滑面滑坡。当边坡中有两种结构面相互交切成楔形失稳体,即当两结构面的组合交线倾向与边坡倾向相近或相同,且倾角小于边坡角而大于内摩擦角时,容易发生楔形体滑坡,但一般规模都比较小。

⑤ 复合式滑坡:指由圆弧滑坡和顺层滑坡组合而形成的滑坡。复合式滑面滑坡常见于具有较厚的第四系覆盖层的岩土质边坡中。第四系覆盖层的土形成近似圆弧状滑面,而下部地质结构面特别是软弱结构面发育。

(2)按滑坡的动力学原因划分

可将滑坡分为以下两种类型。

① 推移式滑坡:主要是由于在坡体上方不恰当地加载,如建造建(构)筑物等引起的。通常表现为上部先滑动,然后推动下部一起滑移。如开阳磷矿原总降压变电所土坡上方因经常通过运输重车而造成的坡体滑移即属此类。

② 牵引式滑坡:主要由坡脚的不正当挖方引起。通常是下部先行滑动,而后牵引上部接着下滑。严重时会造成连锁反应:一个台阶滑移牵引着另一个台阶依次滑移。这在矿山建设中较常见,因为一般都将厂址选在较陡的坡体上。

2. 滑坡变形发展因素

一个物体静止不动,是其各方向受力均势的结果。如果其中某一方面或几方面的力发生变化,物体的均势遭到破坏,就要发生相应的移动,即从原来的位置以不同的方式运动到新的位置,并形成新的均势,这就是均衡理论或均势理论。

影响边坡稳定性的因素有:边坡岩石力学性质,地质构造的复杂程度,节理、滑面及断层有无交错,地下水位的移动和地面降雨情况,残余构造压力的存在,采场内爆破移动,采场几何形状变化,雨季和解冻期等。

滑坡活动是在各种动力作用下,岩土体发生变形崩落的现象。它的形成可分为三个阶段：第一阶段为不稳定因素积累阶段；第二阶段为重力崩坠阶段；第三阶段为平衡恢复阶段。第一阶段：岩土体在长期的地质应力作用下，产生节理、裂隙或断裂，完整性受到破坏，甚至破裂分割成支离破碎的块体，为滑坡活动奠定了基础。此阶段历时长短随岩石性质与结构、构造活动程度、边坡形状、外应力强度等而不同。第二阶段：滑坡体脱离母岩，沿最大重力梯度方向急剧而猛烈地崩落，然后堆积于坡麓。第三阶段：平衡恢复阶段，同时又是下一次可能滑坡的准备阶段。如此周期变化。

滑坡活动受多种因素影响，主要发生在雨季。而软硬相间岩层由于差异风化，坚硬岩体突出，由结构面切割或重力蠕变，坚硬岩体就会产生崩塌、落石。地质构造发育使完整岩石被分割成割裂体，割裂体在诱发因素下失稳而形成崩场，因此构造越发育，岩体越破碎，越易产生崩塌、落石。人为影响主要是开挖坡脚、改变应力场，使坡体内积存的弹性应变能释放而造成应力重新分布，岩体产生卸荷裂隙，它们多张开且平行于边坡面，并使原有裂隙扩展和张开。由其所切割的岩体，可能失稳而形成崩塌滑坡。目前露天煤矿、铁矿采石场所发生的滑坡，大多数是由于违反开采顺序，乱采滥挖造成的。

为了使露天采掘、剥离作业正常进行，采场边坡岩体应该具有一定的稳定性。当工作台阶采掘到最边界时，便形成最终边坡。当最终边坡角过陡时，稳定性差，易滑坡，会危及人员和设备的安全，导致停产闭坑；当其过缓时，会降低采矿经济效益。

3．滑坡地表特征

一个完备的滑坡，在地表都具备以下主要特征：滑动土体和主体完全脱离，有着十分明显的滑坡周界，并具有滑移摩擦的痕迹。滑移体的后部和主体脱开的分界面称为滑坡壁，滑坡体向前滑动时，如受到阻碍形成隆起的小丘称为滑坡鼓丘，滑坡体的前部称为滑坡舌。

4．滑坡预防与治理

（1）合理确定工作阶段坡面角

边坡稳定是露天采矿的安全保证。露天开采时，先剥离后开采，严禁掏底部、放上部造成滑坡的野蛮冒险采矿。在工作阶段上，需要进行凿岩，爆破，装运和地质测量等作业，并随着回采的推进而不断移动。阶段上特别是坡面附近的矿岩受爆破采动的影响，常因为阶段坡面角过大造成岩石塌落或使平台宽度变窄而发生事故。为此，在露天矿设计和生产中，必须根据矿山的地质条件，岩石力学性质和采用的各种设备的性能、规格尺寸，确定合适的坡面角并规定出最小工作平台宽度，把剥离、采矿和运输设备，以及供电和通信线路设置在工作平台稳定坡面的范围内。

（2）边坡维护

露天矿边坡，必须对其进行经常性的检查和维护，以保证边坡稳定，防止灾害发生。建立一支边坡维护专业队伍，加强检查维修，必要时进行人工放坡、铺上草皮、植上灌木，砌筑局部挡土墙或者预埋防滑坡的木桩。要设置排水网络，防止地表雨水流入矿坑冲刷边坡，润滑层理。深凹露天矿要在坑外周围设置防山洪、防泥石流的阻挡或者疏导的设施。排水网络包括以下三个部分：地表排水、地下排水和立体排水系统。在临近边坡进行爆破时，宜采用预裂和减震爆破法，减少单孔装药量而增大孔数，减少每次延时爆破的炮孔数，以防止因为露天爆破作业而破坏边坡的稳定性。

（3）抗滑工程加固方法

抗滑工程是防止山体滑坡的不可缺少的一部分，尤其对于事关生命、财产安全的矿区坡体来说，意义非同寻常。抗滑工程包括：① 抗滑墙——抗滑挡墙、加筋挡墙、锚定板挡墙、预应力锚索挡墙和锚杆挡墙等；② 抗滑桩——大截面积排式抗滑单桩、抗滑链、钢管桩、承台式抗滑桩、抗洪桩、桩基挡墙、椅式挡墙、排架式抗滑桩，抗滑钢架桩、板桩抗滑桩和锚固桩等。

（二）崩塌

1. 崩塌的概念

崩塌是指陡峻斜坡上的危岩体在重力作用下脱离母体的崩落现象，是高山峡谷地区普遍发生的地质灾害之一。崩塌一般发生在坚硬岩地区高陡边坡，其形成机制是：河流切割或人工开挖形成的高陡边坡，由于卸荷作用，应力重新分布后在边坡卸荷区内形成拉张裂缝，并与其他裂隙和结构面组合，逐步贯通形成危岩体，在地震或爆破震动、降水等外力触发作用下，导致危岩体突然脱离母体，翻滚、坠落下来，散堆于坡脚。卸荷区内危岩崩塌一般由边坡前缘向后呈牵引式扩展。一般边坡中下部及边坡前缘地带即为卸荷裂隙扩展的牵引带。不同结构的岩体崩塌形成机制和扩展特征不尽相同。

2. 不同类型边坡崩塌的特点

（1）水平岩层（倾倒崩塌、错裂崩塌）

在边坡卸荷作用下，卸荷裂隙一般在构造裂隙的基础上继承发展，在危岩体压应力作用下，层面垂向裂隙贯通后危岩体底部发生剪切破坏，形成崩落。崩塌区由边坡坡肩前缘向后扩展。如果危岩底部含有软弱或破碎夹层，软弱夹层的蠕变和超前风化，或者危岩底剪切带发育优势结构面或裂隙面，将加速危岩体底部的剪切破坏。有的底部软弱岩层超前风化，还形成悬挑式危岩体。如果危岩底部不易被剪切破坏，危岩体在垂向裂隙中降水水压，或充填物的水平推力作用下，卸荷裂隙向深部发展的同时，危岩体逐步向外倾斜，在地震等外力作用下产生倾倒崩塌。

（2）顺向岩层（滑落崩塌）

在边坡开挖或河流切割产生的卸荷作用下，卸荷裂隙一般在层面垂向构造裂隙的基础上继承发展，危岩体沿岩层面滑落而形成崩塌。崩塌区由内边坡坡肩前缘向后扩展，直至边坡重新趋于稳定。

（3）逆向岩层（错裂崩塌）

在边坡开挖卸荷作用下，卸荷裂隙一般在构造裂隙的基础上继承发展，在危岩体压应力作用下，垂向裂隙面贯通后形成崩落。崩塌区由内边坡中下部向上，向后扩展。

3. 崩塌防治机理

陡峻边坡崩塌主要受控于节理裂隙和结构面的组合，其活跃程度取决于卸荷裂隙的扩张与卸荷裂隙区的扩展。崩塌防治的理论依据就是加固已经形成的危岩体，阻止危岩体脱落，并且阻止或减缓卸荷裂隙的扩张和卸荷裂隙区的扩展，保持边坡的相对稳定性。我们对崩塌的防治总是有目的的，因此必须对形成边坡崩塌的具体条件，如岩石结构面和各类节理裂隙面进行充分调查研究，并分析崩塌的形成机制和扩展趋势，再结合具体防治目的，才能有针对性地对边坡崩塌采取有效防治措施。

（1）锚固与挂网喷护

在裂隙较为密集的卸荷裂隙区和危岩区，在清除部分危岩体的基础上，用锚杆加挂网喷护锚固危岩体，以达到减缓卸荷裂隙的产生和卸荷裂隙区的扩展，以及加固已经形成的危岩体的目的。这是防治崩塌最常用的方法，也是最普遍的做法。在设计加固工程时，要充分考虑边坡岩体的结构与裂隙面特征和卸荷裂隙的扩展特征。将卸荷裂隙扩展的牵引带作为重点加固区布置锚固工程。牵引区加固后可以阻止或减缓扩展区卸荷裂隙的扩张以及卸荷裂隙区的扩展。

护锚固危岩体，以达到减缓卸荷裂隙的产生和卸荷裂隙区的扩展，以及加固已经形成的危岩体的目的，这是防治崩塌最常用的方法，也是最普遍的做法，在设计加固工程时，要充分考虑边坡岩体的结构与裂隙面特征和卸荷裂隙的扩展特征，将卸荷裂隙扩展的牵引带作为重点加固区布置锚固工程。牵引区加固后可以阻止或减缓扩展区卸荷裂隙的扩张以及卸荷裂隙区的扩展。

（2）遮挡避让

对直接加固困难或加固成本高的高陡危岩边坡，可以采用遮挡避让的方法防治崩塌危害。这是针对如铁路和公路等线路工程经过峡谷区，采用的对边坡崩塌的防治方法之一。

（3）支撑加固

对较完整的悬挑危岩体可以采用支撑的方法加固，以保持危岩体的稳定性。这是临时性的防治。

（三）泥石流

在一些生态环境脆弱、地形陡峭，岩层疏松的丘陵山区，由于大规模地集中开采矿产资源，为泥石流的形成提供了大量的松散固体物质，加大了地面坡度，使非泥石流沟演化为泥石流沟，泥石流少发区转变为泥石流多发区，形成了新生的泥石流，即矿山泥石流。

矿山泥石流又称"人为泥石流"，专门研究矿产资源开发过程中人为诱发泥石流的形成过程。矿山泥石流具有规模小，密度大，松散体易起动，过程变化单调，随固体物质累积量的变化而变化的特点。

1. 矿山泥石流形成的条件

矿山泥石流是山区特有的一种地质灾害，往往是构造、地形地貌、气象水文、植被等自然因素和人类工程活动因素共同作用的结果。其形成条件与一般泥石流一样，须具备高陡的地形地貌、强降雨或其他水动力激发条件及丰富而松散的固体物源三个基本条件，故而山地丘陵区必然是泥石流的易发区。我国除油气、砖瓦黏土以外，绝大多数金属矿产，非金属矿产产于山区，因而山区矿山泥石流是在具备地形高差、强降雨条件下因矿产资源开发引发和加剧的"人为泥石流"。矿山筑路、工业场地修建、采矿及选矿等矿业活动过程中，排放的废石渣、尾矿砂为矿山泥石流形成提供了丰富而松散的固体物质，矿山泥石流成为山区最常见、危害最严重的地质灾害类型之一。

（1）物质来源和岩性

① 松散堆积物矿渣：由于松散物质形成时，不一定具备形成泥石流的降雨条件，有的沟甚至经过十几年、几十年或更长时间才具备形成泥石流的降雨条件。除现代一般洪水的正常沉积物外，大部分松散物质都具有一定的固结程度，因此应从松散物质所受各种力的平衡关系去考虑判断松散物质的活动性或起动条件。影响松散物质稳定性的主要因素是沟床底坡坡度、松散物质饱和抗剪强度、剪切面面积和洪峰流量。

② 坡面水土流失：与泥石流物质来源有关系。对非耕地来说，当林草覆盖率在$45\%\sim60\%$时，地面坡度大于$35°$，属强度面蚀。对坡耕地来说，地面坡度在$8°\sim15°$，就属于中度面蚀，地面坡度在$15°\sim25°$，属于强度面蚀。中度面蚀平均侵蚀厚度为$1.9\sim3.7$ mm/a，强度面蚀平均侵蚀厚度为$3.7\sim5.9$ mm/a。坡度增加，土粒内摩擦角减少，坡面物质的静止稳定性降低，水流的动能随之增加，冲刷能力加强，在一定坡度范围内，侵蚀强度随坡度增加而增大。按地貌最小能耗原理，河流通过调整其坡降和几何形态，力求使单位重度或单位长度水体的能量消耗率趋向最小值。单纯考虑纵剖面调整时，水流沿纵剖面演化的最小能耗原理表现为调整坡降使单位水体沿程流速及其平均值增大而做最速流动。

③ 崩塌、滑坡等地质灾害体：泥石流固体物质的又一重要补给类型，是边坡失稳的产物。滑坡体是泥石流流域内最常见，规模最大的产砂体。滑坡体由于雨水浸泡，内部剪切应力增大而滑动，直接补给或转化为泥石流运动。同时，强大的水流或稀性泥石流冲刷切割起反压作用的滑坡脚趾，促使滑坡体不断下滑而逐渐补给泥石流。崩塌体类似于滑坡体，只是规模小于滑坡体。崩塌体是泥石流流域沟源、沟岸和陡坡上分布广泛的产沙源。单个崩塌体的产砂量一般只有几百至上万立方米。但泥石流流域中崩塌体的个数却较滑坡体多。崩塌体产砂一般以滑动、侵蚀或崩落的形式补给泥石流。

④ 河沟沟槽纵向切蚀和横向切蚀：暴雨过程中，水流或泥石流冲刷沟床，水量足够大时将带走沟床内的大量沉积物质，对泥石流沟造成沟槽纵向切蚀。纵向切蚀到达一定程度后，沿沟岸的物质会不断坍塌，因此沟床横剖面也不断增大，造成对泥石流沟的横向切蚀。

⑤ 地质条件和岩石性质：地质条件集中反映在地质构造类型和泥石流形成的松散碎屑物质方面，断裂带上的风化壳深厚，滑坡、崩塌等重力侵蚀发育，松散碎屑物质都特别丰富。岩石分为硬质岩石和软质岩石，硬质岩石结构致密，耐风化侵蚀，而软质岩石结构致密性差，孔隙多，风化侵蚀快速，易于形成深厚的风化壳。

（2）地形地貌条件

地貌条件是形成矿山泥石流的内因和必要条件，它制约着泥石流的形成和运动，影响着泥石流的规模和特性。研究分析泥石流沟地貌的特点和规律有助于研究泥石流的发生、发展和预测、控制泥石流灾害。流域面积、相对高差、沟床比降、坡度、坡形、覆盖率和堵塞系数是泥石流沟地貌的七个重要指标。

① 流域面积：根据专家研究结果，泥石流活动随着流域面积的增大趋于衰弱，很大

的流域面积不易同时满足泥石流形成的水动力条件和松散固体物质条件，也不易同时满足形成泥石流对沟床平均纵比降和山坡平均坡度的要求。流域面积存在一个上限值，达到该临界值，泥石流沟就为一般山河洪沟谷代替，一般定为 200 km²，还存在一个下限值，即不具备固体物质积累条件的流域面积，一般定为 0.5 km²。

② 相对高差和沟床比降：高差对泥石流的形成起到比较关键的作用，因为相对高度决定势能的大小，相对高度越大，势能越大，形成泥石流的动力条件越充足。泥石流沟床比降对沟谷洪流的流速产生很大作用，比降越大，流速越大。

③ 坡度和坡面形态：坡度是影响坡面产流及土壤侵蚀的重要因素，对降雨产生的净雨量、坡面径流水深、坡面流速度和坡面流切应力都有显著影响。一般净雨量和径流水深都随坡度的增大而减小，而坡面流速度首先随坡度增大而增大，土壤的抗冲蚀能力一般随着坡度的增大而减小。同时坡度还是和崩塌滑坡有关的因素。最有利于泥石流形成的山坡坡度应在松散物质饱水后的休止角附近。坡面形态是关系到水流集水快慢、向下入渗等的因子。坡面形态主要有凸形坡、凹形坡和直线形坡。剧烈的泥石流活动实际上是流域坡面稳定性历经破坏的表现，是坡面过程累积到一定程度的爆发。

④ 覆盖率和坡耕地面积百分比：植物对雨水具有截留作用和分流作用。坡面植被覆盖率的增加，对降雨雨滴起到消能作用，可以有效地防止土壤表层形成结皮，使之呈疏松状态，保持有较高的入渗率。坡耕地是最普遍的，对山区面貌影响最深刻的人类活动方式之一，就某一小流域来看，坡耕地几乎不采取任何水土保持措施，一遇暴雨，暴雨径流就会轻易地沿坡而下，造成严重的土壤冲刷侵蚀。山区坡耕地及其进一步退化而形成的荒坡裸岩在水土流失过程中，不仅为泥石流的发育带来了大量的松散岩土物质，而且在暴雨过程中还产生了暴涨暴落的强大沟谷径流，为泥石流的形成和运动提供了强大的水动力条件。

⑤ 堵塞系数：泥石流在通过卡口、急弯、纵坡突然变缓情况下的沟段，常常发生泥石流停积堵塞、加积增大而又开始流动，这成为泥石流流量增大的重要原因。

（3）水动力条件

水不仅是泥石流的组成部分，也是泥石流的搬运介质。水在泥石流爆发中的作用有：流域面上降雨径流造成坡面侵蚀；使固体物质汇集到泥石流沟内；造成固体物质的富集；水流侵蚀切割泥石流沟；使泥石流沟两侧的土体失稳；从而造成崩塌和滑坡等。水还渗入到岩体和土体里，减小其与下伏土体的摩擦系数，使岩土体产生滑坡；水可以使固体物质饱和液化；水的冲击力还是泥石流爆发的动力。

矿山泥石流的形成首先要有物质来源、合适的地质条件和岩石性质，其物质来源主要是松散堆积矿渣、崩塌体、滑坡体、坡面水土流失和沿沟侵蚀物质；其次是适宜的地形地貌条件，包括流域面积、流域高差沟床比降、坡度、坡形、覆盖率和堵塞系数；最后是水动力条件，水主要起润滑、饱和液化和冲击的作用。

2. 矿山泥石流的类型

泥石流按其形成因素包括了自然泥石流和人工泥石流，由于矿山泥石流的形成，发展与消亡过程，始终是在矿产资源开发活动下进行的，故属于人为泥石流或人工泥石流范畴。而"人工泥石流"可包含人类的多种活动形成的泥石流，如水利水电工程、山区城镇建设、交通建设等引发的泥石流。

按照矿产资源开发过程中提供的固相物质的类型，矿山泥石流可分为采矿过程中排放的废石形成的废石型泥石流、选矿过程中排放的尾矿砂形成的尾矿型泥石流，以及矿山崩塌滑坡堆积物形成的崩滑型泥石流。矿山泥石流的规模及频发程度取决于矿业活动过程中排放的废渣量的多少，持续堆排时间。依据矿山泥石流形成后的流体性质，矿山泥石流可分为黏性泥石流，过渡性泥石流和稀性泥石流。采矿排放的废石渣性质及颗粒级配决定着矿山泥石流的类型。依固相物质组成，矿山泥石流可分为水石流、泥石流和泥流。矿山水石流主要形成于与花岗岩类，碳酸岩类以及坚硬的变质岩类岩石分布有关的矿区；而在泥岩类、砂质泥岩类等沉积岩以及片岩、千枚岩等软岩性变质岩矿区，则为泥石流类型，如神府煤田矿区采矿弃渣主要为粉砂岩、泥岩，故形成了泥石流。

3. 矿山泥石流的危害

泥石流具有爆发突然，来势凶猛、冲击力强、冲淤变幅大、主流摆动速度快等特点，以冲刷、冲击，淤埋等方式表现出巨大的危害性。由于矿山所在的山区多为狭长沟谷，矿山工业场地及人员多分布于矿山泥石流流经的区域，因此，矿山泥石流发生后，往往造成重大人员伤亡和矿山经济损失。

4. 矿山泥石流的特点

矿山泥石流与自然泥石流一样，具有形成类型的多样性，发生后同样会造成群死群伤的灾难性后果。但因矿山泥石流的形成，演化过程中主要受控于矿产资源开发人为活动的影响，因此矿山泥石流还具有与一般泥石流不同的特点。

（1）人为性

在原沟谷纵坡降、降雨量等形成泥石流基本条件不变的情况下，矿山泥石流的发生与演化受控于矿产资源开发人为活动。采矿排放的松散土石堆积物存放在陡峻而狭窄的，易于集水集物的沟谷中，加大了沟床纵坡降比，在缺乏有效的拦渣，稳渣、护挡及排导工程措施的情况下，人为地为泥石流发生提供了丰富的松散物，使原本非泥石流沟或低频泥石流沟演变成泥石流沟或高频泥石流沟，助推了泥石流的发生、发展和危害。

（2）频发性

在地形高差，植被盖度、降雨等条件不变的情况下，泥石流沟的活动受控于固体物质补给程度。通常情况下，一次自然泥石流发生后，原有物质被搬运出集水区外，沟谷中泥石流物源的形成需要几十年甚至上百年时间，沟谷就很难再形成泥石流。但是在矿山，一次泥石流过后，只要采矿活动不停止，采矿的废石渣就会持续不断地堆积在沟坡中，为泥石流再次发生提供新的物源。加之，采矿废石渣的凝聚力和内摩擦角小，抗冲能力弱，在采矿爆破、矿震，采空塌陷、地震等影响下，泥石流形成的降雨量限值降低。因此，山地矿山成为泥石流的易发区和频发地。

（3）污染性

山地金属矿山采矿排放的废石，贫矿及尾矿渣中，通常含有汞、铅、镉、砷、铜、锌等重金属元素，因此废石渣型泥石流，特别是尾矿砂型泥石流，除具一般泥石流冲毁淤埋等致灾作用外，还会污染河流、造成水源地污染，引发重大社会问题。

（4）可控性

由于矿山废石渣，尾矿砂是导致矿山泥石流形成的主要松散物质，因其堆积位置、数量是确定的，即矿山泥石流形成的地点是明确的，其危及对象就是此地段下游流通区、堆积区内的矿山设施及人员。因此，与一般泥石流的区别在于，矿山泥石流的防治重点在于源头预防：选择合理的堆渣场所，修建拦渣稳渣挡墙、废渣场地排水排导等工程措施；控制采空塌陷区山体的稳定性，减少崩塌、滑坡堆积物成为泥石流的物源。通过控制矿山泥石流的物源，就能达到控制和减轻矿山泥石流的发生及其灾害损失。

5. 矿山泥石流防灾减灾对策

由于矿山泥石流属于人为泥石流的范畴，与自然泥石流的最大差异在于物源来源的差异，而矿山泥石流一旦发生，其防治技术与自然泥石流没有大的差异。因此要控制和减少泥石流的发生，重点在于从源头预防，重点环节和关键技术在于控制矿山泥石流形成的固相物源数量、堆积场所及其稳定性，以及控制采空区及其山体斜坡的稳定性。

（1）矿山泥石流隐患沟调查评价

由于历史认识原因，我国山地矿山缺乏有效的地质环境防治工作，因此矿山存在着较为严重的泥石流灾害及隐患，目前尚未系统性开展矿山泥石流调查评价工作，这制约了矿山泥石流主动预防工作。应选择区域性泥石流高发区域，开展矿山泥石流隐患沟分布、规模，类型、危害的调查评价，分析研究影响和控制矿山泥石流形成，发展的主要因素，为防灾减灾提供基础资料。

（2）落实"灾评"及"方案"，从源头预防矿山泥石流的形成

矿山企业认真落实建设项目地质灾害危险性评估工作，在矿山工业布局阶段就避开或治理原生泥石流沟，在矿山建设和生产过程中选好矿山废石弃渣堆排位置，做好护挡措施，从源头避免矿山废石弃渣成为泥石流物源。落实矿山地质环境保护与恢复治理方案，边开采边治理废石堆。

（3）选好固体废渣物堆排场所，做好拦渣护挡措施，减少固体

物源成为泥石流物源在具备矿山泥石流发生条件的山区，尽可能选择较为开阔平缓，位于历史河水高水位线之上的场地作为废渣堆排场地。如果受地形条件所限，不可避免地将废石弃渣堆排在平硐硐口的斜坡上，或沟谷河道边，则必须事先修建废渣堆积场所的拦挡墙、导水渠，减少废石弃渣成为泥石流的物源。

（4）综合治理矿山泥石流隐患沟，避免重大灾害发生

对于历史上已经堆积在斜坡上，沟谷中成为泥石流物源的废渣堆，要清理占据河道、行洪的卡口，疏通河道及停淤场。对于斜坡上及沟道边的废石堆，依据实际情况，实施覆土绿化，修建拦渣、稳渣的护坡措施，修建排水渠，减少坡面、山洪对废石弃渣堆的冲击作用。对于存在重大泥石流隐患的发生地点，因地制宜地修建谷坊、网格坝、缝隙坝、重力坝等工程，防止矿山泥石流的发生与危害。

二、矿床开发的主要环境地质问题

（一）煤炭开发的环境地质问题

成矿地质环境决定矿床开采方式，如浅部巨厚煤层选择露天开采，深部多煤层井田要选择井下开采，不同开采方式和采矿方法所引发的矿山地质环境问题不同，我国煤炭资源所处自然环境及地质环境不同，矿床开采产生矿山环境问题也不同。

1. 开采方式的特点

（1）露天开采

我国作为世界第一大产煤国，适合露天开采的比例不大，当前露天开采产煤量约占全国煤炭产量的 8% 左右。煤矿露天开采是直接揭露覆盖于煤层之上的岩土层而采出矿产的开采方法，主要特点为煤层埋藏浅、生产能力大、作业空间约束小、安全性高和资源回收率高。同时，露天开采与剥采比及技术装备有重大关系。目前，露天开采工艺系统主要根据开采矿产是否连续进行划分，分为间断式、连续式和半连续式，不论何种方式，露天开采由于表土剥离和矿产采出引发的系列问题均对矿山地质环境产生影响。

（2）井工开采

目前，我国 95% 以上的煤矿开采采用的是井工开采方式。煤矿井工开采指从地面以一定的布置方式和程序在矿体和围岩中掘进一系列的开拓和开采巷道，并按一定的生产工艺过程，进行煤炭资源回采的方法。其生产过程是地下作业，作业环境比较复杂。煤矿开采方法根据工作面布置方式主要包括柱式和壁式两种体系，井工开采对矿山地质环境的影响主要是由于地下开采活动和采动引发地面塌陷。

2. 环境地质问题类型

我国矿产资源赋存情况复杂多变，由矿产资源开发产生、引发和加剧的矿山地质环境问题众多，其类型、表现形式，严重程度等与煤炭资源开发方式类似，主要与区域地质环境条件、开采强度等因素密切相关。现以煤炭资源开发为例，总结主要的环境地质问题如下。

（1）地质灾害问题

煤矿地面场地建设过程中切坡开挖等工程活动可能引发或加剧滑坡、崩塌等地质灾害，场地选址可能遭受现存地质灾害的威胁；露天煤矿表土剥离，作业场地施工等也可能引发或加剧滑坡、崩塌等地质灾害；井工煤矿地下采矿活动势必引发地面塌陷及伴生地裂缝等灾害，进而对地面村庄，构筑物及其他对象等形成威胁；沙漠区域也可能加剧土地沙化等；开采过程中也可能加剧原有地质灾害，对危害对象形成威胁，造成经济损失。

（2）含水层问题

煤矿地下采动必然破坏煤系含水层含水特性，井工开采形成导水裂隙带可能沟通该范围内含水层，甚至个别区域导水裂隙直达地表，造成水资源漏失等影响；煤矿地下采动后，充水含水层水资源部分漏失进入采动空间，主要受到煤岩碎屑和 COD 等影响，污染因素单一，污染程度较轻，一般煤矿生产单位将矿井水外排经过处理后回用于日常生产，含水层固有水质受污染可能性小。

3. 地质环境问题特征

（1）具有复杂关联性

煤炭资源开发矿山地质环境问题的类型、严重程度等与煤矿开采形式，煤层赋存特点、开采地域等相关。

（2）具有类型多样性

煤矿开发矿山地质环境问题类型多，但主要表现为地面塌陷或由塌陷引发的其他问题，比如塌陷区加剧或诱发崩塌、滑坡、泥石流等地质灾害；另外，井工开采煤矿地下采动势必对导水裂隙范围内地下含水层造成破坏和影响，造成地下含水层水资源漏失等问题。其次，煤矿建设过程地面场地占地及工程建设等对土地资源和地形地貌景观的影响也是重要的矿山地质环境问题之一。

（3）具有问题产生必然性

煤炭资源开发，势必要对原生矿山地质环境造成破坏和影响，引发和加剧一系列的矿山地质环境问题。因此，矿山地质环境问题的产生具有必然性。

（4）具有可防治性

自然资源部基于近几年矿山地质环境调查和评价成果，颁布了相关法规和政策，而且从技术角度来说，煤炭资源开发的同时进行防治可能引发或加剧的矿山地质环境问题也是可行的。煤炭资源开发矿山地质环境问题是可以通过系列措施进行防治的。

4. 地质环境问题防治

（1）综合治理煤炭地质环境问题

第一，加强疏干水的管理、利用。对国家已经批复的煤矿区总体规划要由煤矿企业所在地政府部门编写，制定疏干水回收利用大纲及实施细则后，在矿区开发过程按照"三同时"（设计施工，投产与环境保护相结合）原则与要求由煤炭采矿权人组织与实施。对回收的疏干水则由政府统一调配使用，产生效益按一定比例分成给企业。

第二，加强煤炭资源开发的粉尘治理。对于露天煤矿，粉尘来源主要有土方剥离、运输道路扬尘，煤炭破碎、装卸煤尘等。在起风季节对企业不安排土方剥离任务，要求企业尽量减少关于地表土的扰动，破坏，对煤炭运输道路、采煤工作面以及煤炭破碎站等加强洒水降尘力度，要求煤炭运输车辆必须覆盖捆绑好苫布后才能上路运输，达到不产生扬尘的目的。

第三，积极实施煤电联营，发展地区循环经济，实现共同发展。煤电联营能有效提高矿区的煤炭、热力、土地和水资源等的综合利用，电厂产生的废渣可直接回填矿区采空区，有效改善煤炭矿区地质条件。

（2）构建科学有效的地质环境监测机制

第一，建立群众性地质灾害监测网。地质灾害防治工作应坚持"以防为主，防治结合，综合治理"的基本原则，预防是重中之重，特别是群众性的地质灾害监测网。

第二，建立生态补偿机制。坚决推行资源的有偿使用制度，严格征收矿产资源补偿费、水资源费，严格实行排污收费制度。

第三，探索建立生态补偿的市场化运作机制。在已有法律、法规基础上，结合煤炭开采区的环境特点，建立符合我国国情的矿区环境保护法律，法规体系以及相应技术标准，使相关体系覆盖矿区发展全过程。

第四，加强煤矿企业经营者、生产人员安全生产与环境保护意识，保证煤炭开采严格按照环保，水保，地质环境保护治理规定进行；加强监测、防治、处理等应对措施及方案的执行落实。

第五，加大日常监管、动态巡查监管力度，严厉打击各种浪费资源、损害环境行为，加强采矿权人开发、治理并举，形成良好的煤炭资源开发与地质环境保护机制。

（3）建立健全地质环境保护法律法规

在煤矿办矿审批过程中，要把地质环境的保护作为一项重要内容来审查；走煤炭地质环境管理、保护与治理的法制轨道；逐步建立，实施地质环境影响与评价制度，环境治理保证金与企业财务担保制度、矿区生态修复与土地复垦制度、环境许可证制度以及环境监督检查制度。对于采矿权人要严格监督其执行《矿山地质环境保护和治理方案》《水土保持方案》和《环境影响评价方案》等。对煤炭资源开采造成的地质环境破坏，由采矿权人负责治理、恢复，在煤矿关闭前要尽到地质环境恢复责任与义务，没有完成相关义务的煤矿企业要上报主管国土部门，由具备相应资质的单位接续实施地质环境治理，费用则从未完成煤矿企业的存储保证金中支取，超出部分由企业采矿权人承担，并依法对其进行惩处。

（二）金属与非金属开发的环境地质问题

1．金属矿开发环境地质问题

金属矿，一般分为黑色金属、有色金属、贵重金属、稀有金属和稀土金属矿。在开发金属矿的过程中主要遇到的环境地质问题有以下几种。

（1）水资源影响

疏干流场特征主要有如下几点。

① 大降深疏干漏斗：长期疏干排水形成大降深流场，其特点是改变天然流场，形成人工疏干漏斗区，改变流区，增加水力坡度。

② 降深场具有各向异性渗透性和导水性：岩层走向方向导水性大于倾向方向导水性。

③ 疏干流场渗透性具有明显垂向非均质：如我国北方中奥陶统岩溶充水岩层具有明显垂向异性，除岩性、岩相有关外，受岩溶发育深度上变化规律的影响，一般规律是上强下弱。

④ 岩溶水疏干流场具有块段特征，岩体为不透水或弱导水边界和断层分割形成隔水或弱导水边界是岩溶含水地块的边界划分直接依据。

（2）岩溶地面塌陷问题

岩溶地面塌陷集中分布部位有如下三处。

断裂带：岩溶地面塌陷常呈长条状分布于断层两侧（或断层带上），特别是导水断层常分布着串联状地面塌陷坑。

古河道带：北方岩溶塌陷坑多数是分布于古河床附近。

地下水排泄点附近：天然条件下的地下水活动最强烈地带，也是岩溶最发育地带。当矿床疏干边界达到地下水排泄区时，人工流场全部袭夺天然流场，排泄区就开始出现岩溶地面塌陷。

岩溶地面塌陷对矿山环境的影响包括以下几种：

一是破坏地面的天然形态；

二是造成地面建筑物倾斜和倒塌；

三是中断交通；

四是中断河流；

五是造成地表水溃入地下。

应在岩溶形成和分布规律基础上，进行地面塌陷问题空间，时间方面的预测。关于岩溶地面塌陷防治问题，只有因地制宜，充分了解当地地质构造和水文地质条件等，才能有效防治。

（3）尾矿库的环境效应

尾矿库是矿山生产设施的重要组成部分，又是一个重大的危险源。尾矿库能否安全稳定地运行对矿山安全生产起着至关重要的作用。用尾矿作为建筑材料堆筑成坝，形成人工"尾矿湖"，其容量随坝体增高而逐渐增大，坝体一旦溃决，库内的尾矿砂、泥浆和水以泥石流的形式涌出，对下游居民生命财产和企业将带来不可估量的损失。

尾矿库事故大体上有三种类型：一是暴雨时，溢洪道发生故障或设计泄洪量不足等原因，导致坝顶漫溢；二是在坝顶、坝肩或坝基处，由于渗流作用，发生细粒尾矿的侵蚀、渗漏等引起的溃坝；三是由于地震，使坝体或坝基沙土产生局部或整体液化，进而导致溃坝或严重变形与沉陷。另外有研究表明，初期坝的透水性好对整个尾矿库的稳定是有利的，因此在设计初期应该考虑其渗透性问题。

废渣场有采矿过程中形成的废石渣。废石渣所诱发的矿山环境问题主要有占用土地、污染水土和诱发地质灾害（如泥石流、崩塌，滑坡等）。废石渣堆载最直接的后果是破坏和占用土地资源。同时，随着堆积物数量持续增加，堆积体的坡高和坡脚都将改变，可能诱发静荷载作用下的固体废弃物边坡失稳。固体废弃物不合理堆放还可能构成泥石流的物源，大量弃渣随洪水下泄成泥石流灾害，若占压河道，将对地表水体产生不利影响，若下游有居民及施工人员，将对生命财产安全造成威胁。废石渣中的有害有毒物释放到土壤中，同时也会造成岩土媒介渗透与淋滤污染，导致地下水水质下降。

（4）有害元素的环境效应

① 硫黄及硫化物矿开采对环境影响：黄铁矿的氧化作用主要表现为 S^{2-} 氧化为 SO_4^{2-}，产生硫酸亚铁和硫酸。其中硫酸亚铁将进一步氧化为高价铁的硫酸盐。在中性或弱酸性溶液中，高价铁的硫酸盐将发生水解作用最终转变为氢氧化铁。氢氧化铁凝聚为分布最为广泛的含水赤铁矿、针铁矿、褐铁矿等各种表生铁矿物。在干旱区，硫酸浓度相对增大，往往产生黄钾铁矾、叶绿矾，针绿矾、水绿矾、纤钠铁矾等多种硫酸盐类矿物。

矿山排水中的酸主要由黄铁矿等硫化物的氧化作用所致，是造成环境酸污染的重要因素之一。水体受酸污染后，既可改变 pH 或酸化，又可增加无机盐成分和水的硬度，破坏水体的自然缓冲作用，抑制微生物的生长和水体自净功能，并进一步导致土壤酸化污染。水质酸化使水的口感发生变化，长期饮用可导致消化道疾病，并对淡水生物和植物均有不良影响。

黄铁矿氧化作用所产生的极酸性溶液，又可以促使铅锌矿多金属矿床中方铅矿、闪锌矿、毒砂等硫化物进一步氧化，导致 Pb，Cd，As，S 等有害元素更多地被释放而污染环境，危害人类健康。

② 方铅矿的氧化作用及其环境效应：方铅矿是分布最广的含硫铅矿物，其中铅是五毒元素之一。无论自然风化或采矿选冶活动都将促使方铅矿氧化，使部分铅溶解而随水迁移，在一定条件下将危害环境。然而，在铅锌矿石中，方铅矿属于相对较难氧化分解的硫化物，近地表氧化带中硫酸锌因溶解难度很大而首先进入溶液并远距离迁移，硫酸铅则因其溶解度相对很小而多残留原地。

环境中铅的污染来源主要为铅锌矿山和冶炼厂的废水及汽油的防爆剂等。

土壤中水溶性铅的浓度随氧化还原电位和 pH 的增大而降低，水稻对铅的吸收亦有此特点。而当 pH 降低时，被固定的铅可释放出来，在天然水体中由于铅化合物溶解度很小而浓度低。铅的污染对人类健康有着重要危害，经呼吸道从空气及食物中摄取过剩的铅可引起腹绞疼、贫血、神经疾病等急性铅中毒。

③ 闪锌矿的氧化作用及其环境效应：一方面含镉闪锌矿在自然水的长期作用下将遭受破坏，部分镉和硫及其他元素被释放进入水体，再通过水—土壤—植被—动物等途径危害人类。而闪锌矿又是铅锌矿多金属硫化物矿床的主要矿物。另一方面，闪锌矿是铅锌矿矿床常见硫化物矿物中氧化速度较快的硫化物矿物。因此，了解镉由固态的含镉闪锌矿通过氧化溶解进入水体中的能力和在水体中的存在形式及其与地球化学环境的关系，查明水体中镉来源的机理、存在状态、影响因素以及被固定或沉淀的条件，即可采取措施来降低水体中有害镉的浓度，缓解镉对人类健康危害。

在地表氧化不强的环境下，含镉的主要矿物闪锌矿由于其氧化还原电位极低即可被迅速氧化溶解，硫酸锌由于溶解度特大首先进入溶液并可远距离迁移。

闪锌矿的氧化最终产物主要为菱锌矿、铁菱锌矿、异极矿和水锌矿等。镉则由于更为亲硫形成硫化镉而沉淀。在强氧化条件下，镉在水溶液中形成 CdO、$CdCO_3$、$CdSO_4$ 等。镉对人体危害主要是溶解镉，这部分镉在水中的溶解度相当大，能被高度活化和分散。然而在地表地下水的较深部位溶解的镉，又能通过化学反应和物理过程降低溶解度而被固定在沉积物或矿床中。

闪锌矿氧化溶解释放出的镉进入土壤中的存在形式，主要为水溶性镉、吸附镉和难溶性镉。其中水溶性镉为离子态和配合态，易迁移转化和被植物吸收，危害性较大；胶体吸附态和难溶性配合态的镉，则不容易移动且难以被植物所吸收，危害性较小。但是在一定条件下，两者可相互转化。镉进入土壤中主要为 $CdCO_3$、CdS、$CdSO_4$、$CdCl_2$ 等无机镉化合物，其中 $CdSO_4$、$CdCl_2$ 溶解度较高。特别是在酸性条件下，其溶解度好，迁移能力较强，且易被植物吸收。但在碱性条件下，随其活性降低而沉淀析出。$CdCO_3$ 和 CdS 由于其溶解度较小而成为镉在土壤中的主要沉淀形式。

闪锌矿氧化溶解释放镉进入水体，其迁移与沉淀受水体中的底泥、悬浮物、pH 及阴离子等因素的影响。环境中的镉主要来源于铅、锌、铜等多金属矿山，制镉工业及燃煤烟尘，是地壳丰度的 1367 倍。镉是一种毒性很强的稀有分散元素，可以从饮水、食品、空气、职业性接触等多种途径进入人体，形成不同程度的急慢性镉中毒症，如肺癌、肾脏疾病、高血压、动脉硬化，以及镉污染所造成的骨痛病，使科学界认识到镉对环境污染的严重性。高镉的土壤影响水稻等农作物的生长和质量，在大米食物链中镉具有独特的迁移行为，国外把含镉 1 mg/kg 的糙米称之为镉米而禁止食用。

2. 非金属矿开发环境地质问题

非金属矿主要包括化工非金属矿，冶金辅助原料矿、建材原料矿等。除矿山共性的地质灾害，水资源环境、景观和土地资源破坏外。

（三）铀矿开发的环境地质问题

铀矿床是放射性矿，对人体及环境可造成放射性污染。铀矿业环境保护的主要任务是运用环境工程的基本原理和方法，保护和利用铀资源，防治环境污染，改善环境质量。

铀矿山和水冶厂的主要辐射危害物，是铀系的衰变产物 ^{222}Rn 的短寿命体 ^{218}Po、^{24}Pb、^{214}Bi 放出的 α，β 射线。另外，从矿岩中钍系释放的 ^{220}Rn 也是一个辐射源。氡子体是呈带电固态微粒存在于大气中的，吸入人体后的危害较大。

另一类辐射危害是铀矿尘和放射性气溶胶。铀矿在凿岩爆破、装运和矿石破碎、磨矿过程中产生矿尘，除含有游离的 SiO_2 外，还含有 ^{238}U 等长寿命的 α 辐射体。这些悬浮空气中的核素，称为放射性气溶胶，被吸入人体后沉积在肺部，产生内照射。它们与游离的 SiO_2 协同作用可促使肺脏的纤维化病变。伴生元素砷、汞等对环境也造成污染和危害。一些非铀矿山在铀业出现之前，已记载有矿工患肺癌的历史，后来证明其病因大都是吸入了氡及氡子体。

（四）盐矿开发的环境地质问题

各类盐矿类型不同，所处地理环境及地质条件不同，开采规模不同，则引发的矿山环境问题也不同，主要环境地质问题如下。

1. 周边淡水入侵问题

内陆盐湖，从盐湖中心向外均有晶间卤水→孔隙卤水→碱水→微碱水→周边淡水 3～4个水化学演化带。当主采矿段卤水位下降时，周边水淡水微碱水由采区补给，其淡化效应主要是由卤水演化成熟矿山。因此，卤水长期动态观测工作显得非常重要，它是优化资源开采量一种重要的依据。

2. 盐下淡水入侵

在对青海大柴旦盐湖硼矿床资源勘探中发现，穿透盐矿隔水底板时，由于钻孔封孔质量不佳，造成淡水通过钻孔通道将固体矿床溶解淡化。钻孔通道涌水后，在封孔高压，水作用下底部钻孔孔径变大，上部变为水上施工堵孔，给封孔保护资源工作带来极大困难，而且堵水效果不佳，堵好一个涌水孔往往需要 3～6 个月。

（五）砂金矿开发的环境地质问题

砂矿是各类矿床风化残积、冲洪积、洪积、湖积、海积的次生堆积的重矿物（相对密度大于 2.7 的矿物），具有经济价值的主要是砂金矿，其次是磁铁矿及铅、锌、锡等混合砂矿。

1. 水环境影响

大型河流流域金矿开采，对水环境破坏严重。

（1）采矿造成河床砂砾层人工堆积，影响船只运行，枯水期造成大型船只停运，小船搁浅。

（2）人工开采改变天然河道的地形及天然坡度，造成洪水泛滥，淹没滩上农作物、植被冲溃，局部陡岸冲垮。

（3）岸边侵蚀等地质灾害。天然岸边已稳定段遭到侵蚀后，上坡产生塌岸及洪水期加剧滑坡、泥石流地质灾害发生。基岩岸受严重侵蚀后产生崩塌和塌方。

（4）山前斜地及山间盆地砂矿床开采对土地及植被生态造成破坏。由于砂矿是浅埋矿藏，各类砂矿开采直接影响矿层上的土层，最终导致土地资源受到严重破坏。土地是植被生长的最主要的自然条件，破坏土地造成植被退化，覆盖率降低，相当于加剧了土地水土流失。

2. 氰化物影响

氰化物用于提金已有 100 多年的历史了，目前世界上 85％的黄金生产与氰化法有关，无论是脉金还是砂金元素都与 SiO_2 共生。用于提金的氰化物有很大的毒性，如果使用不当，或对含氰废水废渣不处理的话，就会伤害人体健康和影响环境。

在黄金氰化厂，用氰化物水溶液浸渍含金、银的矿石时，在氧的作用下，发生反应生成金和银的氰络合物，使贵金属转入浸出液中，因此，氰化物对环境的污染，主要指含氰废水外排所致，造成河流、饮用水的污染。由于氰化物在空气中存在的时间仅十几分钟，故一般不会造成大气的污染。含氰废渣由于必须处理后才能堆积存放，因而产生的污染仍是对水的污染。为此在氰化提金的工业生产过程中，必须严格控制氰化物的使用和排放量，尤其要有完善的污水处理设施，以减少氰化物的外排量。

（六）地热资源开发的环境地质问题

（1）天然露头热矿水干枯，在北方前寒武纪片麻岩出露矿泉水数百处，由于乱采，造成泉水连年下降甚至近于干枯。

（2）具有医疗价值矿泉开发利用混乱，使医疗泉水利用率低于 50％，个别地点造成温泉利用率连年下降。

（3）极高温泉（沸泉，温度超过 100 ℃）只用于发电，余水利用尚存在一些技术和管理上的问题。

（4）深循环地下热水水位下降必然导致浅层污染地下水下渗，使热水受到污染。

（七）煤层气开发利用的环境地质问题

煤层气是煤层中自生自储的一种非常规天然气，它的主要成分是甲烷，又称"煤层甲烷"，是一种廉价、洁净、高效、蕴藏量较大的新型能源。煤层气储量约占世界天然气总储量的 30% 以上，其开发利用可以弥补常规天然气和燃油的不足，750 m² 煤层气可顶替 1 t 标准煤。我国煤层气资源丰富，有计划地对其进行开采和利用，对调整我国能源结构、保护大气环境、缓解温室效应、改善煤矿安全条件都具有重要意义。

1. 煤层气成因

煤层气是指赋存于煤层中以甲烷为主要成分，以吸附在煤介质颗粒表面为主，部分游离于煤孔隙中或溶解于煤层水中的烃类气体。植物体被埋藏后，经过微生物的生物化学作用转化为泥炭（泥炭化作用阶段），泥炭又经历以物理化学作用为主的地质作用，向褐煤、烟煤和无烟煤转化（煤化作用阶段）。在成煤作用过程中，成煤物质发生了复杂的物理化学转变，挥发分含量和含水量减少，发热量和固定碳含量增加，同时也生成了以甲烷为主的气体成分。成煤作用经历两个过程，即生物成因过程和热成因过程，生成的气体分别称为生物成因气和热成因气。

2. 煤层气开采对环境的影响

在煤层气的勘探、开发和利用过程中，必然会对环境产生一定的影响。煤层气开发对环境的影响主要是减少了煤矿瓦斯的排放、减排温室气体，从而改善煤矿环境，保障可持续发展和推动经济增长；其负面影响是在钻探、压裂、回注水和提纯过程中会造成煤层和煤层气中杂质气体和有毒有害物质富集，给大气和地下水带来污染。

第三节　矿区生态修复主体的责任

一、矿区生态修复主体的责任概述

（一）矿区生态修复主体的责任概念

1. 矿区生态修复

矿区生态修复是指采取人为手段将受损的生态系统恢复到矿产开采前的状态，或因实际情况和人类需要重建成具有某种益处的状态。因为矿产开采往往对矿山生态系统造成了较大规模的破坏，如若仅停止人类的开采活动，依靠自然演替的力量恢复的生态环境的健康状态甚至接近健康状态，需要漫长的时间，且存在自然难以修复的破坏。矿业开发伴随着人类文明、社会进步、科技发展的全过程，是国家的基础产业。但矿山又是一个具有特殊社会环境以及自然环境要素的场地，具有人类工程活动强烈、对自然环境破坏性大、破坏类型多、地域分布广、持续时间长、修复难度大等特点。矿区生态修复不仅是对关闭或废弃矿山生态环境的修复，也包括对在生产矿山中不再受矿业活动影响区块生态环境的修复。

矿区生态修复涉及学科众多、研究领域宽泛，理论与实践结合紧密，是自然科学与社会科学交叉研究的重要领域。矿区生态修复不仅包含自然恢复，更注重通过科学的修复规划和技术手段进行系统恢复，从本质上来说，不仅是为了恢复被破坏的生态环境，更是为了实现自然资源的科学合理利用以及人类社会可持续发展进程，是为了消除对环境的生态破坏和由于矿山环境恶化所造成的不利影响。由于法律具有滞后性，以往对矿山生态环境的修复多局限于开采产生环境问题后，事前预防机制不够健全，随着《中华人民共和国矿产资源法》（以下简称《矿产资源法》）的修订以及修订草案征求意见稿的发布，对责任承担问题进行了更明确的划分，对于司法实践中的具体操作提供了法律依据，"边开采边修复"原则的确立也为矿区生态修复提供了明确的治理思路。

矿区生态修复是一项持续性和综合性的系统工程，贯穿于矿山开采的全过程，而且涉及对大气环境、土壤等的影响，因此必须进行全面、综合修复，做到源头、过程、终端的严格监督和治理。矿区生态修复短期来看是为实现矿区生态平衡，立足长远是为了实现社会经济的可持续发展，作为生态文明建设上的重要一环，治理工作任重道远。

2. 矿区生态修复主体的责任

矿区生态修复主体的厘定是实现矿区生态修复的重要前提，同时也是对环境损害责任公平分担的基本保障。主体的确定就更有利于下一步责任承担的具体划分，矿区生态修复主体的责任是法律规范要求矿区生态修复主体所承担的义务，产生环境损害需要采用法律救济进行补偿。借鉴国外较为成熟的经验，必须厘清各主体承担的修复责任，从矿区生态修复主体的划分来看，分为国家、企业和社会公众三个层面，界定各主体的责任范畴，探索鼓励社会资本投入，可以使矿区生态修复的力量不断增强。

历史上矿区生态修复往往过分强调政府责任，依赖政府资金投入，以政府强制力督促企业承担损害环境的不利法律后果，治理模式比较单一，多采用土地复垦方式，修复标准不明确，社会公众参与性不强。党的十九大以来，我国将生态文明建设提到了前所未有的高度，提升为中华民族永续发展的"千年大计"，并统筹山水林湖草系统综合治理，作为矿产资源大国，矿区生态修复势在必行。

从民法上的"损害担责"原则来说，法律关系主体的行为损害他人合法权益的，就应当依法承担法律责任或者履行弥补损害的义务。这就意味着进行矿山开采的企业作为环境损害的主体和主要受益者，必须承担主要责任。而政府应该发挥主导作用，加强监督监管，科学决策，合理规划，严格矿山开采准入制度，以政策倾斜的方式吸引社会资金投入，引导社会共同参与，不断开拓矿区生态修复新模式，与人类社会生活发展紧密联系起来，注重挖掘矿区生态修复后的经济价值。

因此，矿山生态修复主体的责任应该从政府责任、矿业权人责任和社会公众责任三个维度进行把握，重点突出矿业权人的主体的责任，增加生态损害的违法成本，政府注重准入制度和事前预防，鼓励第三方机构以资金投入或者技术投入的方式参与修复，突破资金瓶颈，共同促进矿区生态修复主体的责任的实现，进而加快生态文明建设进程。

（二）矿区生态修复主体的责任特点、性质

1. 矿区生态修复主体的责任特点

矿区生态修复是生态文明建设的一项重要内容，也是从原来单一生产要素治理和单项修复工程实施向山水林田湖草一体化保护修复的转变。因此，矿区生态修复具有复杂性和系统性的特点，在主体的责任划分上充分尊重历史，更加注重探索多元化方式。

新中国成立以来，我国经历了从计划经济到市场经济的变革，企业所有制发生了重大变化，随之而来的就是法律责任主体的转移。这就导致大量企业对前身已经造成的生态环境破坏没有进行概括继承，加之被市场淘汰或者被迫关停的企业，许多历史遗留问题无法得以解决。目前，我国对矿产资源的需求量仍然非常巨大，大量新建和正在开采的矿山也面临着如何科学合理开采和有效恢复的问题。

因此，矿山修复主体的责任主要有以下几个方面的特点：一是范围广。《中华人民共和国环境保护法》（以下简称《环境保护法》）第六条规定，各级政府、企事业单位和其他生产经营者以及公民个体均有保护环境的义务，这就将国家、社会和个人全部纳入了治理主体范围。随着自然资源部《中华人民共和国矿产资源法（修订草案）》征求意见稿的发布，将应然层面上的修复责任主体基本囊括其中，并对承担的责任进行了明确划分；二是强制性强。矿区生态修复主体的责任以细化的责任分配予以规定，矿区生态修复法治化，这就意味着各修复主体必须承担修复义务，否则就要承担不作为的法律后果；三是以公平为原则。对矿区生态修复主体的责任的划分考虑多重因素，公平分配矿区生态修复成本；四是方式多元化。适应市场经济的发展特点，遵循"谁投资、谁受益"的原则，引入第三方机构，注重社会化资本注入，矿区生态修复开始探索市场化发展道路；五是专业性强。矿区生态修复主体的责任的实现必须依赖科学的评估制度和专业化公司运维，从技术操作上提供可行的建议，根据地质条件和环境因素的不同实行因地制宜的修复方式。

2. 矿区生态修复主体的责任性质

矿区生态修复坚持自然恢复为主，通过科学、系统地修复，恢复生态系统的良性循环，实现矿山生态环境及土地资源的可持续性发展。这是国土空间生态修复的一项重要内容，以赋予一定期限的自然资源产权等方式，不断激励社会主体参与，吸收社会资本投入，以期达到治理的最终目的。

从性质上看，首先，矿区生态修复主体的责任的承担具有行政责任属性。矿山生态环境与民事中的"物"相比，具有动态性、复杂性的特点，传统的私权救济无法完全实现对矿山生态环境的救济，同时，矿山生态环境修复公权力的参与也是必不可少的，但与刑事责任侧重制裁与惩戒不同，矿区生态修复注重修复性和救济性，因此将矿区生态修复界定为行政责任对司法实践中公权力的适当介入提供法律遵循，同时企业担责和社会公众参与囊括其中。其次，矿区生态修复主体的责任兼具生态利益性和公共利益性。与以往侧重"人类利益中心理论"不同，当前更加注重"生态利益中心理论"，明确人类活动不断适应生态环境的发展。生态利益是人类最基本的利益，是人类从生态环境中获取赖以维持生存和发展的各项利益。公共利益则是为满足公众需求的利益。生态利益和公共利益有着许多重合点，都是人类为了获得舒适清洁的生态环境，不断寻求环境质量改善，生活质量提升的过程。矿区生态修复责任的明确划分就是为了提升矿区生态环境质量，改善大气环境，同时伴随"矿山修复＋旅游开展"模式的成熟与发展，矿区生态修复走出了一条可持续发展的新路子。政府引导、企业为主、多方参与的模式，使得矿区生态修复主体的责任的实现更具有实践意义，为实现生态文明建设的目的奠定了基础。

（三）矿区生态修复主体的责任范围

矿产资源的过度开采对原生态环境造成了严重性的破坏，许多历史遗留问题成为"无头案"。最初确立的"谁开采，谁治理"，由企业承担修复责任的机制并不完全适应司法实践，低成本污染，高成本治理使得企业通过承担行政处罚方式逃避矿山修复治理。之后自然资源部发布的《矿山地质环境保护规定》（2019 年修正）确立的预防为主、防治结合、谁开发谁保护、谁破坏谁治理、谁投资谁受益的原则对责任承担进行了进一步划分，但仍不够明确。

2019 年自然资源部发布的《矿产资源法（修订草案）》征求意见稿，将矿区生态修复作为专章予以规定，矿区生态修复主体在义务范围内承担修复责任：矿业权人应当履行生态修复义务，按照矿业权出让合同和矿产资源勘查方案、开采方案开展矿区生态修复工作，边生产、边修复。矿业权人的生态修复义务不因矿业权的灭失而免除。历史遗留废弃矿山的生态修复工作，由县级以上人民政府负责。采矿权人应当依据国家有关定，按照销售收入的一定比例提取矿区生态修复资金，专项用于矿区生态修复，并计入企业成本。这一规定考虑历史和现实因素将矿区生态修复主体的责任范围进行了更明确的划分，各主体在责任范围内承担修复责任，政府和企业修复责任进行了再次强调，这是公平原则的重要体现，也是矿区生态修复法治化建设上的重大进步。

二、矿区生态修复主体的责任划分的理论基础

根据长期的矿区生态修复实践经验，多元共治已成为矿区生态修复领域的共识，多元共治机制不仅是对合作责任的分配，也是公众参与原则的进一步发展，是在法律调控下按照公平原则理顺各责任主体的法律关系。矿区生态修复主体的责任的划分也是在充分考虑历史和现实因素的基础上逐渐成熟，具有相应的理论基础。按照当前的划分标准，主要分为政府责任、矿业权人责任和社会公众责任三个层面。

（一）政府责任

1. 政府职责本位理论

政府是国家公共权力的承载者，因而就政府的本质而言，职责应是其本位。环境资源作为典型的"公共物品"具有非竞争性和非排他性，矿产资源同样具备这一属性，这就要求政府对矿产资源进行合理配置，并且进行科学规划和行之有效地监管。而且矿产资源归国家所有，政府既然行使权力，就相应承担义务，必须履行责任。政府在矿区生态修复中不仅负有宏观调控和监督监管责任，通过财税政策激励多元主体参与，明确修复标准，对修复过程和效果进行评估，而且由于计划经济时期政府作为矿产资源的最大受益主体，对历史遗留矿山要承担修复责任。政府在矿区生态修复中的主导作用也意味着要积极寻求解决矿区生态修复当前困境的新的发展思路，多方筹措资金，吸引社会力量投入，以实现矿产资源开发和保护可持续发展。

2. 公共信托理论

源于英国普通法的公共信托理论认为，公众对环境拥有权利，国家只是这些公共权利

的受信托人，有义务对国家范围内的环境资源尽心管理与保护。《环境保护法》《矿产资源法》等都明确了国家和政府在生态修复中所承担的义务和责任。政府作为行政部门，有义务对遭受生态损害的矿区进行修复。同时，政府需要从大局出发保护公共利益，维持生态平衡，按照可持续发展理念不断促进矿产资源的循环利用，符合社会公众生态利益诉求。

（二）矿业权人责任

1. 企业社会责任理论

矿业权人通过政府招投标或者签订合同方式取得探矿权和采矿权，在对矿产资源的开发和利用过程中作为企业主体承担主要责任。从法的强制性角度出发，企业社会责任不宜涵盖道德规范上的社会义务，因为企业社会责任的实现不能只是借助于自律、完善公司内部治理机制等手段，更须依靠私法上的民事责任机制，即企业社会责任应当通过立法转化为企业在生产经营活动中采取积极措施避免损害社会利益之法定义务，此为一般注意义务，且具有运用民事手段强制履行之可能。由此可见，企业的社会责任不仅限于道德规范层面，更是在法律范畴内所规定的法定义务。矿区生态环境因矿业权人发生损害的，从环境保护义务上来看，必须由其承担相应的社会责任，承担不作为的不利法律后果。

2. 损害担责原则

当前普遍认为"损害担责原则"源于"经济合作与发展组织"在 20 世纪 70 年代发布的"国际经济与环境政策指导原则"中提出的"污染者付费原则"。损害担责原则突破了污染者以付费方式承担污染破坏责任的单一担责模式，也是对侵权责任中"恢复原状"的一种扩充性解释。现行《环境保护法》规定了损害担责原则，矿山开发的受益者和受损者的权利义务应当是对等的。矿山生态环境遭受破坏，无法通过自然恢复达到期望状态，就需要人为干预将生态环境恢复到有利状态，相应的实际损害行为人就应该承担终局责任。矿业权人往往就是损害行为的具体实施者，产生损害后果，就要承担相应的修复责任，消除因环境破坏造成的对生态系统和矿区及周边居民生产生活的影响。从这个角度来说，矿业权人承担矿区生态修复责任也是毫无疑问的。

（三）社会公众责任

公众参与原则最早可以追溯到美国法学家萨克斯教授的"环境公共财产论"和"环境公共委托论"。环境要素作为"公共财产"，国民参与环境管理便具有了正当性和合理性。随后，在此基础上又形成了公民的"环境权"理论，虽然当前环境权的概念和具体界定还不够清晰，但也为公众参与环境保护和治理提供了坚实的理论基础。

我国《环境保护法》指出，环境保护的基本原则是环境保护坚持保护优先、预防为主、综合治理、公众参与、损害担责。公众参与作为原则性内容予以规定，足以说明社会公众在环境保护中所占有的重要地位。所谓公众参与环境保护就是指在环境保护领域，公众有权通过一定的程序或途径参与一切与环境利益有关的活动，参与环境管理，维护环境利益。矿区生态修复探索多元化主体参与，除了政府和矿业权人，所有其他直接或间接收益的主体都应纳入责任主体范围之中，将矿区生态修复推向市场化，鼓励社会公众参与，并进行监督，这是充分尊重公民环境权的具体表现。

三、矿区生态修复主体的责任的完善

（一）完善矿区生态修复主体的责任法律法规体系

1. 主体的责任立法注重层次性、系统化

矿区生态修复主体的责任承担问题比较复杂，既遵循原则性规定，又要进行明确划分，否则在实施过程中会产生许多困难。因此在《环境保护法》《矿产资源法》等对划分原则予以确定的情况下，应制定专门的《矿山环境治理条例》，确立矿区生态修复的专门性制度，对不同法律情形下的主体的责任承担问题进行详尽列举，细化操作措施，指导司法适用。地方也应根据当地矿区生态修复特点制定地方性法规或者配套政策，进而形成由上到下、有层次、实践性强的立法体系。

另外，由于矿区生态修复主体的责任承担问题在各项法律法规、制度规章中都有涉及，因此也应该注意相关法律制度之间的配合与衔接，避免发生冲突。矿区生态修复主体的责任的确定应该充分考虑历史因素和当前经济发展形势，注重各项法律制度之间内在逻辑性以及上位法和下位法的关系，保证法律制度之间相互协调，将主体的责任履行落到实处。法律具有滞后性，当前必须对现有的主体的责任划分的法律依据进行充分考量，通过大量的司法实践积累案例经验，将特殊情形下的主体责任承担囊括其中，形成科学有效的责任承担体系，配合矿山开采准入制度、环评制度、监管制度等不断完善矿区生态修复法律体系，保证政府、企业、社会作用充分发挥，不断探求第三方专业化机构治理，构建矿区生态修复制度，切实保护和恢复矿山生态环境，满足人类共同生态环境利益。

矿区生态修复主体的责任立法的层次化和系统化可以在很大程度上保证修复效果，只有健全的法律制度提供根本遵循，在法治轨道上进行科学合理规划和修复，才能实现矿山生态和经济效益的双重实现。

2. 确定主体的责任划分基本原则

为推动矿区生态修复科学高效地开展，必须加强科学规划，注重事前预防，确定主体的责任划分原则，公平合理承担修复责任，进行综合治理。因此，矿区生态修复主体责任划分应遵循生态原则、公平原则和损害担责原则，正确处理责任主体间的关系。

（1）生态原则

《中华人民共和国民典法》（以下简称《民法典》）第九条规定了生态原则，也称生态文明原则或绿色原则。即："民事主体从事民事活动，应当有利于节约资源、保护生态环境。"这是我国《民法典》生态化的历史性标志和成就。生态原则的本质就是赋予了民事主体节约资源、保护生态环境之义务，这是在自然资源越来越稀缺、生态环境质量越来越下降的现实面前，为了更好地保护社会公共利益即生态利益而确有必要对民事主体之权利施加的限制。根据生态原则的要求，不能只分享矿产资源开发过程中带来的经济效益，所导致的生态环境破坏必须承担修复责任，恢复矿区生态系统功能，兼顾社会公共利益，符合可持续发展的要求。

（2）公平原则

我国《民法典》第六条规定："民事主体从事民事活动，应当遵循公平原则，合理确定各方的权利和义务。"民法之公平原则本质在于保障民事主体之间在权利和义务上的衡平性、统一性和一致性，包括当事人之间权利义务的对等性，当事人一方的权利与其义务的相称性。当然，公平也是各个部门法或者整个法律体系所应捍卫之价值。在矿区生态修复中各责任主体从矿产资源开发中获取利益，相应又造成矿区污染与环境损害，按照公平原则应该在义务范围内承担修复责任。历史废弃矿山主体灭失或者主体不明的，由于国家在计划经济时期作为矿产资源的重要受益人理应承担修复义务；而对于正在开采和新建的矿山，矿业权人获得直接经济利益，以企业承担修复义务也是公平原则的应有之义。

（3）损害担责原则

损害担责原则是矿区生态修复主体的责任划分的重要原则性依据。2009 年全国人大制定的《中华人民共和国矿产资源法（修订草案）》征求意见稿也是在权衡权利义务关系基础上进行的进一步明确。矿山生态问题产生的原因多种多样，从早期由于缺乏环保意识进行粗放的开采活动，无法确认责任人到后来计划经济时期没有预留修复成本，主体灭失，都给矿山生态环境修复留下了一笔糊涂账。改革开放以来，市场经济开始蓬勃发展，受经济利益刺激，许多小型矿山主盲目追求眼前利益，对资源的不合理开采造成了资源浪费，也产生了严重的环境问题。对于矿区生态修复主体的责任的划分必须充分考虑历史遗留责任和正在开采及新建责任，按照损害担责原则进行科学划分。

（二）详尽规定责任主体范围

在《矿产资源法（修订草案）》中已经规定了县级以上人民政府和矿业权人的责任，国家及地方各级政府作为组织者和实施者理应划为矿区生态修复责任主体，矿业权人作为直接利益获取人履行修复义务也有充分法律依据。然而在司法实践中情况千差万别，矿业权人无法囊括所有责任主体，而且其他直接或间接在矿产资源开发过程中获取经济利益的也应承担相应责任。这就需要根据我国目前矿区生态修复情况进行科学研判和分析，建立国家、社会、个人三个维度的治理体系，注重矿山的剩余价值利用，创新修复模式，逐步推向市场化。

在个案中往往存在因实际损害人和矿业权人不一致的情形，另外，也存在由于矿业权的转移而产生的权利义务主体的改变，这都突破了矿业权人本身的范畴。尤其是在农村，几个家庭户共同承包一座矿山，当损害行为是由某一户造成时，所产生的生态环境损害如何进行责任主体的研究和确定又具有极强的争议性。

因此矿区生态修复责任主体范围还应进行更加详尽的规定，区分具体法律情形下的责任主体，按照实际损害行为人、权利义务受让人、"状态责任"下的事实管理人、政府及其组成部门、其他特殊修复主体进行划分，以期将所有责任主体纳入修复中来，多元共治，推进矿区生态修复法治化发展。

（三）主体的责任公平分配

1. 政府承担主导责任

政府作为公权力部门，为维护公共利益，有权利对矿产进行合理配置，并通过立法方式对矿区生态修复进行规制，借助财政税收政策调动企业矿区生态修复的主动性，吸引社会资金投入。从服务型政府角度来说，政府在矿区生态修复中应起到主导作用，主动承担历史废弃矿山的修复责任，建立专项修复资金，进行源头综合治理。同时，对矿产资源进行统一规划，并通过制定宏观调控政策和采用经济激励或行政惩罚手段，督促企业履行修复责任，不断寻求第三方专业机构参与，创立矿山生态恢复新模式。

首先，成立专门机构对矿区生态修复主体的责任的承担进行监督监管。矿产资源的开采会在不同程度上对土壤、大气、水体等产生破坏，矿区生态修复涉及自然资源部、环境保护部门等多个部门，当前部门间多权责不清，缺乏专门机构对矿区生态修复进行监管，主体的责任落实情况得不到有效监督，对矿区生态修复的最终实现没有起到促进作用。与此同时，矿区生态修复工作持续性和综合性也急需专门机构进行长效保障，以保证矿区生态修复的效果。从法律地位上来说，政府不仅是修复责任的承担者，也是监管者，按照法律制度规定，对矿业权人生态修复过程进行监管，对修复责任落实不到位的进行行政处罚，保证矿区生态修复的顺利进行。因此，借鉴先进经验，完全可以建立一个专门的权威部门，对矿区生态修复进行统一管理，不断加大执法力度，提高执法水平，严格监督管理，制定相应奖惩制度，保证矿产资源的合理利用，对历史遗留矿山和正在开采及新建矿山的修复进行严格的责任划分。同时，制定相应的修复标准和验收标准，监督责任主体的修复进程，确保修复的连续性和及时有效性。各级地方政府可根据当地具体情况设置对应管理部门，指导当地矿区生态修复实践，从而形成上下联动的监管机制。

其次，要建立矿区生态修复专项财政制度和相应的税费制度，鼓励社会资金注入，拓宽资金渠道，以保证资金的长期有效保障。一是，通过财政转移支付的方式保障财政专项资金的投入。政府在资金方面具有天然的优势地位，对于历史遗留矿山和一些矿业权人无力承担修复资金压力而导致修复停滞不前的矿山，财政资金起着关键性的作用。二是，通过专门的矿区生态修复专项税费制度起到税费激励的作用，利用税费返还制度刺激企业和第三方机构的主动性，积极参与到矿区生态修复中来。三是，继续推动矿山地质环境治理恢复基金制度运行成熟，通过企业预留修复成本，为矿区生态修复提供坚实的资金保障。四是，不断探索市场化方式进行修复，适应当前经济形势，扩大资金和技术投入，进行专业化治理，充分发挥矿山的经济价值，鼓励社会对矿区生态修复的支持。

最后，培育发展第三方专业机构参与治理。为了加快矿区生态修复进程，切实解决矿区生态环境问题，我国应该不断鼓励支持第三方公司发展，建立第三方治理制度，为矿区生态修复提供专业化支持，树立修复示范标杆，提供修复新思路。一是，必须对第三方机构进行严格的资质审查。我国应该制定第三方专业化治理公司的准入标准，明确资质条件要求，建立考核体系，确立信用等级，进行动态管理。对达不到治理标准的公司，要求立即整改，并在规定时间内不允许承接矿区生态修复工作；严重不达标的，撤销相关资质；对符合治理标准且信用等级比较高的第三方公司优先选择。资质符合要求的公司可以列入矿区生态修复公司名单，政府或者污染企业可以在名单中进行选择，与第三方专业化公司进行合作，将矿区生态修复纳入专业化轨道上来，更符合可持续发展的具体要求。二是，在矿区生态修复第三方治理制度内容设计时，应明确政府职能，如管理、调控、监督等，实现监管方式由粗放型、单一化向精细化、专业化模式的转变，适应环境污染第三方治理的新要求。政府部门应对第三方专业公司的发展予以鼓励和支持，营造良好的产业发展氛围和条件，制定优惠财税政策使第三方公司不断发展壮大。同时，政府也要注意发挥技术指导作用，逐步建立第三方治理制度，并制定相应的实施框架和标准，对治理过程进行监督，保证矿区生态修复目标的实现。

2. 矿业权人责任承担适用

矿业权人往往就是造成矿区生态环境破坏的实际损害行为人，按照目前的行为责任理论，矿业权人作为直接开发者和直接破坏方，必须对矿区生态修复承担主要责任。然而司法实践中情况复杂，个案特殊性较强，而且按照行为责任进行追责时由于因果关系的复杂性在一定程度上延长了修复周期，不仅会导致矿产资源的浪费和闲置，也会由于裸露影响大气环境，因此引入"状态责任"，对矿业权人、实际损害行为人在各种法律情形中进行明确规定十分重要。同时，在具体实践过程中也存在矿业权人合法出让矿业权的情况，在此种情况下如何界定矿业权人的修复义务也成为重要研究内容。

《矿产资源法（修订草案）》中对矿业权人的规定，从字面上看貌似引入了"状态责任"，但实际上还是基于矿业权人和实际损害行为人为同一的假设之上，规定"边开采，边修复"就是隐含矿业权人直接进行开发开采的意思表示。然而在实际修复情况中，却会出现矿业权人与实际损害行为人不一致的情况，如何确定担责顺序，成为司法适用中的难题。对于行为责任和状态责任的责任竞合问题，有两种理论：一是，行为责任优先论，持此观点的学者认为由于行为责任系运用市场调节方式内化损害成本，为多数大陆法系国家所采纳。状态责任概括继受本身的复杂性，通过具体法律规范来加以规定难免不周，所以当两种责任出现竞合时应优先追究行为责任主体。二是，状态责任优先论，持此观点的学者则认为，行为责任本身因果关系认定的复杂性使生态修复责任履行周期延长，状态责任根据"管领事实"即可判断，更有利于及时救济生态环境损害，故应优先适用状态责任。两种理论各有优劣之处，不能简单直接地将一种责任作为优先顺序予以承担，还是应该充分考虑生态修复有效性原则和损害担责原则进行责任划分。

连带责任原则是矿区生态修复的重要归责原则，当矿业权人与实际损害行为人不一致时，从生态修复有效性上来说，应该由矿业权人承担首要责任。因为目前矿区生态修复责任承担规则的立法选择应以实现矿区生态修复有效性为首要指导原则，以因应我国严峻的矿区生态问题。但是从作为次要原则的损害担责原则考虑，又要合理分配损害成本。毕竟生态环境破坏是由实际损害行为人造成的，只追究矿业权人责任难免有责任分配不公之嫌。当实际损害人有能力进行修复时，应首先追究实际损害人的责任。因此，矿业权人作为"状态责任"下的事实管理人承担首要责任，并有权利向第三人进行追偿，实际损害行为人承担终局责任。由于我国矿产资源的国有属性，在探讨"状态责任"下的事实管理人责任时必须进行适度限定和明确，本文所提到的事实管理人不是所有权人——国家，而主要是从国家手中通过投标和合同方式取得矿业权的矿业权人。

另外，由于生态修复义务相较于人身之债不具有人身专属性，因此可以由概括继承人即权利义务受让人继续承担修复义务。所以，当矿业权发生转移时，应当由受让人承担生态修复义务，《矿产资源法（修订草案）》中所规定的矿业权的"灭失"应当具体定义为因吊销、解散而破产比较合理，只有在这种情况下矿业权人才不因矿业权的灭失而免除修复责任，可以在破产清算程序中保留修复资金。

对于当前农村中普遍存在的多个家庭户承包一座矿山的情况，当环境损害是由于某一户的单方行为造成的，对于其他家庭户来说就不应承担相应修复责任，而如果开采行为是多方共同商议的结果，并共享经济效益，就应按照连带责任，公平分担修复责任，当某一方承担的责任超出自身责任范畴的有权进行追偿。

3. 其他特殊修复主体承担补充责任

矿产资源具有财产价值和生态环境价值双重属性，一方面矿产资源作为重要的经济与战略资源，具有极为重要的经济价值；另一方面矿产资源作为矿区生态环境系统的一个重要组成部分，具有极为重要的生态价值。这两方面属性互相促进又互相矛盾，由于过度追求其经济价值导致矿区"三废"问题、土地占用及破坏问题、水土流失与沙化问题等异常严峻，矿产资源的生态价值被忽视使得矿区生态环境破坏严重亟待修复。比如，在修复矿山过程中产生的土石料可以用于其他的工业原料，因此在矿区生态环境修复中可以利用矿产资源的财产价值属性吸引具备修复能力的其他社会主体参与修复。尤其是对历史废弃矿山责任主体灭失或不明的情况下引入社会力量参与治理，通过资金投入或者技术投入的方式进行参与，并分享矿产资源的经济价值有重要意义。

在市场经济发展下，单纯依靠政府投入和企业负担无法解决矿区生态修复的复杂问题。如何吸引社会资本投入，弥补资金短板已经成为新的研究方向。目前许多成功的矿区生态修复案例已经起到了重要的示范作用，比如，废弃矿山改造成为旅游景点，为我国提供了矿区生态修复的新思路。按照政府规划，依靠专业化公司，大力发展绿色可持续发展的修复道路已经成为必然趋势。因此，必须不断创新机制，充分利用政府和社会资本合作、第三方治理等模式推进矿区生态修复。在现有复绿复垦的修复模式基础上，进一步优化露天矿山的生态形象，结合矿山实际和区位发展情况，在突出生态优先前提下积极探索景观修复模式和产业修复模式，不能仅停留在单纯恢复、改变山体外部形象上，山区县区本就靠山吃山，要充分利用开展露天矿区生态修复的有利时机，不断挖掘矿山土地内在的经济属性，使废弃矿山产生新的产业价值和经济价值。

要充分利用社会渠道，引进公益基金，参与到项目建设中，对于有条件的地区，要与经济作物种植、旅游开发、特色小镇打造、田园综合体开发等有机结合，通过土地出租、土地使用权捆绑出让等形式，吸收社会资本投资，统筹进行土地整理、土方施工，助力经济发展的同时，保障矿区生态修复资金的持续性投入。

另外，社会公众作为矿区生态修复的参与者，所发挥的监督作用不可忽视，从可持续发展理论上看，矿区生态修复不仅是为了恢复被破坏的生态环境，最主要的目的还是保障公共利益不受损害。矿区生态环境破坏引发的环境问题直接影响矿区及周边居民的生活环境，因此社会公众对矿区生态修复主体的责任的落实具有强烈的主观愿望和法律事实依据。在此基础上要不断培养社会公众的环境保护意识，提高公众参与程度，将社会公众监督作用真正发挥出来。

（四）归责原则多元化适用

矿区生态修复主体的责任确定牵扯多方利益，面对当前归责原则存在冲突和不一致的情况，应在立法中引入多元化适用的规定，对具体法律情形下适用过错原则和无过错原则进行明确的表述，并通过公平原则予以补充，保证责任分配的公平合理有效。对于归责原则的多元化适用在学术界早有讨论，而且在具体案件中法官也适用不同归责原则予以判定。从根本上来说要根据侵权行为的不同性质进行划分，科学适用相应的归责原则。

一是实质性矿区环境损害。从历史维度来说，矿区生态破坏是社会发展的负外部性后果，是承载着经济进步的使命的，而且在当时也是得到特定开采许可的，无法从主观上判定损害者具有过错。对于正在开采和新建的矿山来说矿产资源开采过程中导致的环境污染和生态破坏也无法从主观上认定过错，多数情况下是碍于技术不成熟和生产条件不允许所产生的，因此如果适用传统意义上的过错责任难度较大。对于造成的实质性生态环境损害适用无过错原则既符合损害担责原则，又有利于修复责任的实现。这是基于危险责任和危险控制控制理论进行的归责判定，通过无过错责任平衡利益和损害之间的关系。

二是拟制性矿区环境损害。与实质性矿区环境损害所造成的直接性可衡量的损害不同，在矿产资源开采中还会导致大气、水、固体废物、噪声、辐射等污染，为确定是否造成损害结果，就要参照相应的国家强制性标准。若超出国家标准，就属于具有客观上的过错，按照过错推定原则明确主体的责任；若没有相关标准，就由受害者证明加害者具有过错。在司法实践中还存在符合标准又造成实际损害的情况，一是损害人未违反相关标准，但却造成环境损害，二是尚无相关标准，而造成环境损害，在这两种双方都无过错的情形下就要按照公平原则进行责任分配，由法官根据当事人经济能力和实际损害情况行使自由裁量权。

对于矿区生态修复主体的责任的承担应按照损害结果进行科学划分，区分无过错责任和过错责任，并以公平原则作为补充，保证司法的权威性和公平性，各主体在责任范围内承担相应责任，推进修复进程，维持社会稳定发展。

（五）举证责任类型化区分

举证责任的分配直接决定诉讼结果，当前对于环境污染侵权适用特殊的举证责任制度，即举证责任倒置，但在司法实践中已经凸显出了缺陷和问题，因此慎重考虑举证责任分担已成为重要课题。仅通过司法解释和个案而无具体法律依据进行举证责任分配显然不符合立法精神要求，而且也不具有权威性。司法解释中对举证责任倒置适用范围的扩大也造成了相当大的司法困难。因此，应在专门立法中明确举证责任分配的具体范围，区分环境民事私益诉讼和环境民事公益诉讼中的举证责任规定，综合考虑案件的实际情况及举证难度，从而确定举证责任是否存在倒置、减轻或适度转换的必要。

举证责任倒置对于环境民事私益诉讼中原告处于的相对弱势地位来说具有重要意义，

由于损害具有间接性，因此存在"原告对举证存在障碍"以及"被告对某种事实的存在与否有证明的可能性"的情形。而对于环境民事公益诉讼来说，所保护的是生态环境本身，而且以被告直接污染环境或者实施生态损害行为为特点，与环境民事私益诉讼有本质不同，因此应进行举证责任的重新分配。

对于涉及生态环境损害的环境民事公益诉讼不应再片面适用举证责任倒置。环境民事私益诉讼着眼于公民的人身权和财产权，受损原因复杂性较强，建立人身和财产损害与环境污染破坏之间的联系很难进行论证，而环境民事公益诉讼针对的是对公共利益的损害，因果关系证明难度相较于普通环境侵权案件来说较低，而且通过大量的司法实践证明，因果关系不是此类案件的重点，重点应放在损害结果的范围和金额上。在这种情况下举证责任倒置的存在价值也就大打折扣。环境民事公益诉讼应立足本身特点，充分发挥作为原告的有关部门和检察机关的较强举证能力，以实现社会公益为最终法律目的，淡化被告的举证责任倒置，追求公平正义下损害结果的确定和责任的分担。

矿区环境和生态破坏多适用于环境民事公益诉讼，在矿区生态修复主体的责任确定时要根据环境侵权情况对举证责任进行分配，确保实体正义和程序正义的共同实现。根据双方当事人的充分举证，确定责任主体，界定主体的责任范围，为矿区生态修复进程提供强有力的法律支撑，并通过法律执行推进矿区生态修复不断发展。

第二章　我国矿区生态安全法治的制度体系建构

第一节　形成矿区多元共治的生态环境治理格局

我国政府从 20 世纪 80 年代就开始通过制定法律规范和宏观政策应对中国的环境污染问题，一批旨在提高违法成本和对污染从源头进行防控的法律规范陆续出台或修订。国家的宏观指导文件也围绕科学发展、生态文明建设等方略，系统规划了未来中国经济社会可持续发展的宏观蓝图，构建了适应中国环境治理需求的现代环境治理体系。然而，我国早期的规范性文件始终无法摆脱经济发展和环境保护矛盾的桎梏，这些文件更多关注的是政府在环境管理中的核心和支配地位，强调政府环境管理中职权的配置，市场手段使用和公众参与度不足，且制度之间的有效协调性不足，制度割裂、割据现象普生。在此类规范指引之下，现行环境治理体系存在治理战略不清、定位不明；管理分散、治理主体孤立；手段单一；整体性治理制度供给不足，制度间缺乏有效衔接与组合等弊端，无法完成将各种体制内外、新旧治理要素协调重塑于生态文明美丽中国建设的历史使命，致使环境治理的有效性无法保障，中国的环境治理体系转型的需求无法满足。

从 20 世纪六七十年代至今，治理模式经过了由政府管制型、市场调控型到企业自愿型的发展，但它们无一不是单一主体的环境治理思路，在实施过程中，存在着各种不同的操作困境。多中心共治型环境治理模式打破了传统治理模式的束缚，认为环境治理并非单一主体之治理，而是由政府、市场与社会组成的多中心主体共治。三种治理主体中，政府管制的权威性、市场调控的及时回应性以及企业自愿治理的自愿性在组合中相得益彰、优势互补。现在人们所思、所想、所需、所求的未必是更多的政府统治，而是更多的政府治理。

一、多元共治环境治理模式的基本特征

多中心共治型环境治理模式具有治理主体的多元性、治理权力关系的调整性等五项基本特征。一是治理主体的多元性。多中心共治型环境治理是一种多元行动主体相互合作的过程，包括政府机关与公民社会的合作、政府机关与非政府机构的合作、公共机构与民间机构的合作、中央政府与地方政府的合作、地方政府与地方政府的合作，以及超国家地方组织与地方政府的合作。二是治理权力关系的调整性。多中心共治型环境治理意味着中央政府与地方政府之间权力关系的调整，中央政府只负责环境治理的宏观调控，即环境治理大政方针的制定，而把环境治理中的微观事务交由地方政府负责，使地方政府承担更多的环境治理职能，这有利于发挥地方的积极性、主动性和创造性。相对地，地方有权要求参

与中央决策事宜，实践地方共商国是的精神。三是治理的互动性。治理背景下的社会鼓励公民参与公共事务，注重发挥民间组织的积极主动性，使公民承担更多环境治理的责任，完成公民治理的目的。多中心共治型环境治理意味着政府与公民社会之间建立了良好的、互动的合作关系。四是治理的特定统治型能。多中心共治型环境治理意味着在不同目的和目标的行动者之间，如政治行动者、机构、企业、公民社会及跨国政府等主体之间，维持协调性与一致性。五是从政府统治到政府治理的转变。多中心共治型意味着环境治理对政府单极统治模式的放弃，这是西方国家在全球化加速的背景下，将其权力朝国际层次和国家内部所属地方转移的表现。公民参与环境治理事务的管理，符合民主化的潮流。

二、多元共治型环境治理模式的优势

第一，多中心共治的优势互补性。多中心共治型环境治理模式就是在环境治理的各个层次、各个区域同时进行调节，由环境合作治理的多个行动主体同时供给公共服务与财货，充分发挥各类治理主体的能动性。多中心治理的制度设计关键在于实行分权，所以，多中心共治观点下的环境治理，必须依靠多元治理主体的通力协作。

第二，多中心共治的快速回应性。西方国家环境治理的实践表明，相对于中央政府单一中心的管理体制，多中心共治模式因地方政府、非政府部门、私人机构，以及超国家地方组织等主体比较接近基层、弹性较大，而能够更好地回应公民的环境治理需求。公共选择理论认为，数量较多的地方政府及其他组织彼此紧密合作，常常可以促进效率的提高和效能的提升。

第三，多中心共治的相互合作性。任何一个地区都不可能具有其经济发展所需的一切资源，不可能独立地解决所有问题，必须通过合作实现互通有无，使各类资源和生产要素在区域之间实现优化配置，环境治理的跨域性更是如此。多中心共治模式，有利于治理主体之间相互合作，建立污染共治的合作关系。

第二节　建立矿区生态安全的预警机制

一、划定矿区生态保护红线

生态保护红线是指在自然生态服务功能、环境质量安全、自然资源利用等方面，需要实行严格保护的空间边界与管理限值，以维护国家和区域生态安全及经济社会可持续发展，保障人民群众健康。"生态保护红线"是继"18亿亩耕地红线"后，另一条被提到国家层面的"生命线"。《环境保护法》第二十九条规定："国家在重点生态功能区、生态环境敏感区和脆弱区等区域划定生态保护红线，实行严格保护。各级人民政府对具有代表性的各种类型的自然生态系统区域，珍稀、濒危的野生动植物自然分布区域，重要的水源涵养区域，具有重大科学文化价值的地质构造、著名溶洞和化石分布区、冰川、火山、温泉等自然遗迹，以及人文遗迹、古树名木，应当采取措施予以保护，严禁破坏。"2017年2

月中共中央办公厅、国务院办公厅印发了《关于划定并严守生态保护红线的若干意见》，提出划定并严守生态保护红线，是贯彻落实主体功能区制度、实施生态空间用途管制的重要举措，是提高生态产品供给能力和生态系统服务功能、构建国家生态安全格局的有效手段，是健全生态文明制度体系、推动绿色发展的有力保障。

根据中央的总体部署，2018年，其他省（自治区、直辖市）将划定生态保护红线；2020年，全面完成了全国生态保护红线划定，勘界定标，建立生态保护红线制度，国土生态空间将得到优化和有效保护，生态功能将保持稳定，国家生态安全格局将更加完善。到2030年，生态保护红线布局进一步优化，生态保护红线制度有效实施，生态功能显著提升，国家生态安全得到全面保障。

（一）划定矿区生态保护红线的意义

多年来，随着城镇化、工业化的快速发展，我国资源约束趋紧、环境污染严重、生态系统退化，可持续发展面临严峻挑战。划定生态保护红线，对维护国家生态安全、保障人民生产生活条件、增强国家可持续发展能力具有重大现实意义和深远历史影响。

划定生态保护红线是维护国家生态安全的需要。由于经济社会活动对自然利用强度不断加大，我国自然生态系统受挤占、破坏的情况日趋严重，呈现出由结构性破坏向功能性紊乱的方向发展。目前，我国草地生态系统退化趋势明显；湿地仍在萎缩，生态系统服务功能持续下降。只有划定生态保护红线，按照生态系统完整性原则和主体功能区定位，优化国土空间开发格局，理顺保护与发展的关系，改善和提高生态系统服务功能，才能构建结构完整、功能稳定的生态安全格局，从而维护国家生态安全。

划定生态保护红线是不断改善环境质量的关键举措。随着经济社会的发展和人们生活水平的提高，人民群众对环境质量的要求和期待不断提升。当前我国环境污染严重，以细颗粒物（PM 2.5）为特征的区域性复合型大气污染日益突出。划定并严守生态保护红线，将环境污染控制、环境质量改善和环境风险防范有机衔接起来，才能确保环境质量不降级，并逐步得到改善，才能从源头上扭转生态环境恶化的趋势，建设天蓝、地绿、水净的美好家园。

划定生态保护红线有助于增强经济社会可持续发展能力。我国人均耕地资源、森林资源、草地资源约为世界平均水平的39%、23%和46%，大多数矿产资源人均占有量不到世界平均水平的一半。城镇化是未来我国经济社会发展的必然趋势，在2020年，城镇化率将达到60%左右，资源环境的压力还将进一步加大。据研究，建设用地增加率是城镇化水平提高率的1.56倍，城镇人口人均能耗是农村人口的1.54倍。有研究表明，我国土地资源的合理承载力仅为11.5亿人，现已超载约2亿，我国已有600多个县突破了联合国粮农组织确定的人均耕地面积0.8亩的警戒线。划定生态保护红线，引导人口分布、经济布局与资源环境承载能力相适应，促进各类资源集约节约利用，对于增强我国经济社会可持续发展的生态支持能力具有极为重要的意义。

（二）生态保护红线的内涵

生态保护红线的实质是生态环境安全的底线，目的是建立最为严格的生态保护制度，对生态功能保障、环境质量安全和自然资源利用等方面提出更高的监管要求，从而促进人口资源环境相均衡、经济社会生态效益相统一。生态保护红线具有系统完整性、强制约束性、协同增效性、动态平衡性、操作可达性等特征。系统完整性是指生态保护红线的划定、遵守与监管需要在国家层面统筹考虑，有序实施；强制约束性要求生态保护红线一旦划定，必须制定严格的管理措施与环境准入制度，增强约束力；协同增效性要求红线划定与重大区划规划相协调，与经济社会发展的需求和当前的监管能力相适应，与生态保护现状以及管理制度有机结合，增强保护效果；动态平衡性是指在保证空间数量不减少、保护性质不改变、生态功能不退化、管理要求不降低的情况下可以对生态保护红线进行适当调整，从而更好地使生态保护与经济社会发展形势相统一；操作可达性要求设定的红线目标具备可实现性，配套的管理制度和政策具有可操作性。具体来说，生态保护红线可划分为生态功能保障基线、环境质量安全底线、自然资源利用上线。

　　生态功能保障基线包括禁止开发区生态红线、重要生态功能区生态红线和生态环境敏感区、脆弱区生态红线。纳入生态功能区的区域，禁止进行工业化和城镇化开发，从而有效保护我国珍稀、濒危并具代表性的动植物物种及生态系统，维护我国重要生态系统的主导功能。禁止开发区的红线范围可包括自然保护区、森林公园、风景名胜区、世界文化自然遗产、地质公园等。自然保护区应全部纳入生态保护红线的管控范围，明确其空间分布界线。其他类型的禁止开发区根据其生态保护的重要性，通过生态系统服务重要性评价结果确定是否纳入生态保护红线的管控范围。重要生态功能区红线的划定范围可包括《全国生态功能区划》中规定的水源涵养、土壤保持、防风固沙、生物多样性保护和洪水调蓄5类共50个重要生态功能区。通过生态服务功能重要性评价，将重要性等级高、人为干扰小的核心区域划定在重要生态功能区红线范围内。重要生态功能区红线的划定，既可保护生态系统中供给生态服务的关键区域，也能够从根本上解决资源开发与生态保护之间的矛盾。生态敏感区、脆弱区红线划定范围可主要包括生态系统结构稳定性较差、对环境变化反应相对敏感、容易受到外界干扰而发生退化、自然灾害多发的地区。通过对区域生态环境敏感性进行等级划分，将敏感性等级高、人为干扰强烈的核心区域划定为生态保护红线的管控范围。生态环境敏感区、脆弱区红线划定后，将为人居环境安全提供生态保障，为协调区域生态保护与生态建设提供重要支撑。

　　环境质量安全的底线是保障人民群众呼吸上新鲜的空气、喝上干净的水、吃上放心的粮食、维护人类生存的基本环境质量需求的安全线，包括环境质量达标红线、污染物排放总量控制红线和环境风险管理红线。环境质量达标红线要求各类环境要素达到环境功能区要求。具体而言，要求大气环境质量、水环境质量、土壤环境质量等均符合国家标准，确保人民群众的安全健康。污染物排放总量控制红线要求全面完成减排任务，有效控制和削减污染物排放总量。环境风险管理红线要求建立环境与健康风险评估体系，完善环境风险管理措施，健全环境事故处置和损害赔偿恢复机制，推进环境风险全过程管理。建立突发性污染事故应急响应机制，完善突发环境事件应急管理体系，加强环境预警体系建设，确保将环境风险降至最低。

　　自然资源利用上线是促进资源能源节约，保障能源、水、土地等资源高效利用，不应突破的最高限值。自然资源利用上线应符合经济社会发展的基本需求，与现阶段资源环境承载能力相适应。能源利用红线是特定经济社会发展目标下的能源利用水平，包括能源消耗总量、能源结构和单位国内生产总值能耗等。水资源利用红线是建设节水型社会、保障水资源安全的基本要求，包括用水总量和用水效率等。土地资源利用红线是优化国土空间开发格局、促进土地资源有序利用与保护的用地配置要求，使耕地、森林、草地、湿地等自然资源得到有效保护。

（三）矿区生态保护红线的制度保障

有效保障生态保护红线不被逾越，确保红线落地，必须从制度、体制和机制入手，建立严格遵行生态保护红线的基础性和根本性保障。

建立健全自然资源资产产权和用途管制制度。在明晰的产权框架下，科学界定自然资源和生态空间的各项功能。通过建立用途管制制度，保障自然资源和生态空间的合理用途，确保准确执行主体功能区和生态环境功能区的定位，处理好开发与保护的关系。

建立自然资源资产负债表制度。建立自然资源资产负债统计、衡量与核算指标体系，摸清国家自然资源底数，包括规模、结构、分布以及变化趋势等，准确把握自然资源的存量、增量和减量等，为划定生态保护红线以及未来绩效评估提供基础性依据。

建立生态、资源和环境风险监测预警和防控机制。构建生态保护红线监测预警体系，基于国土生态安全的现状及动态分析评估的结果，预测未来国土生态安全要素发展变化的趋势及时空分布，逐渐形成生态保护红线监测与预警、决策与技术支持一体化的，具有充分技术、人力和物力保障的，兼有处理突发事件能力的国土生态安全预警体系。

完善基于生态保护红线的产业环境准入机制。根据不同类型生态保护红线的保护目标与管理要求，制定差别化产业准入环境标准。按照生态功能恢复和保育原则，引导自然资源合理有序开发。严格控制新建高耗能、高污染项目，遏制盲目重复建设的行为。

实施生态保护红线区域补偿机制。逐步建立生态保护红线区域的补偿机制，明确补偿标准、资金来源、补偿渠道、补偿方式，并以此推动补偿区域的生态保护。探索多样化的生态补偿模式，对生态产品生产方和受益方明确的区域，按照谁受益谁补偿的原则，建立不同地区间横向的生态补偿机制。

健全排污权有偿交易机制。全面落实污染者付费原则，健全排污权有偿取得和使用制度，发展排污权交易市场。加快制定符合市场规律和体现要素价格形成机制的排污权交易制度和交易规则，体现环境资源市场化配置方式并提高配置效率。

建立生态保护红线考核与责任追究机制。逐步建立差异化的生态保护红线评估体系，逐步将生态保护红线评估结果纳入各级党政领导干部的综合考核评价体系。对那些不顾生态环境盲目决策、造成严重后果的人，必须追究其责任。

二、建立、健全矿山环境监测制度

（一）建立监测网络和监管平台

在国家层面，生态环境部、国家发展和改革委员会、自然资源部应当会同有关部门建设和完善生态保护红线综合监测网络体系，充分发挥地面生态系统、环境、气象、水文水资源、水土保持、海洋等监测站点和卫星的生态监测能力，布设相对固定的生态保护红线监控点位，及时获取生态保护红线监测数据。建立国家生态保护红线监管平台。依托国务院有关部门生态环境监管的平台和大数据，运用云计算、物联网等信息化手段，加强监测数据的集成分析和综合应用，强化生态气象灾害监测预警能力建设，全面掌握生态系统构成、分布与动态变化，及时评估和预警生态风险，提高生态保护红线管理决策的科学化水平。实时监控人类干扰活动，及时发现破坏生态保护红线的行为，对监控发现的问题，通报当地政府，由有关部门依据各自职能组织开展现场核查，依法、依规进行处治。

（二）健全矿区生态环境监测工作

通过建立监察监测联席会议制度，强化污染源企业监督性监测、环境安全应急监测、污染源自动监测、环境执法专项监测等多种形式的环境监测工作，实现环境监测与监管有效联动，有效提升环境监管水平。

第一，建立监察监测联席会议制度，构建多层级的监察监测联合会商体系。通过会商制度，充分发挥环境监测的技术监督和保障职能，有效解决监测与监管联动工作中存在的实际问题。通过会议纪要的形式统筹部署下一步的联动工作任务，全面做好污染源企业日常监管、环境安全应急保障、环境污染犯罪认定、环境信访及舆情处置等具体工作，有效提高环境监管的成效。

第二，深化污染源企业的监督性监测，为环境监管提供可靠的技术保障。科学、合理地确定监测项目，全面加强对国、省控重点污染源企业、污水处理厂排污状况的监测，切实做好污染源企业的监督性监测数据、自动监测数据、企业自测数据的综合分析与评估。完善数据移交制度，及时将各类超标监测数据移交环境监察部门，为环境监管提供更加全面、精准的数据支持。

第三，加强环境安全应急监测，切实增强矿区环境安全的综合保障能力。建立处置矿区突发环境事故的环境监察、监测的应急联动机制，完善矿区环境风险源隐患排查整治、信息公开、应急培训制度，定期开展环境应急监察、监测大比武活动。根据矿区环境风险源的分布情况，组织多种形式的环境监测应急实战演练，不断提高应急监测的溯源和分析能力，实现环境安全事故应急监测和环境监察的快速响应。

第四，强化矿区重点污染源企业自动监测设备的运营管理，进一步增强环保执法工作效能。完成矿区排污企业自动监测设备的升级改造，实现与省、区、市（县）污染源自动监测平台的联网运行。制定污染源自动监测设施运营监管考核办法，加大对自动监测设备数据质量的核查巡查力度，严肃查处违反环境监测技术规范，篡改、伪造监测数据的行为，切实提高污染源自动监测设备的数据质量。

第五，充分发挥监测数据的证据支撑作用，全面增强环境执法监测能力。加强环境监测工作的科学化、法制化建设，明确环境监测在环境执法过程中的法律主体地位，确保监测人员的从业资格、仪器设备的标定、分析方法的选择、采样过程的完整性和原始记录的规范性等方面均符合环保相关法律、法规的要求，以准确、权威的监测数据为打击环境违法行为提供证据支持。

（三）落实监测机构的垂直改革

根据《关于省以下环保机构监测监察执法垂直管理制度改革试点工作的指导意见》，

现有市级环境监测机构调整为省级环保部门驻市环境监测机构，由省级环保部门直接管理，人员和工作经费由省级承担；领导班子成员由省级环保厅（局）任免；主要负责人任市级环保局党组成员，事先应征求市级环保局意见。省级和驻市环境监测机构主要负责生态环境质量监测工作。直辖市所属区县环境监测机构改革方案由直辖市环保局结合实际情况确定。将现有县级环境监测机构的主要职能调整为执法监测，随县级环保局一并上收到市级，由市级承担人员和工作经费，具体工作接受县级环保分局领导，支持配合属地环境执法，形成环境监测与环境执法有效联动、快速响应的工作机制，同时按要求做好生态环境质量监测相关工作。因此，按照指导意见要求，一是要落实地方党委政府及相关部门的环保责任，上收生态环境质量监测事权，建立环境监察专员制度，开展环保督察巡视，加强对环保履责情况的监督检查，实行党政同责、一岗双责、依法追责、终身追责，推动经济绿色发展。二是要落实排污单位的责任，加强环保重点领域的基层执法力量，将污染源监测和监管的重心下移，整合执法主体，集中执法权，强化环境司法、排污许可、损害赔偿、社会监督，严格环境执法。

跟随国家环保监测机构的垂直改革，负责矿区的监测机构在行政隶属级别上将上移，这将有利于纠偏过去部分矿区监测机构监测结果不公开、不公正、虚假篡改等现象；同时任命的环境检查专员，将进一步强化监测机构工作的合法性和标准性，保障矿区环境监测机构在出具监测结果时的公正性。

三、完善矿区突发环境事件应急机制

突发环境事件是指由于污染物排放或自然灾害、生产安全事故等因素，导致污染物或放射性物质等有毒有害物质进入大气、水体、土壤等环境介质，突然造成或可能造成环境质量下降，危及公众身体健康和财产安全，或造成生态环境破坏，或造成重大社会影响，需要采取紧急措施予以应对的事件，主要包括大气污染、水体污染、土壤污染等突发性环境污染事件和辐射污染事件等。矿区复杂的地质、水文等环境和多样化的生态系统决定了完善矿区突发环境事件应急工作机制的重要性和必须性。健全矿区突发环境事件应对工作机制，科学有序地应对突发环境事件，保障人民群众生命财产安全和矿区生态安全，促进社会全面、协调、可持续发展是必须面对的问题。

企业、事业单位应当按照国家有关规定制定突发环境事件应急预案，报环境保护主管部门和有关部门备案。在发生或者可能发生突发环境事件时，企业、事业单位应当立即采取措施进行处理，及时通报可能受到危害的单位和居民，并向环境保护主管部门和有关部门报告。突发环境事件应急处置工作结束后，有关人民政府应当立即组织评估事件造成的环境影响和损失，并及时将评估结果向社会公布。该条款明确了政府及其有关部门和企业、事业单位在应对突发环境事件时的责任、县级以上人民政府应当建立环境污染公共监测预警机制、企业、事业单位在环境事件应急处置方面的责任和义务以及突发环境事件的评估制度。

矿区所在地县级以上地方人民政府负责本行政区域内的矿区突发环境事件应对工作，明确相应的组织指挥机构。跨行政区域的矿区突发环境事件应对工作，由各有关行政区域人民政府共同负责，或由有关行政区域共同的上一级地方人民政府负责。对需要国家层面协调处置的跨省级行政区域突发环境事件，由相关省级人民政府向国务院提出请求，或由有关省级环境保护主管部门向生态环境部提出请求。矿区所在的地方政府有关部门按照职责分工，密切配合，共同做好突发环境事件应对工作。各级环境保护主管部门及其他有关部门要加强日常环境监测，并对可能导致突发环境事件的风险信息加强收集、分析和研判。安全监管、交通运输、公安、住房城乡建设、水利、农业、卫生计生、气象等有关部门按照职责分工，应当及时将可能导致突发环境事件的信息通报同级环境保护主管部门。矿区企业、事业单位和其他生产经营者应当落实环境安全主体责任，定期排查环境安全隐患，开展环境风险评估，健全风险防控措施。当出现可能导致突发环境事件的情况时，要立即报告当地环境保护主管部门。地方环境保护主管部门研判可能发生突发环境事件时，应当及时向本级人民政府提出预警信息发布的建议，同时通报给同级相关部门和单位。地方人民政府或其授权的相关部门，应及时通过电视、广播、报纸、互联网、手机短信、当面告知等渠道或方式向本行政区域公众发布预警信息，并通报可能影响到的相关地区。上级环境保护主管部门要将监测到的可能导致突发环境事件的有关信息，及时通报可能受影响地区的下一级环境保护主管部门。突发环境事件发生后，涉事矿区企业事业单位或其他生产经营者必须采取应对措施，并立即向当地环境保护主管部门和相关部门报告，同时可能受到污染危害的单位和居民。因生产安全事故导致突发环境事件的，安全监管等有关部门应当及时通报同级环境保护主管部门。环境保护主管部门通过互联网信息监测、环境污染举报热线等多种渠道，加强对突发环境事件的信息收集，及时掌握突发环境事件的发生情况。矿区所在地的环境保护主管部门接到突发环境事件的信息报告或监测到相关信息后，应当立即进行核实，对突发环境事件的性质和类别作出初步认定，按照国家规定的时限、程序和要求向上级环境保护主管部门和同级人民政府报告，并通报同级其他相关部门。突发环境事件已经或者可能涉及相邻行政区域的，事发地人民政府或环境保护主管部门应当及时通报相邻行政区域同级人民政府或环境保护主管部门。矿区所在地的人民政府及其环境保护主管部门应当按照有关规定逐级上报，必要时可越级上报。突发环境事件发生后，根据有关规定，由环境保护主管部门牵头，可会同监察机关及相关部门，组织开展事件调查，查明事件原因和性质，提出整改防范措施和处理建议。突发事件发生后，矿区所在地人民政府要及时组织制订补助、补偿、抚慰、抚恤、安置和环境恢复等善后工作方案并组织实施，在投保环境责任保险及其他相关保险的情况下，保险机构要及时开展相关理赔工作。

第三节　完善矿区生态补偿机制

矿产资源是我们赖以生存和发展的物质保障，然而开发利用矿产资源也给人类带来了诸多负面影响，不仅导致矿区塌陷、矿坑积水，诱发各类地质灾害，造成生态破坏，而且还排放废气、废水和废渣，带来环境污染。

一、多方筹集矿区生态补偿资金

（一）矿区补偿资金存在的问题

第一，补偿资金匮乏。目前我国生态补偿资金主要依靠政府投入，尽管近几年我国持续不断地加大对矿产资源生态补偿的资金投入力度，但由于往年基数较低，补偿资金仍然缺口很大。由此可见专项资金资助范围有限，总体投资量不大。专项资金还要求地方政府和企业配套，但由于有的地方政府和企业财力有限等原因，实际到位的配套率不高。由于财政补偿资金列项属于一般转移支付而非专项转移支付，加之财政对资金的使用方向缺乏硬性要求，致使有的地方拿这笔钱去平衡财力，挤占、挪用补偿资金的现象十分普遍。有的市、县依赖国家补偿资金，而县里财政对生态环保基本不再投入，这严重影响了生态补偿资金的归集效果。相对于矿山生态恢复治理的巨大资金需求量，目前资金的投入捉襟见肘，根本不能解决问题。

第二，补偿资金来源结构不合理。我国目前存在大量废弃矿山，其生态环境恢复、土地复垦等历史欠账主要由政府承担，其资金主要由各级政府财政负担，如此一来给政府财政造成了极大压力。而对于新开矿山则由矿业企业承担环境恢复治理的责任，矿区被损的生态环境的治理往往需要巨额资金，仅靠开发企业缴纳的生态补偿税费及保证金并不能满足治理需要，且给企业造成了沉重的经济负担，不利于经济的健康、快速发展。由于补偿资金来源过于单一，不仅不能有效地恢复和保护矿区的生态环境，反而会打击各级政府和企业进行生态补偿的积极性，致使生态补偿的效果不尽人意。

第三，是补偿资金来往主体不明确。对矿产资源开发进行生态补偿，最重要的问题在于明确谁来补偿以及谁应得到补偿，亦即补偿资金的接受者和提供者。对于生态补偿的双方主体，我们可以分别使用"生态受益者、损害者"与"生态保护者、受损者"的概念。"生态受益者、损害者"，是指从维护和创造生态系统服务价值等生态保护活动中受益，或者开发利用环境和自然资源而损害生态环境的个人、单位和地方人民政府。"生态保护者、受损者"，是指为维护和创造生态系统服务价值投入人力、物力、财力或者发展机会受到限制，或者因生态损害遭受损失的个人、单位和地方人民政府。在矿区生态补偿实践中，即使根据已有的生态补偿原则确定了谁来补偿和谁应得到补偿，将权利、责任、义务落实到具体个人时，仍然存在着甄别的困难，需要结合各地具体情况加以认定。甚至随着时空转化，主体的身份会发生改变，因此"生态受益者、损害者"与"生态保护者、受损者"的认定是一个动态的过程，需要适时调整，将符合补偿条件的主体及时纳入生态补偿体系，将不再满足补偿条件的主体排除出该体系。这些都使得矿产资源生态补偿资金的来往主体变动不居，愈发不明确。

第四，补偿资金收取标准不统一。生态补偿应当是对生态价值损失的补偿，而生态价值应包括生态建设和保护的额外成本和发展机会成本，这些都是十分抽象的概念，很难用货币来量化计算。我国目前并没有建立一套科学合理的可量化的补偿标准体系，这直接影响着矿产资源生态补偿制度实施的效果。此外，我国没有全国适用的、统一的生态补偿立法，各地区便因地制宜制定了本地的补偿标准，有以矿产资源的销售额为标准实行比例税率从价征收，有以矿产资源开发量为标准定额从量征收，还有以矿产资源开发的作业面积为标准等。各地标准和做法不一，一方面导致实践当中各地生态补偿税费征收混乱，另一方面也有可能出现地区不公平的局面。总而言之，由于缺乏统一的补偿标准，也缺乏针对各地制定地方标准的约束性规定，使得矿产资源开发生态补偿工作局面混乱，实施效果不甚理想。

（二）矿区补偿资金筹集的原则

第一，保障补偿资金来源结构合理化。首先，积极推动地区间横向生态补偿制度的建立与普及。目前我国的生态补偿主要通过中央财政纵向转移支付的方式进行，这种模式简单易行且效果明显，短时间内使矿区的生态环境得到了较好的恢复，但是这种补偿方式难以有效化解矿产资源开发中生态效益和成本外部化的问题。因此，推动建立横向生态补偿机制，促进矿产资源开发受益地区向矿区生态补偿资金的流动十分必要。其次，我们还需借力市场化手段，大力发展环保市场，吸引社会资金投向矿山生态环境保护。具体而言，我们要在继续加大中央财政纵向转移支付力度的同时，充分发挥市场的作用，建立政府领衔、多层次、多渠道的生态补偿资金筹措机制，探索多元化生态补偿资金归集方式。再次，积极推进探矿权、采矿权市场化改革，通过竞争机制引入有实力、有责任感的企业参与矿山环境保护和生态恢复。同时想方设法提升横向生态补偿的比重，通过搭建协商平台，完善支持政策，推动矿产资源开发地区、受益地区与生态保护地区之间横向生态补偿的深入开展。最后，加强政府同金融部门的联系，加强对外交流合作，争取国际性金融机构的优惠贷款和民间社团、组织及个人捐款，以促使补偿资金来源结构主体多元化与合理化，保证矿山生态环境保护资金所需。

第二，需要进一步明晰补偿主体。随着矿产资源生态补偿理论的发展，补偿主体也会呈现多元化的趋势。国家作为矿产资源的所有者和管理人，对计划经济时代遗留下的大量废弃矿山缺乏监管，导致被废置，已无法明确原豪的开采责任人，国家有责任对废弃矿山进行修复治理。矿山企业作为矿产资源开采的主要受益主体，在开采矿产资源的过程中必然会造成生态破坏和环境污染，因此应该承担一定的矿区环境修复责任，并对矿区居民因环境破坏导致的生活水平的下降进行补偿。此外，有些区域因为开采矿产资源而得到了发展，它们作为生态环境的受益者理应成为生态补偿的主体。以上主体易于确定，在矿产资源开发生态补偿活动中，究竟还有哪些主体可被认定为"生态受益者、损害者"或"生态保护者、受损者"，往往不太容易确定，需要科学严谨的生态环境调查研究才能予以确认，在我国目前生态补偿还处于初级阶段的情况下，确定生态补偿资金的提供者和接受者殊为不易，尽管如此，我们仍然不能回避，需要厘清相互之间的利益关系，进一步明晰生态补偿的主体。

（三）多渠道筹集补偿资金的具体对策

第一，完善政府财政转移支付。财政转移支付有纵向和横向两种形式，纵向财政转移支付是中央财政向地方财政下拨资金，自上而下完成的；横向财政转移支付则是地方财政之间，基于协议而进行的水平形式的资金转移，我们在此两方面均应有所改变，以完善在矿区生态补偿资金筹集方面的财政转移支付制度。首先，进一步加大并适时调整纵向财政转移支付力度。前已提及，我国矿产资源生态补偿资金缺口较大，加之政府是矿产资源生态补偿的主导者，政府应该不断加大对矿产资源生态补偿的财政投入，逐步提高矿产资源生态补偿在财政转移支付中的比例，此外我国近几年国库财政收入也屡创新高，这也为中央政府加大对地方政府的纵向财政转移支付力度提供了坚实的基础。我国还应该改变"一刀切"吃大锅饭的传统弊端，对矿产资源开发的生态脆弱区和生态保护重点领域、重点环节、重点地区要适当提高生态补偿在财政转移支付中的比例，确保生态补偿资金能满足实际需求。向生态补偿受偿地区提供纵向财政转移支付时，应对重点地区进行专项财政转移支付，其他区域适用一般性财政转移支付即可。专项财政转移支付用于矿区生态环境恢复、矿区复垦、补偿利益相关者等特定领域，不得挪用；一般性财政转移支付则不作特别要求，可根据实际需求灵活运用。其次，引导推行横向财政转移支付。客观而言，纵向转移支付进行的生态补偿确实取得了不错的效果。但其没有体现区域经济发展与生态交换的内在统一性，且中央财政资金毕竟非常有限，仅仅依靠中央政府主导的纵向转移支付进行生态补偿显然是不可行的，根本出路还在于尽快实现纵向转移支付与横向转移支付的互补配合。与目前流行的纵向转移支付生态补偿方式相比，横向转移支付生态补偿在我国一直顿足不前。由于横向转移支付生态补偿机制的缺失，导致各地矿区生态环境保护效果不佳，生态破坏与环境污染仍层出不穷，难以根除，同时矿业城市牺牲本地区的生态环境利益和发展能力，使受益地区之间的经济得以又快又好地发展，若矿产资源开发受损（限）地区无法从受益地区获得正当、合理的补偿，必将严重影响社会公平，不利于地区之间平衡发展。目前，我国矿产品的价格整体偏低，矿业城市因开采矿产资源所获得的收益与其因生态环境破坏而遭受的损失以及生态环境恢复治理投入相比，相差甚远，故由消费矿产品的工业城市对矿业城市给予补偿是合理且必要的。我国可以考虑借鉴德国的做法，积极推行并建立非矿业城市向矿业城市生态补偿横向转移支付制度，可以通过搭建协商平台、完善支持政策，引导和鼓励开发地区、受益地区与生态保护地区通过自愿协商的方式建立横向补偿关系，采取资金补助、对口协作、产业转移、人才培训、共建园区等方式实施横向生态补偿。中央政府应该积极引导并鼓励各相关地方政府之间进行横向财政转移支付的矿产资源生态补偿。

第二，征收矿产资源生态补偿税费。现行的某些矿产资源税费名义上因生态补偿而征收，然则事后却很少用于生态补偿，此种税费因缺乏"生态补偿"性而不应该纳入矿产资源生态补偿的范畴，或者应该进行修改，使其实至名归，真正成为矿产资源生态补偿税费。资源税、矿产资源补偿费和矿区使用费存在税费项目设置与征收依据重叠的问题，三者有着相同的意义与作用，即体现和维护了国家作为所有者的矿产资源经济权益，区别仅仅在于外表上的税费名目不同而已。这无疑加重了相关主体的负担，既不公平亦不合理。因此我们需要先对目前的矿产资源税费进行梳理，人们认为能够成为矿山生态补偿资金来源的是以下几种。一是改革后的资源税。首先，通过改变资源税的计征方式增加税收收入，摒弃目前按产品销售量计税的方式，改采实际产量为税基进行征税，同时应加快原油、天然气之外的其他资源科目的资源税改革，将其他资源也逐步纳入从价定率计征范围；其次，实现差别税率，对特殊的矿产资源或特别地区的矿产资源实行较高的税率，借助税收的调节作用，强化保护重要矿产资源的观念。最后，要不断深化"费改税"，将契合矿产资源保护精神的收费项目取消后改征资源税，如此可使资源税形成较为稳定的规模，保证矿产资源生态补偿资金的来源可靠且充足。二是探（采）矿权使用费。根据《中华人民共和国矿产资源法》，我国陆续出台了数部配套法规，目的便是将《中华人民共和国矿产资源法》中所确立的矿业权的有偿取得制度落到实处。三是探（采）矿权价款。探矿权、采矿权价款按照国家有关规定，以国务院地质矿产主管部门确认的评估价格为依据，可以一次缴纳，也可以分期缴纳。探矿权价款缴纳期限最长不得超过 2 年，采矿权价款缴纳期限最长不得超过 6 年。

第三，采取间接融资方式。首先是从生态保险金中从提取。环境保护部（现为生态环境部）和中国银保监会联合发布了《关于环境污染责任保险的指导意见》，标志着我国环境污染责任保险制度雏形初现。作为环境污染责任保险之一，在矿产资源生态补偿过程中，我国还应引入生态保险机制，以此来分散与降低采矿活动给矿山生态环境带来巨大破坏的风险。生态保险是保障生态补偿资金的理想途径，可在发生矿山生态环境事故后由保险公司及时足额地进行保险理赔，为矿山的生态环境恢复治理提供资金支持。对于生态保险，未来可逐步推广，将其列为强制性保险，凡采矿者均需投保此险种。

第四，吸收社会资本。按照"谁投资、谁受益"的原则，我国可通过各种优惠政策鼓励和吸引民间资金进入矿区生态环境治理领域，首先，可采取多种财税政策，通过发放免息或低息贷款、延长贷款期限、税收减免等，拉动社会资本投资，积极参与到矿区生态补偿的公益事业当中。其次，应充分利用好我国高达 40 万亿元的居民储蓄，可在资本市场上提供相应的投资渠道，通过发行矿山环境治理环保债券或准许环保上市公司发行相应股票，吸引居民储蓄等民间闲散资金投资环保证券。并且还可以考虑发行环保福利彩票，以筹集更多的矿区生态补偿资金。此外，可以考虑将矿区生态恢复治理与矿区土地使用权进行置换，规定若相关主体出资治理矿区生态环境，则可给予其对于该矿区地块若干年的使用权限，相关主体可对该地块进行开发，获取收益以收回其前期矿区生态环境治理成本。同时，多方积极争取生态公益捐赠。可通过国际与国内两个层面积极争取国际援助和国内捐赠，以增加生态补偿资金。在国际层面，我国可在矿山生态环境恢复治理领域申请国际援助项目，以期获得国际社会的资金支持；在国内方面，可通过中国绿化基金会与中华环境保护基金会募集社会环保爱心资金，动员社会力量参与矿山生态环境保护。

第五，公开募集生态补偿基金。我们可以仿效现行的森林生态补偿基金，设立矿产资源生态补偿基金。该基金由财政拨款作为其启动资金，此外还可以充分发挥社会的力量，吸收来自社会上各类团体、机构的投资以及国际组织、外国政府和国内单位、个人的捐款或援助。政府还可以通过发行生态彩票的方式，向社会公众募集矿产资源生态补偿基金。该基金可委托专业基金公司进行管理，由独立的第三方托管机构进行托管，在保证基金资金安全的前提下，并在一定的额度内进行诸如国债、债券式基金等稳妥投资以获得一定的收益，以利于生态补偿基金的保值增值。

二、制定科学的矿区生态补偿标准

国家应该就全国矿区生态环境损失评价及环境补偿制定统一的最低标准，各省、各地市可以依据本标准制定或执行高于该标准的标准。由于矿区生态环境损失评价及环境补偿最低标准的确立是生态环境损失及环境补偿的基础，该最低标准应该满足矿区生态环境损失评价及环境补偿的基本要求，至少应该等于矿区生态环境的评价和修复治理成本。矿区生态环境评价及环境补偿资金至少应该可以使土地毁损、植被破坏等生态破坏得以修复，使易于度量的污染和破坏得以治理，保证矿区居民生活水平不降低。其中，矿区生态环境修复治理成本包括生态破坏治理费用、环境污染治理费用以及矿区居民生产、生活损失补偿费用等具体内容。各地在计算标准上，也要结合本地的实际情况，联系矿区原生态状况来确定。

目前，国际上流行的补偿标准核算方法包括生态系统服务功能价值法、机会成本法、意愿调查法、市场法等，各种方法均在实践中得到了应用，未来还应进一步完善生态补偿标准确定方法，探索并明确影响生态补偿标准确定的关键因子，通过寻找一个或几个特定参数来确定补偿标准。人们建议从以下几个方面加强生态补偿标准的科学研究：首先，开展资源环境价值评估研究。我国土地、水和矿产资源等自然要素的价值存在严重低估的问题，价格不能真实合理反映资源环境价值，为了使价格回归价值，必须先行进行环境资源调查统计以及资源耗减与生态环境损失的定价机制等研究工作。其次，在建立定量化的自然资源和生态环境价值评估方法的基础上，根据生态服务价值评估或者是生态破坏损失评估或者两者结合的方法建立生态补偿标准体系，为矿产资源生态补偿提供相对确定且合理的标准。最后，参考市场协议的补偿标准。在横向生态补偿机制下，补偿"接受方"和补偿"支付方"之间会通过自由平等的协商来达成协议，以此作为双方之间的补偿标准，这种做法综合考虑了市场情形、补偿"支付方"的承受能力以及补偿"接受方"的合理预期等因素，达成的补偿标准既科学合理又现实可行，可以为我们制定补偿标准提供参考。

三、建立矿区生态补偿法律责任机制

在矿区生态环境损失评价及补偿机制的责任承担方面，建议明确生态环境损失责任终身追究。首先，在党委和政府之间，在行政机关各部门内和上下级间科学合理的分配生态环境监管职责，严格、明确地界定和划分各自的职责与权限，明确政府和环保部门、直接责任人和单位领导人的责任。依托网格化监管，制定相应的配套规则，并依托这套规则明确具体责任的内容。其次，完善环保绩效考核以获得倒查追责之工具，确立并坚持在任考核、当期考核、长期考核相结合的考核评价制度。考核周期应该是发展规划的周期，包括制定、执行、最终结果等全过程。再次，完善资产负债表以促进环保审计，建立领导干部生态环境损害责任终身追究制，对领导干部实行自然资源资产离任审计，必须探索编制自然资源资产负债。最后，完善信息公开以促进追责的落实。建议进一步推行网格化的环境监管，并公开网格负责人的名单和联系方式，责任到人，必将有利于责任追究。确保生态环境损失评价与环境补偿的可诉性，从司法的角度保障生态环境损失评价和环境补偿的实施效果。将生态环境损失评价与环境补偿案件纳入环保法庭的受案范围，在理论、经济、制度及实践中是具有可行性的，同时，可以充分体现我国司法资源的价值。将生态环境损失评价和环境补偿案件明确纳入环保法庭受案范围，使之具有可诉性，接受国家法律的有力监督，对于推进生态环境损失评价和环境补偿具有积极的作用。

第四节　完善矿区生态修复制度

生态修复（Ecological Restoration）是 20 世纪 80 年代引进我国学术界的，主要有生态修复、生态恢复、生态重建等不同的理解和翻译，大多数学者都认为生态修复是指借助外界力量对受损的生态系统进行恢复、重建或者改建，包括对人为活动引起的环境污染和生态破坏的修复，以及对自然原因产生的生态问题的修复。矿区生态修复是指在矿产资源开发过程中，由责任人采用生态恢复和重建的手段，对受损的矿区生态功能进行恢复，并对受损方环境权进行补偿和赔偿的过程。矿区生态修复具有持续性和综合性，持续性是指矿山开发对矿区生态环境的影响是动态、变化的，且环境问题的积累会对生态造成二次破坏，因此生态修复不能仅仅在矿山开采结束后进行，应当与矿山开发过程相配合。综合性是指矿山开发对矿区环境带来的影响是多方面的，因此生态修复应当是全面、综合的修复。

矿区生态修复应当有以下几层内容。其一，矿区生态修复的对象既有历史上的遗留矿山，也有新建和在采的矿山。其二，矿区生态修复由国家、企业、社会多主体参与进行，其中以国家为主导，企业发挥主要作用，同时鼓励社会积极参与。其三，矿区生态修复不仅需要对矿区受损环境进行修复，还要对环境问题引起的社会问题进行修复，其中包括对公众权益的补偿。其四，矿区生态修复的全过程允许社会公众积极参与，并为其参与创造了条件。在此基础上，可以明确矿区生态修复的目的，即短期而言是为了实现矿区的生态平衡；长远来看是为了通过有法可依的生态修复机制实现社会经济的可持续发展。矿区生态修复需要借助人类力量，在实现生态可持续发展的同时，为人类社会的可持续发展创造了条件。

我国有关矿区生态修复的法律法规比较分散，在中央立法层面有《环境保护法》《矿产资源保护法》《土地管理法》《土地复垦条例》《环境影响评价法》等。总体而言，在环境保护基本法中，《环境保护法》虽然提出了完善生态修复制度，但对于生态修复缺乏充足的法律规定支撑，过于原则性；环境保护单行法中的相关规定，实际可操作性不佳；在地方性法规中，存在关于生态修复的规定及配套措施，但法律效力不高。

一、矿区生态修复的制度检视

尽管立法和实践已经对包括矿区在内的生态修复进行了初步探索，但生态修复作为恢复生态系统功能的重要治理模式，在我国仍是新生事物，存在诸多问题，需要我们引起重视。

（一）对生态修复误解

司法实践正在灵活地运用生态修复这一责任方式，最高人民法院颁布的《关于审理环境民事公益诉讼司法解释》（以下简称《解释》）也对此予以了采纳。但《解释》尝试从民法上"恢复原状"的视角去构建生态修复的责任实现方式，其把生态修复与民法上的

"恢复原状"等同视之的观点是值得商榷的。新修订的《环境保护法》第 64 条"对于造成生态损害的，按《侵权责任法》的有关规定承担责任"的规定，实际也是套用了《侵权责任法》中"恢复原状"这一权益恢复性责任承担方式，来达到实现生态修复的效果。其实，生态修复不能与民法上的"恢复原状"相提并论。民法上的"恢复原状"旨在救济受到损害的人身权和财产权，而生态修复是修复受损的生态系统以保障公众的环境权。前者以维护个人利益为核心，后者侧重于保护环境公共利益。单纯以恢复到侵权行为或违约行为发生之前的状态为目的的"恢复原状"的方式无法满足生态修复对于生态系统修复和维护的客观需要，生态修复比"恢复原状"有着更高的标准，不仅要恢复受损的生态系统，更要实现生态系统的可持续发展。

（二）立法理念偏位

传统的以污染控制和预防为主的环境立法在环境保护话语体系中占据了主导地位，导致环境法律体系中普遍存在环境污染和生态破坏控制型与预防型的法律和制度设计，而生态修复型立法的根基薄弱。毋庸置疑，以风险预防为主的事先治理模式与以污染控制为主的事中管控模式对保护和改善环境起到了不可估量的作用，但这只能尽量减少人类活动对环境的不良影响和降低对生态的破坏强度，并不能从根本上解决环境污染和生态退化的问题。而且有些生态破坏，比如由自然灾害引起的生态破坏，是人类无法预防和控制的。事实上，环境污染和生态破坏无法避免，而我国长期受经济发展优先于环境保护思想的影响，粗放式的发展模式和监管的松懈导致环境污染和生态破坏状况加剧，远远超出了生态系统的自净能力，如何有效修复受损的生态系统是亟待解决的问题。而认为生态修复仅仅是自然科学管辖范围内的一种技术手段的固有偏见，会更加让我们忽视从制度层面上对生态修复的关注。

（三）修复目标不合理

我国已经在开展生态修复的试点工作，司法实践也在积极创新生态修复的渠道。但是生态修复主要集中在污染严重的区域和重点污染场地，对大气、水、土壤进行修复，目的是为了解决重点突出的环境问题，以达到政府环境质量考核指标和满足土地利用用途。目前我国生态修复的修复目标单一，往往只是针对某种环境要素进行专项修复，而忽视了生态系统的整体性，这可能使得某种环境要素得到了改善，但却让整体生态系统遭到了更大的破坏。在环保指标考核与经济发展要求的压力下，地方政府往往采取不合理的修复方式，单纯注重快速的人工修复，忽视生态系统的自净能力，以求短期内快速获得成效。虽然能够短期内快速降低污染物的数量与浓度，但过度的人工干预与破坏生态规律的修复方式只是在转嫁污染。例如焚烧或填埋垃圾，虽然能够快速地减少垃圾数量，但也带来了大气污染与土壤污染。

（四）责任主体单一

环境问题是纷繁复杂的，包括由自然界自身变化而引起的第一环境问题和由人类活动所引起的第二环境问题。其中，第二类环境问题又分为环境污染和自然环境破坏两类。所以，生态修复也包括对第一类环境问题的修复以及对第二类环境问题所包括的环境污染和自然环境破坏的修复。可见，生态修复义务涉及的主体群落庞大。环境问题是典型的外部不经济性的表现，如果无法体现出"污染者负担"原则，将是对环境正义的践踏。所以，明确各方的责任与义务，将外部不经济性内在化至关重要。目前我国主要由政府来统筹生态修复工作，资金主要来源于国家财政，企业作为直接污染、破坏者和受益人只是生态修复的参与者，而不是生态修复的义务人，政府鲜有向污染企业追偿生态修复费用的情形，普遍存在着"政府买单"的现象。如此失衡的局面难以从根本上解决污染问题，也让社会产生不满。

（五）救济制度缺失

环境问题不是突然迸发出来的，而是日积月累的结果。在持续地排放污染物以及长期的化学反应下，污染场地的生态系统变得相当复杂。要更好地进行修复工作，就要详细了解污染场地的来龙去脉，其中可能涉及诸多原始资料和历史旧账，而这些信息都由政府或者污染企业掌握，难以公开为公众所知悉。生态修复涉及众多的利益，影响范围广，污染资料数据、污染物种类等基础信息的阙如，导致难以准确地评估环境风险与成本效益，公众难以参与到生态修复工程中，无法获取风险信息会引起恐慌，没有渠道表达利益诉求就会形成大规模的环境群体性事件。

二、矿区生态修复制度的完善框架

（一）完善矿区生态修复相关立法

我国应从矿区生态修复制度的现状出发，借鉴国外矿区生态修复的成功经验，加快矿区生态修复相关立法工作的进程，建立符合我国国情的矿区生态修复法律体系。一方面，对与矿产资源开采有关的环境保护和土地管理法律、法规进行修改，加入促进生态修复的内容，增加生态修复的法律规范，加强矿区生态修复监管。根据我国现已颁布的法律法规，制订科学、合理的修复计划，提高矿区生态修复水平。加强行政规章制度建设，提高可操作性。针对我国矿区环境涉及多个部门监督管理的状况，应当在部门的行政法规中明确各自的分工，明确规定从采矿企业取得采矿权到闭坑的每个环节应该由哪个部门负责，避免因管理部门分工不明所造成的互相推诿。建立自下而上的环境监管预报制度，确保环境信息公开化、透明化。另一方面，可制定专门的矿区生态修复法律法规，保障生态修复工作开展的有效性。需要在立法中特别注意：其一，明确立法目的。生态修复立法是为了鼓励生态环境修复行为，通过生态修复来解决社会发展引起的生态环境问题，最终实现生态环境和人类社会的可持续发展。进一步分析生态修复的立法目的应包括以下几层含义，合理分配生态修复的权利和生态修复的义务；引导社会主体积极参加生态修复活动，保证生态修复的质量；规范责任主体的生态修复行为，促使生态修复工作及时、有效地进行；提供法律制度保障，实现资源、环境、社会的可持续发展。其二，明确立法原则。生态修复法应当遵循生态环境优先原则。人类的发展要从自然中获取资源，而过度的生态开发又会导致难以消除的恶果，生态环境的脆弱和人类社会的发展需要寻找一个平衡点。人类社会的可持续发展应当以减少不必要的生态破坏为前提，将满足自身发展所造成的生态破坏控制在可恢复的范围内，确立环境优先原则。生态修复立法应遵循公众参与原则。生态环境恢复关系到社会的整体利益，因此政府及企业不仅应当及时公开生态修复的相关信息，还要鼓励公众监督生态修复的进程。

（二）明确矿区生态修复的责任主体

矿区环境问题的积累有多种原因，包括早期粗放的矿山开采活动，缺乏环保意识指导，责任人难以确认；计划经济时期中的矿山开采没有对土地复垦工作进行成本测算，修复工作缺乏资金难以推进；改革开放以来，受市场经济利益的刺激，小型矿山盲目逐利对资源的不合理开采严重破坏了生态环境。由此可见，我国的矿区生态修复责任应划分为历史遗留责任和新建在采责任，应当分别确定责任人，将修复责任落到实处。对于无法确定矿山责任人的历史遗留责任由国家承担。因为法律规定矿产资源归国家所有，在矿产资源开发活动中，国家曾依据矿产开采企业的条件对其发放了采矿许可证，由此，矿区环境污染和生态破坏遗留问题，国家有理由承担责任。对于新建矿山和在采矿山的修复责任，应由采矿企业承担主要责任，国家承担补充责任。因为企业作为矿山开采的利益获得者，其履行的义务应当与享有的权利相对应。企业的修复责任贯穿于矿产资源开采全过程中。例如，积极保护矿区环境的义务，依法缴纳矿产资源开发相应税费的义务，对生态利益受损方的生产生活予以帮扶的义务等。若出现了企业无法独立完成的生态修复工作，或在矿产开采过程中出现了重大的环境问题，政府则应当介入其中，承担生态恢复的补充责任。

（三）设立矿区生态修复专管部门

矿产资源的开采会对土壤、水体、生物、大气造成不同程度的生态破坏，目前我国生态资源由不同的政府部门进行管理，缺少统一的分工，这不利于各部门形成合力，无法促进生态修复工作的开展。与此同时，生态修复工作的综合性和持续性决定了需要由生态修复专管部门进行管理，以保证生态修复的效果。结合矿区生态修复的目的来看，可考虑在环境保护部门中设置矿区生态修复专管部门，专门对矿区生态修复治理的工作开展、标准制定、成果验收等环节进行管理，对矿区生态修复资金的征收、使用进行管理，以确保矿区生态修复项目的连续实施。此外，对于矿区生态修复责任进行监督管理是矿区生态修复专管部门的重要职责，包括前文所述国家的历史遗留责任和企业的新建在采责任，都应当被严格的监督。各级地方政府可依据具体情况设置相应的管理部门，颁布适用于地方的矿区生态修复法律法规，但其标准不得低于中央层面的规定。

（四）完善矿区环境影响评价制度

环境影响评价制度对预防环境污染和环境破坏有源头监督的作用。结合矿区生态修复制度存在的问题，环境影响评价制度应当从以下几个方面予以完善。

其一，在环境影响评价制度中规定生态修复责任。矿区环境影响评价报告应当进行生态环境损害评估、提出环境修复相关措施，将原本处于末端的环境修复责任推进到环境防治的开端，通过修复责任源头化，将环境损害的不利后果降至最低，加强环境影响评价制度的可行性。

其二，严格规范新建矿山的环境影响评价。拟新建矿山的土地因从未进行过矿业开采活动，其可能对生态环境造成的影响存在不确定性，因此对新建矿山的环境影响评价应当有更高的要求，在新建矿山环境影响评价报告中应重点关注其可能引发的生态环境问题。

其三，制定严谨的环境影响评价审批程序。① 环评机构应对矿区工程项目进行详细描述，充分论证工程可能对矿区造成的影响；② 通过矿区实地考察，得出项目可能对环境造成的破坏程度和对生态系统产生的负面影响；③ 提出减少环境问题的措施，将矿山开采引起生态环境问题的可能性降至最低。

其四，加强环境影响评价制度的社会监督。编写环境影响评价报告书的过程中应设置公众参与环节；报送环境影响评价报告应附上针对公众提出的意见作出的采纳与否的说明，若缺乏此项规划审批机关可不予通过；环境影响评价报告应主动向社会公开，便于公众查阅、监督。

（五）完善矿区生态修复资金制度

完善矿区生态修复资金运作制度，保障修复资金的充足，提高生态修复效率。

其一，建立生态修复基金。因历史原因产生的矿区生态修复需要巨大的、持续的资金投入，仅仅从国家财政获取治理资金并不能解决问题，建立合理的资金机制是矿产资源有序开发、生态环境妥善治理的保证。生态修复基金是为了实现生态环境修复而设立、运作的资金，可借鉴现行的森林生态补偿基金的模式，设立矿区生态修复基金，重点应在以下几个方面进行规定：① 基金用途。基金的主要用途是鼓励社会或个人参与矿区生态修复投资，例如帮助因在矿产开采中受侵害的公众获得再就业的资金和安居资金等。② 基金来源。该基金可从财政拨款中获得启动资金，从社会中吸收各类机构、团体的投资，获取银行专项贷款，接受国际组织的援助，接收国内企业、社会公众的捐款，形成有力的资金支撑机制。③ 基金管理。矿区生态修复基金可由自然资源部进行管理，制定基金管理制度，对基金统一进行运作和划拨。基金的运作应当注重监管，设立基金监察员，引入公众参与机制。各地政府需要使用基金进行生态修复时，应当由地方政府和地方矿业主管部门共同向自然资源部申请，经审核条件达标后予以划拨。④ 基金运作。该项基金可以委托专业基金公司，由独立的第三方托管机构进行托管，以保证基金资金安全为前提，在一定的额度内进行诸如国债、债券式基金等稳妥投资以获得一定的收益，实现矿区生态修复基金的保值增值。通过设立基金最大限度地融取社会及政府财政资金，为矿区生态修复提供稳定的经济基础。

其二，建立矿区生态修复专项补偿金。矿区生态修复专项补偿金的管理是在现有的税费政策和保证金基础上建立的，是新建矿山和在采矿山实施生态修复的重要支撑。矿区生态修复专项补偿金的建立，重点应在如下几个方面进行规定：① 制定矿区生态修复专项补偿金的标准。我国的矿产资源分布和经济发展状况不均衡，在矿区生态修复专项补偿金制度建立之初，应当由各地结合本地财政收入、公众生活水平等因素制定适宜的标准，需要包括矿产开采对环境造成的直接损失和恢复原有水平的治理成本；在建立之后，矿区生态修复专项补偿金的标准也不应当是固定不变的，在实施过程中应对该地区生态修复的效果进行定期评价，对于资金不足部分或超出部分要有备案机制。② 扩大矿区生态修复专项补偿金的来源。前文对生态资金来源单一的问题进行分析得出，资金不足是制约生态修复工作开展的瓶颈，因此专项补偿金应当由政府、企业和社会三个层面构成。企业缴纳的专项补偿金应适当高于治理成本，以敦促企业积极履行责任；引导社会资金投入，以鼓励环保产业发展；政府还可委托中介组织对专项补偿金进行市场化经营，鼓励符合条件的组织参与其中。③ 建立矿区生态修复专项补偿金管理制度。设定科学的矿区生态修复专项补偿金评估办法，对补偿金的发放标准、计算方法、评价指标等进行严格规划和评估；在银行开立矿区生态修复专项补偿金专用账户，保证资金安全，确保资金用途；然后，制定严格的矿区生态修复专项补偿金的审查条件，确保生态补偿金当事人如实申报、足额领取。④ 建立矿区生态修复专项补偿金监督机制。专项补偿金的筹集、运作和使用情况应当如实公开，接受国家权力机关和社会公众的全程监督；鼓励公众举报违法行为，建立举报奖励制度。

其三，发放矿区生态修复赔偿金。① 对于矿山开采造成的人民财产的实际损失，应当由企业给予足额赔偿，赔偿标准应当鼓励当事人双方协商确定。② 针对矿区生态修复赔偿不能达成一致的，政府可组织双方当事人进行行政调解，对于采取民事诉讼的方式解决赔偿问题的，政府应当予以一定的支持。

其四，建立矿区生态修复社会保险制度。企业难以对矿区生态损害进行充分赔偿，因为矿区环境问题具有社会性，因此有必要建立矿区生态修复社会保险制度，鼓励保险企业参与相关保险活动。

第五节　推进矿区生态损害的社会化救济

一、矿区生态损害社会化救济的动因

19 世纪末 20 世纪初著名社会学家马克斯·韦伯在伦理—经济理论中提出了"理想类型"的研究方法，并将其运用到社会学、政治学、法学等领域。对于"理想类型"的方法，韦伯主张，在主观构建理解社会行为的客观意义过程中，作为有意识、有目的研究主体人应以特定历史文化为背景，保留对研究对象有重大意义的素材、扬弃意义不大的素材，追求既客观反映事实又融合自己的主观思想的理想模式。韦伯同时主张："一种理想类型是通过片面突出一个或更多的观点，通过综合许多弥漫的、无联系的、或多或少存在和偶尔又不存在的个别具体现象而形成的，这些现象，根据那些被片面强调的观点而被整理到统一的分析结构中。"① 根据韦伯的"理想类型"方法，可以把环境污染事故进行类型化研究。以环境侵权救济为核心，对影响类型划分的典型因素（素材）进行筛选，以损害后果、侵权人能否确定和侵权人承担能力 3 者为确定环境污染事故的类型因素，可以把环境污染事故划分为 3 种类型。其一，损害后果不大，侵权人能够确定且侵权人有能力承担损害后果的环境侵权事故。如村民甲的一头牛喝了乙造纸厂排放的污水致死事件。此类事故损害后果不大，因果关系非常容易确定，侵权人又有能力负担。其二，侵权人能够确定，但损害后果巨大，侵权人无力承担损害后果的环境侵权事故。其三，侵权人无法确定的环境侵权事故。针对这一困惑，我们应当考虑尽快建立环境侵权民事救济制度的衔接制度，如环境责任保险制度和环境侵权国家后续补偿制度，以消除目前环境侵权民事救济用

---

① ［德］马克斯·韦伯，社会科学方法论［M］. 杨富斌译. 北京：华夏出版社，1999.

尽当事人便无计可施、无可奈何的窘境，以便充分体现对环境侵权受害人的保护。

二、矿区生态环境损害社会化救济的方式

（一）矿区企业投保环境责任保险

该制度已在国外成功运行，20 世纪 60 年代，环境责任保险制度随着环境污染破坏事故的大量出现和公众环保意识的提高应运而生。一方面，其强大的分散风险和损失的功能，深受污染致害人和污染受害者的青睐；另一方面，其促进环保科技和保险企业发展的潜在功能，又得到了各国政府的积极支持。目前，世界上主要发达国家的环境污染责任保险业务和保险制度已相对成熟。我国的环境责任保险市场起步晚，尚处于试点阶段，保险开展的范围不大，亟待解决承保范围、保险模式选择、责任限额、索赔时效等一系列重点和难点问题。

为了促进我国环境责任保险制度的发展，近年我国政府陆续出台了相关政策，为我国环境责任保险制度的具体构建保驾护航。因此，在法律规范支持相对充盈的情况下，我国矿区企业应当积极投保环境责任保险，分散生态环境损害的风险，主要法律规制如下：

第一，建立任意保险为主，强制保险为辅的保险模式。我国在选择环境责任保险的模式时，可适度推行强制责任险，这符合责任保险保护受害人的基本政策目标。我国应当根据社会和政策目标的需要，在特定领域有选择地举办强制保险。目前我国发生环境侵权事件的多为以危险物质作为生产原料的企业，以及所处位置是敏感区的排污企业，或者从事危险废物处置和产品本身就是特别危险物质的企业，对于这些高危企业，一定要实行强制责任保险。应当充分考虑到任意保险仍然是责任保险的主要形式，在经济生活中发挥着不可替代的作用的事实。同时，我国目前不可能、也没有必要广泛推行环境责任强制保险。因此，我国应当根据社会和政策目标的需求，在特定领域有选择地实施强制保险，即采用任意保险为主、强制保险为辅的模式。具体的做法是：对于高危行业及高危的区域，如石油、化工、皮革、印染、煤气、矿产行业以及以危险物质作为生产原料的企业和所处位置是敏感区的企业等推行强制保险。对于城建、公用事业、商业等危险程度不高的行业，推行任意保险。强制责任保险模式建立的同时，要求政府积极作出应对，对保险公司的强制保险业务进行各种形式的扶持，如减免税收，财政拨款等。同时，不妨借鉴日本政府的做法，配套实施"行政建议"，即政府同企业就工厂的运营和工业发展设施达成"污染控制协议"。尽管该协议本身不具有法律约束力，但协议是企业与政府自愿签订的，企业考虑到自身的商业信誉，一般也不会违约，同时，企业也会自觉对违约作好准备：积极主动的购买环境责任保险等。但对于污染风险较小的一些行业，则没有必要实行全面的强制责任保险。值得注意的是，在我国，环境责任保险是一种新的险种，扩大法定保险范围必然涉及相关立法，因此需要不断完善我国环境法体系。特别是强制性责任保险险种的确定，需要由相关法律进行规范，因此应当确立环境责任保险制度的法律地位，完善我国相关法律法规：其一，应制定《环境侵权损害赔偿法》，对有关环境侵权损害赔偿的问题进行全面系统地规定。明确规定环境侵权损害的构成要件、界定损害范围、确定损害赔偿范围，对环境责任保险进行直接而明确的规定。其二，应在《环境保护法》中明确规定我国采取以

任意保险为原则，强制保险为例外的环境责任保险模式。其三，应将环境侵权责任保险制度写入我国《保险法》。作为一种新型的强制性责任保险，必须要有《保险法》的规定作为该制度的基石，应明确环境责任保险的险种，规定责任保险合同的具体内容，明确合同当事人的权利义务关系。其四，对列为强制性保险的险种，应将其写入相关的环境单行法中，明确具体责任保险索赔的时效，为其强制推广提供法律依据，确立其法律地位。其五，应参考我国机动车交通事故责任强制险的做法，由国务院颁布《环境责任保险条例》，对环境责任保险的投保、赔偿、监督等相关内容进行规定，细化有关责任事故认定、损失评估标准、保险保障范围、操作流程等具体内容，让保险人在经营这一险种时有法可依、有章可循。人们认为，我国环境责任保险制度的建立才刚刚起步，还在探索阶段，因此相关法律的完善仍需要时间。

第二，关于保险公司。从其他国家的发展实践来看，环境责任保险的承保机构主要有三种模式：一是专门环境损害保险机构模式；二是环境责任保险联保集团模式；三是非特殊承保机构模式，即由现有的商业性财产保险公司自愿承保。环境责任保险制度的实质就是利用经济手段分担环境风险所带来的损失，不论是国家成立的保险公司还是国家现有的商业保险公司，甚至是联保集团，其关键的要求是承保机构要有较强的承担风险的能力，一旦发生巨大的环境侵权事故，能够让受害者得到合理的赔偿。由国家成立专门的保险机构来承保我国的环境责任保险，在承保能力上有国家作为后盾当然是具有雄厚的实力，但是我国幅员辽阔，环境污染情况具有明显的地域性，如果成立新的承保机构，不但在机构建设上要大费周章，而且其职能单一，既不经济又在工作上与地方的保险机构难以融合。所以就我国目前的情况看，利用现有的中央和地方商业性保险机构开展环境责任保险更符合我国国情。一方面，各商业保险公司隶属于地方，因地制宜，在掌握环境风险、开发险种、厘定费率上具有独特的优势。另一方面，环境责任保险的推广，在一定程度上也有利于我国责任保险体系的完善。单个的保险公司面对巨大的环境事故时，有可能难以承担巨额的赔偿责任，但这个难题可以通过再保险制度和多保险公司联合承保的方式来解决。

第三，合理设计环境责任保险合同。首先，确定保险赔偿的范围及责任免除条件。环境污染事故发生之后，投保企业对受害人的民事赔偿范围，有以下三种：一是因污染造成的对第三者身体的伤害；二是因污染造成的对第三者身体财产的损失；三是因污染引起的对第三者精神所造成的损害。人身损害，指环境侵权行为侵害他人的生命、健康，导致他人疾病、伤残，甚至死亡。根据我国现行立法，侵害尚未造成残疾的，应当赔偿医疗费、因误工减少的收入。医疗费一般包括医药费、治疗费、护理费、交通费、住宿费、必要的营养费等。侵害人致人残疾的，除应当承担医疗费、误工费等全部费用外，还应当赔偿残疾者的生活补助费、生活自助费和残疾赔偿金，以及残疾者致残前实际抚养而又没有其他生活来源的人的必要的生活费。侵害人致人死亡的，除应当承担医疗费等全部费用外，还应当支付丧葬费、死亡赔偿金，以及死者生前实际抚养而又没有其他生活来源的人的必要生活费。我国现行的环境侵权赔偿立法规定，应当对因污染行为而导致的直接和间接的财产损失均予以赔偿，即秉承对财产损害实行全额赔偿的原则。直接损失是指受害人因受环境污染而导致现有财产的减少或丧失；间接损失是指受害人在正常情况下应当得到，但因受污染而未能得到的那部分收入。其中包括：利润损失、为消除潜在的损害后果而支出的有关费用。如水体污染导致鱼苗死亡，直接损失是被毒死的鱼苗，间接损失则是鱼苗长成鱼后可以得到的预期收入。换言之，既要对现有财产的直接减损进行赔偿，也要对正常情况下实际可以得到的利益进行赔偿。一般而言环境侵权在给人的生命、健康带来损害的同时，也会给受害人的精神带来不同程度的痛苦，这就是与人身伤害密不可分的精神损害。第三人的精神损害指由于环境污染，比如恶臭、噪声等污染，造成的被保险人以外的第三人的精神上的伤害。

第四，关于保险金的请求与赔付。责任保险的标的，为被保险人对第三人承担的损害赔偿责任。保险赔偿金的给付，与第三人的利益有直接或间接的关系，因此责任保险合同实质上是为第三人利益订立的合同，责任保险的第三人，指责任保险合同约定的当事人和关系人以外的、对被保险人享有赔偿请求权的人。然而，依据合同相对性理论，只有合同当事人才可以相互对他方提起诉讼并强制他方履行合同约定的义务。另外，责任保险的早期理念认为，责任保险的目的是保护被保险人，填补被保险人因承担损害赔偿责任所受到的损失。因被保险人的行为而受害的第三人，对保险人没有直接请求损害赔偿的权利。并且，在被保险人向受害第三人进行损害赔偿之前，保险人对被保险人没有给付保险赔偿金的义务。在这种理念之下，如果被保险人丧失赔偿受害人损害的能力，保险人则不承担保险合同规定的赔偿义务，被保险人和受害第三人从保险人处不能取得任何利益，这显然是不公平的。由上述分析可知，合同相对性理论已经在责任保险领域遭到了挑战。各国法律普遍认可第三人对保险人享有直接请求权而不受合同相对性理论的限制。

因此，构建环境侵权责任保险制度时，应明确规定环境侵权的受害人享有直接向保险人请求支付保险金的权利。

（二）矿区生态损害的国家后续补偿

环境侵权国家后续补偿制度是指由政府通过环境税、环境费等筹资方式设立基金，环境侵权受害人以其他方式不能得到合理救济时，通过申请，符合相应条件者便可以迅速、确实得到该基金补偿的一种救助方式。该制度设立的目的在于全面、合理地救济无辜的受害人，以便使受害人的损失在通过加害人和其他途径无法得到弥补时，由国家最终承受该不利的法律后果，其属于传统民事救济制度的衔接制度之一。环境侵权的国家后续补偿制度在许多国家已有相当发展。

第三章　矿区煤炭开采及生态修复技术

第一节　保水开采技术

一、煤炭开采对地下水分布的影响

（一）地下水的来源与分类

1. 地下水的来源

绝大部分的地下水来自降水，当雨、雪等降到地面，一部分成为地表径流，另一部分蒸发掉了，剩下的部分则沿着岩层空隙渗入地下。

降水渗入地下后，因重力作用而向下渗透。当水分下渗达到某一深度，遇到不透水的岩层如黏土、页岩等时，就贮存起来，逐渐往上充填于土壤或岩石的间隙中，形成饱和状态，其顶部即为地下水面。地下水面之上称不饱和带，其中土壤或岩石孔隙中并未充满水，还有空气存在，这样的水又称为悬浮水；相对的，地下水面之下的土壤或岩石孔隙是充满水的，成为饱和带。

还有一部分地下水是由于岩浆在地壳中上升时，随着温度和压力降低，分离出来的氢气和氧气直接结合成温度较高的地下热水。高山地区冰雪融化渗入岩石裂隙，也形成地下水。

2. 地下水的分类

第一，按含水空隙的类型，地下水分为孔隙水、裂隙水和岩溶水。

孔隙水指赋存于松散沉积物颗粒间孔隙中的地下水。不同成因的沉积物中，存在着不同的孔隙水。在山前地带形成的洪积扇内，近山处的卵砾石层中有巨厚的孔隙潜水含水层；到了平原或盆地内部，由于砂砾层与黏土层交互成层，形成承压孔隙水含水层。

裂隙水指赋存于岩体裂隙中的地下水。按含水介质裂隙的成因，可分为风化裂隙水、成岩裂隙水与构造裂隙水。按埋藏条件，可分为潜水和承压水。

岩溶水又称喀斯特水，指存在于可溶岩石（如石灰岩、白云岩等）的洞隙中的地下水。岩溶水不仅是一种具有特殊性质的地下水，而且也是一种活跃的地质营力，它在的运动过程中，不断与岩石作用，改造自身的赋存环境，形成独特的分布和运动特征。

第二，根据地下埋藏条件的不同，地下水可分为包气带水、上层滞水、潜水、自流水和承压水五大类。

包气带水指潜水面以上包气带中的水，这里有吸着水、薄膜水、毛管水、气态水和暂时存在的重力水。包气带中局部隔水层之上，季节性地存在的水称为上层滞水。

上层滞水是由于局部的隔水作用，使下渗的大气降水停留在浅层的岩石裂缝或沉积层中所形成的蓄水体。

潜水是指存在于地表以下第一个稳定隔水层上面、具有自由水面的重力水。通常所见到的地下水多半是潜水。当潜水流出地面时就形成泉。它主要由降水和地表水入渗补给。

自流水是埋藏较深的、流动于两个隔水层之间的地下水。这种地下水往往具有较大的水压力，特别是当上下两个隔水层呈倾斜状时，隔层中的水体要承受更大的水压力。当井或钻孔穿过上层顶板时，强大的压力就会使水体喷涌而出，形成自流水。

承压水是充满于上下两个隔水层之间的含水层中的水。它承受压力，当上覆隔水层被凿穿时，水能从钻孔上升或喷出。

（二）煤炭开采对地下水的影响

1. 开采对浅、中层地下水的影响

浅、中层地下水是工业用水和生活用水的主要水源，由于采煤的影响，煤系地层及上覆松散岩层中垂向裂缝增多、增大，煤系地层中的水、松散岩层地层中的水均快速地向下渗透，形成区域性地下水位降落漏斗，浅、中层地下水逐年被疏干。煤矿周围村庄的水井也因无水而报废，造成村民的吃水困难。

2. 开采对深层地下水的影响

煤矿在开采过程中，为了维持采矿的正常进行及采煤工作面的横向和纵向的发展，必须将工作面周围的水或潜在的水排出。随开采深度的加大，深层各含水层水被截留，转为矿坑水排出，矿井排水量逐年增加，导致深层地下水位逐年下降，所形成的地下水降落漏斗范围和幅度也越来越大。深层地下水位一再下降，很难在短时期内得到恢复。

3. 开采对矿井疏排地下水的影响

矿井疏排地下水是煤矿对地下水系统的一项最基本操作，操作后果主要有两个方面：一方面，当有害地下水排到地面后，即构成污染源，可导致地表水体、浅层土壤、地下水含水层等其他环境因素的次生污染。另一方面，煤矿疏排水可改变地下水系统的自然物理与化学格局，并对地下水系统（包括地下水的储存量和水质流场的介质等）产生反作用。

随着煤矿疏排水的延续，地下水环境发生演化，如地下水水位大幅度降低，水-岩作用以及所处化学环境（如氧化还原环境）发生变化，引起地下水矿化度增大、有害成分增多等。这种环境演化的结果，最重要的就是引起煤矿地下水资源的枯竭及水体环境污染等环境水文地质问题，从而对煤矿工业城市的发展起到严重的阻碍作用。

（1）对地下水水位、水量的影响

聚煤盆地由于煤矿长年累月大量疏排地下水，造成水资源严重枯竭，煤矿工业城市出现困扰人们的水荒，从而影响工矿企业及城市的发展。例如，唐山地区由于煤矿疏排地下水，水位由原来的 $+5$ m 降到现在的 -57.98 m，水位下降了 62.98 m，原有地下水环境发生演化，不仅供水系统大量报废，还引起岩溶地面塌陷的连锁反应。

（2）对地下水水质的影响

聚煤盆地中地下水环境的演化，导致地下水环境中水-岩相互作用以及所处化学环境发生改变，这样地下水化学环境平衡遭到破坏，氧化作用加剧，岩石淋蚀作用加强，生物作用也明显，致使地下水化学成分发生变化。如水中含有较多的有机（褐煤）和无机（粉砂）悬浮固体物质，pH 值很低，随着矿坑水的排放总矿化度不断增加，某些组分的浓度也增大，如 Ba_2^+、F^-、酚类化合物、Fe、Ge、Mg，以及放射性物质严重超标，致使地下水和地表水受到污染，地下水供水系统水质恶化，城市水资源遭到破坏。

4. 开采引起含水层水位变化

煤矿开采区含水层水位变化与农民饮用浅水井、农用灌溉机井的用水量及开采引起的含水层水流失等有关，其中主要是开采引起的。地下开采破坏了原有的力学平衡，使得上覆岩层产生移动变形和断裂破坏。当导水断裂带波及上覆含水层时，含水层中的水就会沿采动裂隙流向采空区，造成岩土体中水位下降。由此可以看出，岩土体中的水位下降与覆岩破裂密切相关。随着工作面推进距离增大，断裂带高度增大，当采空区面积达到充分采动时，断裂带高度保持为某一定值，采空区边界破坏带的高度大于采空区中央破坏带的高度。

根据上覆岩层破坏带的高度及其分布形态，可以推断出一般开采情况下的含水层水位变化。对于非充分采动，上覆岩层破坏带的高度最大值位于采空区中央，导致此处的含水层水位下降最大。

如果采空区面积较大，采空区中央上方的断裂裂隙压密闭合，则由此产生的含水层水位降在采空区边界达到最大值。

对于大采高、小采深，上覆岩层冒落区波及含水层，则由此引起含水层的水直接流入采空区，形成以开采边界为边界的扩散降落漏斗。

二、保水开采技术的主要影响因素

（一）开采与地下水分布

开采后，随着地表的沉陷会改变地表水的流向；同时，随着上覆岩层移动破坏和地下水的渗漏，在该区域地下水会形成下降漏斗。地下水能否恢复，则决定于上覆岩层中是否有软弱岩层（事实上它是研究地下水渗漏的关键层），随着工作面的推进，经重新压实并导致裂隙闭合而形成隔水带。若有隔水带，则随着雨水的再次补给，下降漏斗也会随之消失。另外，必须指出：

① 保水开采与防止溃水是两个概念，后者是从安全考虑，而前者则必须研究开采前后岩层的水文地质变化。

② 我国西北地区保水开采是重点，必须研究所开采的岩层是否有隔水带、开采对地下水的破坏形成的漏斗以及降雨后的恢复过程。

③ 地下水是全部流失还是保存在更深的岩层内形成"地下水库"而后再利用。

采煤不可能不造成一定的地下水渗漏，但保水开采到底保到什么程度，才算是保了水？一般认为，保水程度至少应考核以下两个指标：首先是对地下水的影响不大，最起码应该不使地下水干涸而最终导致河流的大面积断流。其次是植被的生长状态问题。地下水位埋深增大时，部分植被不适合生长，一些植被出现病态，甚至枯萎，尤其是对乔木的影响最大。

（二）主要影响因素

1. 地质构造特征

地质构造对地下水、地面水起着重要的控制与导水作用，局部也起着阻碍作用，地质构造越复杂，断裂越多，开采煤层离断层越近，补给充分，则排水量就越大。反之，构造简单，开采煤层离断层越远，补给来源少，则排水量越小。

2. 水文地质条件

主要是含水层的厚度、富水性、节理、裂隙、岩溶发育程度和补给来源。

① 含水层厚度大、裂隙岩溶发育、含水性强、补给来源丰富，则保水开采难度就大，反之则小。

② 所处的地理位置，主要取决于煤矿平面位置与附近井、泉、河水的关系，一般离井、泉、河水近，且水力关系密切，侧向补给来源大，则保水开采难度大，反之则小。

③ 与当地降水量、入渗系数大小、煤层赋存深浅有直接的关系，一般是开采煤层埋深浅，降水量大，入渗系数大，降水可直接转化为矿坑水，煤层开采后导水断裂带影响到地面，则保水开采的难度就大，且季节性变化明显，即每年雨季 7—9 月降水量大，保水开采的难度也增加，反之则小。

3. 煤矿开采阶段

① 煤矿开采初期，揭露的含水层相对多，各含水层处于自然饱和状态，含水性强，随着开采面积的增大，就会逐步发生顶板冒落，沟通导水断裂带，煤系顶部含水层中地下水就会直接渗入矿坑，造成保水开采难度的上升。

② 矿井开采中期，由于一般不会大面积揭露新的含水层，随着开采时间的延长，含水层水位不断降低，以矿井为中心的降落漏斗趋于稳定，部分含水层由承压转为无压，矿井排水量靠入渗量补给，处于补、径、排平衡状态。

③ 矿井开采后期，由于含水层部分被疏干，导水断裂带和节理裂隙逐步被充填，地表入渗补给量逐步减少，则矿井渗水量逐步衰减。

④ 矿井开采末期（停采），在其影响范围内，矿坑渗水变小或不排水。但由于煤系底部有隔水层存在，采空区逐步积水成为"地下水库"。在这种情况下，实施保水开采是必要的。

影响保水开采技术的因素还包括：采煤方法、工作面尺寸、覆岩结构、塑性岩沉积位置、塑性岩厚度（脆性岩厚度）、覆岩厚度及其力学性质和上覆充水含水层富水性等。

三、保水开采技术和矿井水循环使用技术

（一）保水开采技术

保水开采的目标是在防治采场突水的同时，对水资源进行有意识的保护，使煤炭开采对矿区水文环境的扰动量小于区域水文环境容量。研究在开采后上覆岩层的破断规律和地

下水漏斗的形成机理，以及各种地质条件下开采期间岩层活动与地下水渗漏的关系，从采矿方法、地面注浆等方面采取措施，实现矿井水资源的保护和综合利用。

实现保水开采的途径是合理选择开采区域、适当留设防水（砂）煤（岩）柱和应用合理的开采方法。

1. 合理选择开采区域

对不同的地质环境条件应该区别对待，并分为以下几种类型：

第一，对于不存在含水层或煤层埋深适中，有含水层，同时其底部有厚度较大的隔水层的地区。该区域煤层开采的垮落带和导水断裂带发育不到含水层底部，不至于破坏含水层结构，可以实现保水开采。

第二，有含水层、隔水层分布，但隔水层的厚度有限，煤层开采后，需要采取一定的措施，才可以保护地下水不受破坏的地区。需要研究煤层采动覆岩破坏规律和地下水位下降与沙漠地区植被生存条件的关系等。应采取有效保水开采措施后方可进行开采，如神东矿区秃尾河沿岸的一些井田。

第三，对于煤层埋藏浅又富含水，煤层开采会造成地下水全部渗漏的地区。一旦开采，矿井突水可以通过提前疏降水工程防止，但不能保证地下水含水结构、生态环境的破坏，在没有彻底解决地下水渗漏问题之前，暂缓开发。如神府——东胜煤田乌兰木伦河上游的一些井田（含内蒙古境内的马家塔等井田）、秃尾河领域的青草界泉域等。已经开采的矿井，应该采取切实的措施，保护地下水资源的含水结构不受破坏。

2. 安全防水（砂）煤（岩）柱留设

掌握煤矿开采覆岩破坏规律的目的是为留设防水煤（岩）柱提供依据，以保证水体下采煤安全，其中包括防水煤（岩）柱留设方法涉及垮落带、断裂带高度的计算，保护层厚度的选取和防水煤（岩）柱确定三个方面。

（1）安全煤（岩）柱种类

安全煤（岩）柱依据保护要求的不同分防水安全煤（岩）柱、防砂安全煤（岩）柱和防塌安全煤（岩）柱三种。

① 防水安全煤（岩）柱

防水安全煤（岩）柱设计包括水体下和水体上两个方面。

a. 水体下防水安全煤（岩）柱

留设防水安全煤（岩）柱的原则是保证开采产生的导水断裂带不波及水体。因此，防水安全煤（岩）柱垂高应大于或等于导水断裂带的最大高度加上保护层厚度。

b. 水体上防水安全煤（岩）柱

留设防水安全煤（岩）柱的原则是保证底板采动导水破坏带不波及水体，或与承压水导升带沟通。因此，设计的底板防水安全煤（岩）柱厚度应大于或等于破坏带厚度和阻水带厚度之和。

② 防砂安全煤（岩）柱

留设防砂安全煤（岩）柱的目的是允许导水断裂带波及松散弱含水层或已疏降的松散强含水层，但不允许垮落带接近松散层底部。因此，防砂安全煤（岩）柱垂高应大于或等于垮落带的最大高度加上保护层厚度。

③ 防塌安全煤（岩）柱

留设防塌安全煤（岩）柱的目的是不仅允许导水断裂带波及松散弱含水层或已疏干的松散含水层，同时允许垮落带接近松散层底部。因此，防塌安全煤（岩）柱垂高应等于或接近于垮落带的最大高度。

（2）保护层厚度的选取

① 倾角 0°～54°的煤层

第一，防水安全煤（岩）柱的保护层厚度，可根据有无松散层及其中黏性土层厚度按表 3-1 中的数值选取。

表 3-1　防水安全煤（岩）柱的保护层厚度（不适用于综放开采）m

覆岩岩性	松散层底部黏性土层厚度大于累计采厚	松散层底部黏性土层厚度小于累计采厚	松散层全厚小于累计采厚	松散层底部无黏性土层
坚硬	4A	5A	6A	7A
中硬	3A	4A	5A	6A
软弱	2A	3A	4A	5A
极软弱	2A	2A	3A	4A

第二，防砂安全煤（岩）柱的保护层厚度，可按表 3-2 中的数值选取。

表 3-2　防砂安全煤（岩）柱的保护层厚度 m

覆岩岩性	松散层底部黏性土层或弱含水层厚度大于累计采厚	松散层全厚大于累计采厚
坚硬	4A	2A
中硬	3A	2A
软弱	2A	2A
极软弱	2A	2A

② 倾角 55°～90°的煤层

急倾斜煤层防水煤（岩）柱及防砂煤（岩）柱的保护层厚度，可按表 3-3 中的数值选取。

表 3-3　倾角 55°～90°煤层防水及防砂煤（岩）柱的保护层厚度 m

覆岩岩性	55°～70°				71°～90°			
	a	b	c	d	a	b	c	d
坚硬	15	18	20	22	17	20	22	24
中硬	10	13	15	17	12	15	17	19
软弱	5	8	10	12	7	10	12	14

注：a—松散层底部黏性土层厚度大于累计采厚；b—松散层底部黏性土层厚度小于累计采厚；c—松散层全厚为小于累计采厚的黏性土层；d—松散层底部无黏性土层。

3. 保水开采方法

（1）减小导水断裂带高度的开采方法

保水开采可应用国内外"三下"采煤技术与特殊开采方法，使煤层顶板岩层破坏减小，导水断裂带不波及水体，减小断裂带高度和减小地表下沉的开采方法是一致的。

（2）以底板加固为主导技术的保水开采技术

对于底部赋存岩溶水或承压水体的煤层，近年来以底板加固为主导技术的保水开采技术取得了长足进展。工作面底板加固是对底板隔水层薄弱带（松散裂隙区或空洞区）进行注浆强化处理，既降低底板地层渗透性，又提高底板地层抗压性，可起到封堵和加固作用。

（3）根据隔水层理论及采空区储水供水特性提出的保水开采新模式

地层中完全隔水的岩层和土层是很少的，通常是把透水性很弱的岩层或土层作为隔水层。组成岩层或土层的颗粒越小，隔水性能就越好，颗粒越大，隔水性能就越差，由直径小于 0.005 mm 的颗粒组成的黏土，其隔水性能极好。衡量岩层和松散层透水性能的指标是渗透系数，一般用 K 表示。渗透系数是水力坡度等于 1 的渗透速度（m/d）。渗透系数小的岩层和土层，其透水性弱，隔水性强。

中国矿业大学李文平、李涛等认为煤炭开采会使区域水系统（含地表水、地下水及矿井水）趋于正均衡，但地表水和地下水两个亚系统趋于负均衡，因此采空区储水供水是矿区可利用水资源趋于正平衡的关键。通过对神南矿区野外地质调查显示，风沙滩地区远离排泄边界且相对密封的采空区最易储水，基岩出露的汇水冲沟区域次之，黄土梁峁下及近火烧岩边界采空区不易储水。基于数值模拟和原位试验揭示的采空区储水水文地质参数分区性，建立了采空区储水水文地质模型，分析得出了采空区储水极限和实时水量的计算公式。在神南矿区柠条塔煤矿、张家峁煤矿及红柳林煤矿利用采空区储水处凿井提水，对井下采矿用水和地面生态灌溉进行供水利用，实现矿井水直接循环利用，达到矿井水零排放的目的，实现了基于隔水层理论下的利用采空区储水供水保水开采新模式。

（4）浅埋煤层长壁工作面保水开采方法

中国矿业大学张东升等提出一种浅埋煤层长壁工作面保水开采方法，适用于浅埋煤层的安全生产和水资源保护，根据煤层地质测量信息数据确定采煤工作面；尽量采用工作面长度在 200 m 以上的大尺寸长壁工作面；工作面采用 8000 kN 以上高强度的液压支架支撑；选用适合长壁工作面快速推进的配套设备，并采用循环作业，保证长壁工作面日推进度在 15 m 以上；在开切眼区域附近 10～50 m 范围内局部充填或局部降低采高，以减少采动覆岩贯通裂缝，使基岩不发生整体错动式破坏；并在基本顶初次来压区域附近 10～50 m 范围内，局部降低采高或在其对应地表影响范围内局部注浆以减小覆岩的运移空间，使覆岩形成较为稳定的砌体梁结构，增强采动覆岩阻水作用。该方法水资源保护效果好，可安全生产、减少浪费、环保、煤炭资源回收率高。

（5）条带开采

条带开采是目前实现保水采煤的一种行之有效的方法，关键技术是根据具体的水文地质条件，科学设计开采煤层的采留比参数。

（二）矿井水的合理利用及循环使用技术

1. 矿井水来源、分类及合理利用的意义

（1）矿井水的来源、分类

矿井水的主要来源是地下水。煤矿矿井水本身的水质主要受当地水文、地质、气候和地理等自然条件的影响。当矿井水流经采煤工作面时，会带入大量的煤粉、岩粒等悬浮物，同时，由于受到井下矿工的生产和生活活动的影响，矿井水中往往含有较多的细菌。对于开采高硫煤层的矿井，由于煤层及其围岩中硫铁矿的氧化作用，使矿井水呈现酸性和高铁性等。

目前，我国按照对环境影响以及作为生活饮用水水源的可行性，习惯上将矿井水按水质类型特征分为洁净矿井水、含悬浮物矿井水、高矿化度矿井水、酸性矿井水和含有毒有害元素或放射性元素矿井水五类。

洁净矿井水：水质中性，低浊度，低矿化度，有毒有害元素含量很低，基本符合生活饮用水标准。可设专用输水管道给予利用，作生活饮用水时需进行消毒处理。

含悬浮物矿井水：水中含有较多煤粒、岩粉等悬浮物，一般呈黑色，但其总硬度和矿化度并不高，经混凝、沉淀、快滤和消毒处理后也可达到饮用水标准。

高矿化度矿井水：矿化度（无机盐总含量）大于 1000 mg/L 的矿井水。它主要含有 SO_4^{2-}、Cl^-、Ca_2^+、K^+、Na^+、HCO_3^- 等，硬度相应较高，水质多数呈中性或偏碱性，带苦涩味，少数有酸性。我国北方缺水矿区的矿井水往往属于高矿度矿井水，有必要通过净化和淡化工艺处理成为饮用水和生产用水。当前，高矿化度矿井水采用电渗析技术处理后可供饮用。

酸性矿井水：水质特征为 pH 小于 5.5 的矿井水。pH 一般为 3～3.5，个别小于 3，总酸度高。酸性水在我国南方高硫矿区比较常见。当开采含硫煤层时，硫受到氧化与生化作用产生硫酸，酸性水易溶解煤及其围岩中的金属元素，故铁、锰、重金属以及无机盐类增加，使矿化度、硬度升高。酸性水容易腐蚀矿井设备与排水管路，并且危害工人健康，如果抽排至地面，会影响土壤酸碱度，导致土壤板结和作物枯萎，而且使地表水酸度上升，间接影响水生生物的生存，对环境与生态会造成重大损害，因此必须进行治理达标后外排。

含有毒有害元素或放射性元素矿井水：主要指含有氟、铁、锰、铜、锌、铅及铀、镭等元素的矿井水。含氟矿井水主要来源于含氟较高的地下水区域或煤与围岩中含有氟矿物萤石 CaF_2 或氟磷灰石的地区，这类水需要经过处理后才能使用或外排。含重金属矿井水主要指含有铜、锌、铅等元素的矿井水，这些元素浓度符合排放标准，但超过生活饮用水标准，所以不宜直接饮用。放射性元素矿井水主要指含有超过生活饮用水标准的铀、镭等天然放射性核素及其衰变产物氡的矿井水。对于这类矿井水首先应去除悬浮物，然后对其中不符合目标水质的污染物进行处理。

（2）矿井水合理利用的意义

长期以来，由于技术所限和认识不足，矿井水被当作水害排掉而未加以综合利用和保护。在我国煤矿中，部分地区干旱缺水，部分地区随着地下煤炭的开采，工业生产大量用水使得地表水逐渐减少，从而导致矿区工农业生产生活用水紧张。由于有些矿井水为高矿化度矿井水，或者为酸性水，还有的矿井水中含有放射性元素等有毒有害污染物，这些矿井水未经处理直接外排既污染环境，又影响景观，甚至会破坏生态平衡。据统计，每开采1 t煤，就要影响、破坏2.54 t水资源。

随着科学技术的发展和人们环境保护意识的提高，开始将矿井水作为一种水资源加以处理利用，即矿井水资源化。据估计，如果目前矿区水资源利用率达到40%～50%，煤矿自用水就可基本得到解决，而且还能为社会提供用水。这对我国北方和西部矿区具有更重要的意义。

2. 矿井水循环使用处理工艺

矿井水一般采用物理和化学方法进行处理。物理处理方法主要是过滤法和自然沉降法，化学处理方法主要是混凝法。矿井水经处理后应本着先生产后生活、先井下后井上的原则使用。

不同的用水对象有不同的水质要求，应根据用水对象的具体要求选择适宜的处理工艺。生产用水的主要水质要求是悬浮物及硬度，对其他指标（如pH等）的要求不多。而和生活有关的用水对水质要求相对要严。因此，对生产用水的处理工艺可简单化，可省去净水中的过滤工艺，对与生活有关的用水处理工艺要相对复杂和严格。

对井下洒水及选煤厂生产补充水可采用混凝、沉淀、消毒的处理工艺。

对与生活有关、水质要求高的用户可采用混凝、沉淀、过滤、消毒的处理工艺。

3. 大柳塔煤矿矿井水的综合利用

在矿井水综合利用以前，井下生产用水、消尘消防用水依靠地面工业用水，经加压泵加压来满足，随着矿井采掘的加深，供水距离随之加长，逐步不能达到所需的压力。一方面，由于矿区地处毛乌素沙漠边缘，随着矿区的开发，水资源显得尤为珍贵。另一方面，由于矿区煤层浅埋深、薄基岩、上覆厚松散层的特征，煤层回采顶板垮落后，赋存在第四系砂砾层和风化基岩中的浅层地下水大量涌入采空区及工作面，再由排水系统和污水一起排出井口处理，造成水资源的极大浪费，还得投入大量的人力、物力。

第二节 煤炭地下气化技术

一、煤炭地下气化概念

煤炭地下气化是将地下的煤炭直接进行有控制地燃烧，通过对煤的热作用及化学作用产生可燃气体或原料气的过程。其实质是就地提取煤中含能组分，而将灰渣留在地下，具有安全性好、投资少、效率高、污染少、排放低等优点，被誉为"第二代采煤方法"。

煤炭的地下气化集采煤、转化工艺为一体，从根本上改变了煤炭的开采与利用方式，既可提高煤的开采与利用效率，又可克服煤炭在开采与应用中给环境带来的负面影响。利用这一技术可以保障在对环境不造成较大影响的前提下，将煤炭作为能源主体，满足社会长期的能源需求，从而引起全世界的高度关注。联合国"世界煤炭远景会议"指出，发展煤炭地下气化技术是世界煤炭开采的研究方向之一，是从根本上解决传统开采方法存在一系列技术和环境问题的重要途径，具有重大意义。因此，世界各国都十分重视。目前，中国、美国、俄罗斯、澳大利亚、英国、南非、加拿大、印度、越南、朝鲜等国均启动了煤炭地下气化技术研究。

二、煤炭地下气化原理及工艺

（一）气化原理

煤炭地下气化是将含碳元素为主的高分子煤，在地下燃烧转变为低分子的燃气，直接输送到地面的化学采煤方法。地下气化与地面气化的原理相同，产品也相同。它是将煤气发生炉与焦化炉产气原理融为一体。

煤炭地下气化过程中可燃气体的产生，是在气化通道 3 个反应区实现的，即氧化区、还原区和干燥区。

在氧化区主要是气化剂的氧与煤层中的碳发生多相化学反应，产生大量的热，使煤层炽热与蓄热。

当气化通道处于高温条件下时，无氧的高温气流进入干燥区时，热作用使煤中的挥发物析出，形成焦炉煤气。

经过这 3 个反应区后，就形成含有可燃气体组分主要是 CO、H_2、CH_4 的煤气。

地下煤气是洁净能源，也是化工原料，可用于发电、工业燃烧、城市民用和冶金工业的还原气，还可以合成汽油等。

煤气净化后的煤焦油含量丰富，从中可以得到 200 多种化工产品。

（二）煤炭地下气化工艺

由气化原理可知，必须首先建造地下煤气发生炉，即生产车间。为此，有 3 种准备方法：有井式、无井式和综合式。

有井式是从地面向煤层凿出井筒后，用煤层平巷连通，点燃煤层，生产煤气。显然，这种方法有下列缺点：避免不了井下作业；密闭井巷工作复杂，漏气性大；气化过程不易控制。总之，由于经济和技术原因，有井式现已被无井式气化方法所代替。无井式气化方法就是用钻孔代替井筒，然后贯通两个钻孔，并点火形成火道，进行燃烧。燃烧工作就是煤的真正气化过程。综合式就是地下气化炉的准备工程采用井工作业完成，地下气化的生产运行采用地面操作。

1. 火道的贯通方法

建造地下发生炉的主要工程是如何将两个钻孔贯通，形成火道。其方法主要有下列几种：

（1）火力贯通

在煤层中用燃烧源烧穿两钻孔间的煤层，这种方法叫空气渗透或火力贯通。在贯通中，按照迎着鼓风方向或顺着风流方向燃烧移动的不同，分别叫作逆风贯通和顺风贯通。由于烧穿速度和耗风量的原因，多使用逆风贯通方法。其施工过程为：先打两排钻孔，下套管并对套管外的空隙进行注浆，将钻孔的周壁封闭，但在底部煤层则不封闭，然后向两排钻孔内鼓风，把煤层中水分压出。预干燥后，停止向其中一排钻孔鼓风，让其与大气相通，并在孔底部（从顶板向下煤层厚度的 2/3 处）点燃煤层，这排钻孔叫作点火钻孔。采用向点火钻孔间断鼓风和使钻孔周期性减压的方法，保证燃烧点不断扩展。在全部贯通期间，需将气体从点火钻孔中排出，才能使煤的燃烧达到稳定。煤的继续燃烧是依靠鼓入含氧风流来维持的。风流由另一个钻孔以 0.4 MPa 的压力压入，向燃烧源方向渗透。压力迅速下降，气体大量泄出和气体质量提高，是煤层全部贯通阶段结束的标志。

这种渗透贯通方法风耗大，贯通速度慢。如莫斯科近郊气化站的贯通速度为 0.64 m/d。为了提高烧穿速度，鼓风压力可提高到 1.5 MPa，风量不低于 150 m^3/h，对透气性低的烟煤。

（2）电力贯通

电力贯通法是在两个钻孔中放入电极，把高压电流导入煤层，利用电能的热效应进行烧穿。

电力贯通方法主要是利用煤的电物理特性。在煤充水的条件下，比电阻值很低。在加热的情况下，煤的比电阻值发生显著变化，在 200 ℃时，煤的比电阻值达最大值，当达到 900 P 时，则急剧下降。利用此特性，可判断通道烧穿情况。

电力贯通方法的平均贯通速度为 2.0～4.0 m/d，对煤层顶底板没有破坏作用，只有预热干燥作用，利于气化，但这种方法耗电量大。

（3）定向钻进贯通

定向钻进是控制钻进钻孔的斜度和方向，使钻孔由垂直逐渐改变斜度进而变为水平，使两钻孔连通，用这种方法形成火道是最好的方法。

（4）水力压裂贯通法

水力压裂法，其实质是用高压将黏性液体或水注入煤层，在煤层中形成许多裂缝，然后再向裂缝中注砂，以使裂缝保持良好的透气性，经点火烧穿后形成火道。此方法由于注水对气化过程有影响，所以未被采用，但对不含水的煤层仍可使用。

2. 地下气化发生炉的结构及开采顺序

地下气化发生炉的结构分为：有隔离火道的气体发生炉和所有火道都与一个点火道相

连的气体发生炉。

对急倾斜煤层，发生炉在走向方向可连续布置，顺序生产（开采），沿倾斜方向有连续、分段和混合三种开采顺序。

对水平和缓倾斜煤层，发生炉的生产（开采）顺序有逆流、顺流和侧向（周向）排气三种形式。

3. 两阶段煤炭地下气化工艺

经过多年的研究，把地面水煤气生产工艺移植到地下，开创了长通道、大断面、双火源、两阶段煤炭地下气化的工艺理论。提高产气率和稳定产气的有效方法：一是提高还原区的温度，扩大还原区域，使 CO_2 还原和水蒸气的分解更趋于安全；二是增加干燥区的长度，生产更多的干燥煤气。为达到以上两目的，煤炭地下气化反应通道，必须是长通道、大断面，这样才能为煤气反应提供最佳环境。

两阶段煤炭地下气化，是一种循环供给空气和水蒸气的气化方法。每次循环由两个阶段组成，第一阶段为鼓空气燃烧煤蓄热，生成空气煤气；第二阶段为鼓水蒸气，生成热解煤气和水煤气。在该煤气中氢的含量可达50%以上，故可提取纯氢气，氢是一种清洁的新能源。

双火源能提高气化炉温度，增加燃烧区长度，以扩大水蒸气分解区域，提高水蒸气的分解率，并得到中热值煤气。其热值能提高的原因主要有：

（1）气化剂为汽，消除了 N_2，使煤气中可燃气体比例增大；

（2）水蒸气不仅在氧化区被分解，而且在还原区和第二个火源进一步分解；

（3）在整个气化通道长度内都能产生干燥煤气，煤气中 CH_4 含量得到提高；

（4）气流中浓度较高，在煤层中一些金属氧化物的催化下，会发生一定程度的甲烷化反应。

三、提高燃气热值的措施

（一）影响燃气质量的主要因素

影响地下气化过程及燃气质量的因素很多，但保持高温是提高地下气化强度和燃气成分的必要条件之一，高温可以加快化学反应速度，因而决定气化工艺过程的主要因素有两个方面：生产气体的真正化学过程和煤层表面反应作用的特性。其中，影响最大的因素有：煤层厚度、灰分和水分含量、鼓风强度和鼓风中氧气浓度。

1. 煤层厚度

煤层厚度增大时，所得到的燃气热值也随之增加，而煤的气化程度则降低。目前所采用的气化方法，在厚度1 m以内的煤层中是可行的，但只有在煤层厚度大于1.3 m时，气化站才能获得较好的经济指标。

2. 煤层灰分含量

当灰分含量超过40%，热值急剧下降。此外，当煤层中岩石夹层的厚度占煤层总厚度

30％以上时，煤的损失达 15％～40％，因此，气化这类煤层在经济上是不合算的。

3．煤层水分含量

煤层水分对气化过程和热值有重要影响。当煤层的水分超过一定限度时，还原带的温度及气化过程遭到破坏，且使反应区燃烧热分配不均，造成很大损失。

4．鼓风强度

鼓风强度对燃气热值的影响，气化过程并不永远随着送入风量的增大而无限地得到改善。当风量和速度超过一定程度时，使煤层周围岩石移动速度相应增大而产生裂隙，导致鼓风和燃气的漏损和热能损失，扰乱火焰工作面的气流，会恶化气化条件。最适宜的送风量与煤层埋藏的自然条件及煤的物理性质有关，其值由实验确定，并且在整个气化过程中应随时调节，使燃气保持恒定的热值。

5．鼓风中氧气含量

显然，空气中增加氧气成分，不仅可减少空气本身的氮气（惰性气体）含量，而且可使气化过程中的氧化反应速度加快，产生高温，并促使 CO_2 还原，得再生燃气。因此，用富氧空气作为气化剂，可使煤气产品中的含氮量减少，可燃成分增加，从而大大提高燃气的热值。

（二）提高燃气热值与稳定产气量的措施

1．多功能钻孔的应用

传统气化炉的进、排气孔的功能是固定的。但气化炉氧化区、还原区、干燥区的长度及其温度时刻都在变化着。周围介质的状态，顶底板受热破碎和顶板的塌落，燃空区状态等，无一不随着客观条件的变化而变化。因此，固定功能的钻孔要实现对气化过程的有效控制是十分困难的。必须将所有的钻孔与总进排气管、供蒸汽管连接起来，每一个钻孔都设有注浆口。这样每一个钻孔都可以起到供风、供汽、排气、注浆、点火、测试的作用，构成多功能的用途。使长通道、大断面、双火源、两阶段煤炭地下气化的新工艺具有更高的可靠性、灵活性和可控性。

2．反向燃烧气化

当正向气化时，火焰工作面渐渐向出气孔移动，干燥区越来越短，到后期还原区也越来越短，最终还原区长度不能满足氧化区生成的 CO_2 还原和水蒸气分解反应的需要，而使煤气热值降低。这时必须采用反向供风气化方案，即由出气孔鼓风，进气孔排气，使火焰工作面向进气孔方向移动，重新形成新的气化条件。因此，反向气化时，同样可以得到与正向气化相同热值的煤气，甚至得到热值更高的煤气。反向供风气化的最主要目的是提高煤层气化率。

3．压抽相结合气化

由还原区的两个主要反应可知，CO_2 还原和水蒸气的分解都是体积增大的反应，因此降低还原区的压力，能够提高其反应速率。但是氧化区压力不宜降低，因为氧化区压力越高，向煤层里渗透燃烧的能力越强。为了能同时满足氧化区和还原区的要求，可以采用压抽相结合的气化方案，即由进气孔鼓风（氧化区一侧），出气孔用引风机向外抽风，调节鼓风压力和抽气压力，使还原区处于相对较低的压力条件下，这样也可同时降低干燥区的压力，有利于煤气及时排放。更重要的一点是，压抽相结合气化可减少煤气漏失，能够确保矿井安全。

4. 气化空间充填

在连续的煤层气化过程中，顶底板受热破碎使地下气化炉燃空区不断扩大。一方面，可使冒落的岩石充填燃空区；另一方面，岩石中出现裂缝，破坏气化工作站的密闭性，造成气流漏损和围岩的热损，甚至地表出现塌陷，当燃烧在气化炉中不断进行时，炉体空间会不断向地上移动，这样气化反应的空间不断增大，使鼓入的空气在较大范围内扩展，反而会减小反应比表面积，导致煤层气化率的降低。

为了防止上述情况，必须及时向地下气化燃空区充填。充填物为黄泥、粉煤灰加水泥的混合物，用水使混合物成为流体，通过钻孔输送到地下气化通道内，通过自然流动在通道内延伸，达到燃空区充填的目的。

5. 双向气化技术

地下气化炉温度场的分布特点，是靠近进气孔一侧温度高于出气孔一侧温度 10 倍左右。双向气化技术根据两阶段地下气化的原理，将第二阶段鼓水蒸气改进气孔为出气孔鼓入，水蒸气由低温处向高温处流动。双向气化在多功能钻孔气化炉结构的条件下，也同样可以建立双火源、两阶段地下气化的工艺过程。双向气化产生的水煤气的数量和热值，都高于单进气孔既鼓风又鼓水蒸气的气化发生炉。

6. 温控爆破渗流燃烧技术

初期在原始煤层进行地下气化时，由于原始地应力没有释放，煤层不容易渗透疏松，这会影响煤炭地下气化的效果。必须采用在气化煤层中预埋炸药，利用温度控制炸药的爆炸；利用爆炸的能量使气化煤层疏松、碎裂，创造渗流燃烧的条件，提高煤层地下气化的效果和热值。

四、煤炭地下气化适用条件及发展方向

（一）煤炭地下气化适用条件

从目前世界范围的能源结构来看，在相当长的时间内煤炭仍将作为能源主体以满足社会的需求。随着工业化进程的日益加快和采矿技术的日趋成熟，煤矿生产变得更加安全、高效、绿色、环保。为了使煤炭及煤炭制品的产量满足社会需求，在地质条件不复杂、煤层赋存较为稳定、生产条件允许、劳动强度可以被工人接受的情况下，无论是井工开采，还是露天开采，机械化采煤仍将作为绝大多数矿区的"第一采煤方法"。但从实际生产情况来看，机械化采煤后会使得煤炭大量的丢失和浪费：比如煤柱的留设、采出率不高等。有些特殊的地质条件导致部分煤炭的不可开采：比如煤层赋存条件极为复杂，煤层埋藏过深，地热过高，以及煤层透水、自然发火、瓦斯灾害、动力灾害隐患较为严重等。局部地

区的机械化程度相对较低，工人的劳动强度过高，当地煤炭开采工作也将因为社会效益及经济效益的关系而被迫停止，这些都会造成煤炭资源的浪费。

煤炭地下气化可以使埋藏过深或过浅不宜用井工开采的煤层得到开发，它不但可改善矿工的劳动条件，而且气化对地表破坏较小，没有废矸，还有利于防止大气污染。煤炭地下气化的经济效益较好，其投资仅为地面气化站的一半左右。煤炭地下气化不仅可以回收老矿井遗弃的煤炭资源，而且可以用于开采井工难以开采的或开采经济性、安全性差的薄煤层、深部煤层和"三下"压煤，以及高硫、高灰、高瓦斯煤层等。

一般来说，多孔而松软的褐煤及烟煤厚煤层比较容易气化，而薄煤层、含水分多的煤层和无烟煤较难气化。稳定而连续的煤层，顶底板的透气性小于煤层的透气性以及倾角超过 35°的中厚煤层气化更为有利。

综上所述，煤炭地下气化适用于废弃矿井和老矿井遗弃煤炭资源的回收；适用于开采埋藏过深或过浅不宜用井工开采的煤层；适用于难以开采的或开采经济性、安全性差的薄煤层、深部煤层和"三下"压煤，以及高硫、高灰、高瓦斯煤层等；适用于机械化程度相对较低，工人劳动强度过高的矿区煤炭资源的开采；适用于灾害隐患较为严重煤层的开采。

（二）煤炭地下气化发展动态

煤炭地下气化自试验以来，得到较迅速的发展，但至今仍然处于工业性试验研究阶段，尚未进入工业化、规模化开发阶段。世界各国对煤炭地下气化均相当重视，投入大量的人力和物力来发展和完善这一新型采矿技术。因此，地下气化也出现许多新的动向。

1. 无井式长壁气化工艺法

近年来，为了提高煤气的质量和产量，国外试验了无井式长壁气化法。它是从地面钻定向弯曲钻孔，当钻孔通达煤层后，在煤层中直接贯通。贯通后，在钻孔的底部点火进行地下气化。

这种方式完全取消地下作业，但定向弯曲钻孔要求技术水平高。该站的煤层条件是煤厚 2 m，埋藏深度 300 m，钻孔水平钻进 90～100 m。

2. 煤炭地下燃烧工艺

煤炭地下燃烧工艺可用来回收被以往采煤所遗弃的煤柱。目前，该试验正在国外几个煤田进行工业性试验，其目的是将煤的热值转化为热能，以供民用或工业使用，提高煤炭资源的利用率，同时还可以获得化学能（H_2、CO、CH_4）。

该工艺主要是采用抽风机造成负压，将燃烧产生的高温（300～600 ℃）气体通过热交换器，使水蒸气供发电和民用煤气。钻孔为进气孔，根据煤层的赋存条件进行布置。

3. 地下气化区燃烧面位置与温度的控制

地下气化燃烧面位置与温度的控制是一个难题，目前美国已试用卫星红外摄影进行监控。它可以探明燃烧面的确切位置和温度情况，从而用调节供氧量和供水蒸气量来控制其温度，提高或降低燃烧面的气化强度，提高煤气热值，试用效果良好。该矿气化产品价格已达商业应用标准，但卫星监控费用较高。

4．联合化工企业

地下气化得到的煤气不仅可供民用煤气，还可发电。煤气中除可燃气体以外，还伴生有许多重要的化学物质，如酚、苯、油酸、硫等物质。因此，地下气化站不仅可以作为动力企业，而且作为化工联合企业也是合适的。

煤炭地下气化作为一种开发地下煤炭资源的新技术，将环境保护的重点放在源头，而非末端治理，是一项符合可持续发展需要的绿色开采技术，并且具有显著的经济效益和社会效益，必将成为我国洁净开采技术研究的重要领域。

煤气化是煤炭转化的重要形式之一，它在各类生产过程中起着承前启后的作用。煤制化工合成原料气在煤化工中有着重要的地位。国内外正在把煤化工发展成为以煤炭气化为基础的化学工业，使煤化工由能源型转向化工型，在与石油化工的竞争中不断发展和提高。煤炭地下气化所得的煤气主要有以下用途：① 用于发电；② 用于工业燃气；③ 提取纯氢，进一步用作还原气和精细化工产品；④ 用于城市的居民用煤气；⑤ 用于合成甲烷，进入天然气管网；⑥ 用于化工合成原料气，通过煤气可合成甲醇、氨气、二甲醚、石油等。目前，我国地下气化煤气主要用于城市燃气、发电以及合成氨、合成二甲醚、提取纯氢等。但煤化工要与石油化工和以天然气为原料的化工合成相竞争，必须有能耗低、投资小的气化技术为基础。而煤炭地下气化技术正是具有这样的特点，通过煤炭地下气化生产合成气，可以充分发挥煤炭地下气化的技术优势，为煤化工的发展提供新的扩展空间。

第三节　矿区废弃地生态修复技术

一、矿区废弃地环境影响要素分析

（一）矿区废弃地的类型及景观生态特征

矿区废弃地是指因采矿活动所破坏的，不经过治理而无法使用的土地。就煤矿而言，矿区废弃地可分为3种主要类型。① 排土场：伴随着露天煤炭开采，由剥离的表土和分选出的各种固体废弃物堆积形成的废弃地。② 采煤沉陷地：井工煤炭开采后，由采空区域塌陷形成的地表废弃地。③ 矸石山：由井工开采伴随着煤炭排出的煤矸石固体废弃物并在地表堆积形成的废弃地。

从景观生态学角度分析，矿区废弃地具有如下景观生态特征：

① 景观异质性增强：矸石废弃地表现出比采矿前更大的景观异质性，采矿活动实际上就是将原来较为均质的景观进行异质化的过程，开采后的采矿地包含采矿点、尾矿、堆场、排土场、塌陷地等景观类型和厂房、矿井、采掘设施、道路等景观要素，使原本均质的景观变得破碎化，同时具有斑块、廊道和基质的典型镶嵌格局特征。

② 稳定性被破坏：强烈的干扰超出当地景观生态系统本身的自我恢复能力，干扰甚至导致生态系统的退化，最明显的标志是生态系统生产力降低，生物多样性减少或丧失，土壤养分维持能力和物质循环效率降低及外来物种入侵和非乡土固有种优势度的增加等；随着干扰的加剧，生态系统自身的生态平衡和稳定性受到破坏。

③ 生态过程受到影响：采矿地与周边环境是一个完整的生态系统。采矿活动势必会影响到区域生态格局与各种生态过程的连续，如水的过程、物种迁徙的过程，同时造成污染扩散。

（二）矿区废弃地生态修复的基本内涵

矿区废弃地生态修复实质是矿区废弃地基质改良、土壤侵蚀控制和植物种类的筛选，并在正确评价废弃地类型、特征的基础上，进行植被的恢复与重建；进而使生态系统实现自行恢复并达到良性循环。当前的"修复"更多的是指"改造"和"恢复"。为了保证未来我国土地修复与生态恢复工作的良性发展，应该强调以下几个观念：

① 土地修复是一个长期过程，复垦是有效的修复手段，应最大限度地维护修复土地的生物多样性和生态系统及人体健康。

② 修复的土地质量应该高于或至少维持在被开采前的水平；修复土地上种植植物的生产量应该达到标准允许水平，存活率应超过 $80\% \sim 90\%$。

③ 修复土地被用于农业生产，应给予特别的关注并采用特殊的修复技术，进行风险评价和监测，以确保有毒物质没有通过食物链转移和富集。

④ 应恢复原始地貌，如果可能，土地破坏前初始的覆盖土应被用于修复工程；应减少修复土地与邻近地区之间物质流的不平衡；修复过程应尽量减少对野生动物群落包括鸟类、哺乳动物和鱼类的干扰。

二、矿区废弃地生态修复规划与结构设计

（一）矿区废弃地生态修复的理论基础

矿区废弃地生态修复是一项极为综合的应用技术，涉及矿区整个生态系统，是矿区生态重建的核心问题。把自然生态系统中具有的"最优化"结构和高经济性能应用到矿区废弃地生态修复中，这就是矿区废弃地生态修复的最基本原理。

1. 限制因子理论

生物的生长和发育依赖于各种生态因子的综合作用，其中，限制生物生存的因子即是限制性因子。只有当生物与其居住环境条件相适应时，生物才能最大限度地利用环境方面的优越条件，并表现出最大的增产潜力。限制因子理论主要有最小因子定律、耐性定律等。矿区废弃地生态修复土壤中的氮、磷等营养元素通常是植物生存的限制性因子。

2. 生态位理论

生态位通常是指生物种群所占据的基本生活单元，是指其生存所必需的或可被利用的各种生态因子关系的集合。每一种生物在多维的生态空间都有其理想的生态位，而每一种环境因素都给生物提供现实的生态位。这种理想生态位与现实生态位之差迫使生物去寻求、占领和竞争良好的生态位，也迫使生物不断适应环境，调节自己的理想生态位，并通过自然选择，实现生物与环境的世代平衡。在矿区生态系统中，可应用生态位原理进行物种的合理布局，加速植被恢复，充分利用光、气、热、水和肥资源，提高土地生产力，增加经济效益，减少环境污染。

3. 食物链理论

生态系统中存在许多种生物，它们之间通过食物营养关系相互依存、相互制约，并存在单方向的营养和能量传递关系，即食物链。在生物之间的这种食物链关系中包含着严格的量比关系，处于相邻两个链节上的生物，无论个体数目、生物量或能量都有一定比例。矿区废弃地生态修复时应合理构建食物链，形成稳定的食物网，合理规划和选择修复途径，实现能量的多极利用与物质的再生循环。

4. 结构合理、功能协调、共同进化理论

生态系统的结构合理可保证功能的正常运转，实现生物与生物、生物与环境之间的协调，实现生态系统的稳定性和可持续性。这种生物与生物之间相互协调组合并保持一定比例关系而建立的稳定性结构，有利于系统整体功能的充分发挥。此外，生物与环境之间存在着复杂的物质能量关系。矿区废弃地生态修复只有遵循这些原则，因地制宜，合理布局与规划，才能提高资源利用率，充分保护环境。

5. 效益协调统一理论

矿区是一个社会—经济—自然复合生态系统，包括经济再生产和自然再生产过程，具有多种功能和效益。在矿区废弃地生态修复中，只有合理配置资源，寻求合理的经济结构，实现专业化和社会化，才能在保证取得较高生态效益的同时，取得较高的经济效益。

对一个土地管理者和恢复生态研究者来说，比较关心的问题是一个被干扰的自然生物体目前的状态及与其原状态的距离，以及恢复到或接近其原状态所需的时间。矿区废弃地是一种被极度干扰的新生裸地，不具备正常土壤的基本结构和肥力，在没有人为继续破坏的情况下，恢复到原状的生物过程和物理过程十分缓慢。

(二) 矿区废弃地生态修复规划

矿区废弃地生态修复规划包括总体规划、小区规划和工程设计三个方面。总体规划是在小区规划前对修复土地的利用方向及所采取的修复措施等问题作决策分析。做总体规划时，首先对修复区进行调查，作出土地的适宜性评价。由于土地修复工程不仅涉及资金投入，还涉及政策、社会环境及生态环境诸方面，因此，总体规划往往需要将定性和定量方法有机地结合起来，其一般过程如下：系统分析、确立影响因子、适宜性评价；分项比较、分项规划；综合分析、综合规划；总体评价、提出总体规划方案。

小区规划是在遵循总体规划的基础上，对小区域的塌陷地或废弃地提出整治利用措施，是修复工程得以实施的前提。常用的小区规划方法有：经济效果规划法、生态工程规划法及经济与生态效果综合规划法。为保证复垦工程得以顺利实施，小区规划中需对修复工程的组织与管理、修复工程的验收标准、设计标准、资金筹集方法、种植计划等作出详细说明。

工程设计是在总体规划和小区规划的基础上对主体工程及其配套工程的详细规划和说明。层次分析法、线性规划、适应性评价以及计算机 CAD 辅助制图等是矿区生态修复规划常采用的方法。其中，适应性评价是生态修复规划及今后整个矿区生态修复工作中非常关键的一步，一般来讲，通过对评价单元土地破坏程度、土地稳定性、工程适应性和环境影响的评价。

（三）矿区废弃地生态修复工程的结构设计

依据废弃地自身破坏情况及具体生态条件，总结出如下几种生态修复工程的结构设计类型：

1. 耕作型结构设计

这种类型面积大、分布广，在采矿前主要为耕作，采矿后多以负地形或平缓地形出现，是矿区废弃地复垦的主要对象。在这种结构中，基本粮食作物如玉米、小麦、水稻等以及部分经济作物如棉花、花生等占据大部分区域，决定着该结构的主要功能，具有基地性质；将村庄、各类耕作、墓地连接起来的道路、沟渠、河流等具有廊的性质；而镶嵌点缀在基本粮棉基地中的村庄、墓地、菜地、农田以及小片经济果林地，具有斑的性质。这种类型的设计类似一般农业景观的设计，只不过在实施之前需要采取适当的工程措施。其设计思路如下：令村庄沿河流或道路分布，村庄周围水分充足区域培养蔬菜，为便于运输，村边或路边可以发展白色农业，菜地外围种植基本粮食作物，离村庄较远处的粮棉区镶嵌墓地或林斑，使其大体呈一种以村庄为中心，由蔬菜地向外道粮棉田扩展的同心圆状空间格局。

这种结构具有普遍性，许多类型的废弃地都可以重建为这种结构。比如，对于均匀塌陷区或带状塌陷区采取一定的疏干工程措施后，便可应用这种模式；对于充填的复垦塌陷区、露天采矿坑，在填充、覆土、平整之后，也可以应用这种模式；经工程处理的排土场也可应用这种模式。

2. 水陆并举型结构设计

这种结构适于不均匀塌陷或沉降所造成的高处积水很浅或不积水，低处积水较深的高低相间的矿区废弃地，采用"挖深垫浅"工程措施，低地挖塘养鱼，高地垫土复田种粮，空间上表现为田塘相间，功能上体现出渔农牧优势互补的景观生态格局。一般说来，出于防止水土流失考虑，池坡种草，池坡因水分条件较好而种菜，池塘外围因水分条件较差而种粮，局部地区依地基及管理方便修筑畜养厂，在一个田塘单元中形成围绕池塘的草、菜、粮（包括畜养厂在内）的同心圆环，实现菜、粮喂猪，菜、草养鱼，猪粪肥水养鱼，塘泥粪便（包括畜养厂在内）肥田的良性循环。这种模式把塘中养鱼、埂上作物栽培以及畜禽饲养3个环节紧密结合起来，使陆上生态系统相互作用，形成多层次多功能的水陆复合生态系统。

3. 水养型结构设计

适于地下潜水位较高，采矿活动造成地表塌陷且大面积积水区域。从总体结构看，呈深部养鱼、浅部栽种莲藕、芦苇，较平缓处种稻的由浅到深的立体结构。整个区域多以水面形式出现，以水产养殖业为特色。从局部看，呈塘塘相连格局，水塘为基，池坛为廊，廊上种菜，塘中养鱼，构成一种水乡渔业模式。针对大水面特色，宜于采取水体共生综合经营方式，将常规养殖鱼类与名、特、优水产品种混养，由传统养殖向特种养殖过度，充分发挥水体的生产潜力，努力提高水产品的数量和质量，以获得最大经济效益。这种类型面积较小，一般位于积水塌陷区的局部地段，以徐州、淮南等地为典型。

4. 乡村综合开发型结构设计

事实上，任何废弃区都不限于上述 3 种类型的一种，往往是几种结构的复合体。有时在几种结构类型的交界处形成一种新的结构类型。在这种新的结构中，村庄分布在大水面边缘，畜禽养殖场以及农副产品加工厂分布在村庄附近，畜养厂以外为果园或农田，大水面外接田塘相间结构或直接与农田相接，采取种、养、加一体化，贸、工、农一条龙的综合经营模式。在渔农牧各行业横向并联的基础上，向各行业投入产出端发展，在投入端建立饲料加工并进行饲料多级利用，在产出端建立鱼畜禽产品加工销售业，利用加工废弃物与畜禽饲养组成联合体，做到渔农牧工商多层次多专业综合经营。

5. 水上游乐型结构设计

适于地表大面积塌陷，积水很深且水质较好，无法改造为鱼塘或耕地的矿区废弃地。在空间上，一般以人工湖的形式存在，湖中较浅处用"挖深垫浅"的方式构筑湖心岛，岛上修筑游乐设施或栽花种树，求得人文、自然景观的和谐，湖边种植花草杨柳等风景植物，局部地段修建码头、鱼台，湖外提供餐饮购物服务，湖内行驶各类游船快艇，执行游玩娱乐功能。

6. 绿化造林型结构设计

适于煤矸石山、粉煤灰堆场等不宜发展农业生产的废弃地，一般以绿化造林为生态重建方向，主要执行环境服务功能，以消除矿区污染为基本目标。尽管这种模式结构简单，但因具有很强的代表性，且与周围环境截然不同，仍有专门列为一类的必要性。由于这类结构具有特殊的立地条件，从绿化造林的可行性分析、整地、植物品种选择、种植到管理的每一步都需要有专门的技术保障，都需要精心护理，具有较大的投入，但考虑到其环境效益明显，仍要足够重视。

7. 建设用地型结构设计

适于采矿现场或城市边缘地区，服务于采矿业或满足城市扩张需要。在空间上表现为生产区、居住区、医疗教育服务区以及娱乐设施区等的镶嵌结构。以广场、道路作为廊道，连接各区，在各区的楼前院后保留适当绿地，或视需要专门开辟一块绿地作为上述各区的对应区域。除此之外，上述建设用地还可作迁村之用。在煤炭开采区，将待采掘的村庄搬迁到已经重建为建设用地的废弃土地上，既便于开采，又可安置村民。

三、矿区废弃地生态修复的技术体系

（一）排土场复垦

排土场排弃物料中岩石居多，土壤较少，在岩石层上进行农业复垦有一定难度，因而排土场主要适用于林业复垦，少量用于农业复垦或其他用途。排土场复垦工艺的基本要求是：

① 排土场的稳定性不会受到地形、地表水的影响，不会发生泥石流，不会成为二次污染源。

② 排土场顶部标高应高于露天采场附近地带地下水的最高水位 1～2 m。

③ 排土场表面整治后能适合农业和林业机械的操作。

④ 整平后的排土场用于农业开发时，应覆盖土壤层；用于林业开发时，应用成土母质岩覆盖。

⑤ 堆排土场斜坡进行缓坡工程，以稳定斜坡，适宜种植要求，还宜采取措施防止斜坡的冲刷及顶部沼泽化的出现。

⑥ 修筑通往排土场的专用道路。

1. 排土场顶部复垦工艺

根据排土工艺和设备的不同，排土场顶部形状有等锥形、连脊形、横向弧形和平坦形（铁路、汽车排土场形成的）四种。从复垦工作量来看，锥形排土场最大，其次为脊形和弧形排土场，平坦形排土场最小。

为了防止排土场表面受到水侵蚀，要求平整的复垦场地坡度为：用作农业种植时不宜超过 $1°\sim2°$，坡度在 $3°\sim5°$ 时应有保护措施；用作牧场或草场时为 $2°\sim4°$；用于林地时适宜的坡度为 $10°$ 以下，横向坡度不应超过 $4°$。

2. 排土场边坡构筑工艺

边坡地约占排土场总面积的 30%，边坡占地面积随着排土场堆积的废石量的增加相应扩大，对排土场边坡的复垦可预防水和风对排土场的侵蚀。

排土场的边坡角与剥离物即废石的自然安息角相近，一般在 $15°\sim40°$ 范围内（露天金属矿和煤矿实际的排土场边坡角一般为 $35°\sim45°$）。排土场的边坡不宜太陡，边坡角必须减缓，以满足环境的要求及保证再种植需要。因而在排土场边坡构筑时，应采取以下工艺措施：

① 平台边缘修筑挡水墙，组织平台径流汇入边坡，杜绝切沟和冲沟的发生。

② 坡脚堆放大石块，拦截坡面下移泥沙，保护坡脚排水渠系。

③ 坡面不覆厚层黄土，土石混堆后立即种植；或者薄层覆土作为备用土，种植时覆土沿坡逐坑下移覆土立即种植。

排土场边坡角应控制在：用作耕地时不应超过 $5°$，用作牧场应在 $15°$ 以下，作草场时为 $25°\sim30°$，供林业用地不大于 $30°\sim35°$。

3. 排土场覆盖工艺

排土场覆盖工艺可分为土壤覆盖工艺和其他物料覆盖工艺。

（1）土壤覆盖工艺

土壤覆盖工艺较为简单，与露天覆盖土壤相同。即将采矿剥离后贮存的表土和底土按顺序覆盖于排土场表面，进行土地平整后利用。排土场复垦用于造林时，如有足够的土壤，可在全部场地上覆盖表层土层；若缺少土壤时，可只在植树的坑内施足底肥后覆盖土壤。

（2）其他物料覆盖工艺

所谓其他物料是指在矿区人口集中地的生活垃圾、下水道污泥及其他生产废物。它们是有机肥和某些养分的主要来源，也可能含有重金属及病原体，如未被工业废水大量污染，经适当处理后，不会对农作物产生危害。经过筛选的生活垃圾与人肥、厩肥、工业废渣搅拌在一起，覆盖在复垦场地上，可以认为是良好的"人造土壤层"。

有的矿区几乎没有土壤，也可将岩石破碎后覆盖一层"造林砂砾层"，规格由 0.1～2 mm、2～10 mm、>10 mm 级配而成，亦可在级配人造上层中掺入垃圾、污泥、尾矿粉、粉煤灰等。这种人造的"造林砂砾层"适宜于植树。"造林砂砾层"中粒级比例可视当地条件（如岩石硬度、掺入量）酌定。砾石；砂和黏土的级配，其规格（mm）为：砾石>1（66%）、粗砂 0.5～1（17%）、中砂 0.25～0.5（11%）、细砂 0.15～0.25（4%）、淤泥 0.002～0.15（1%）及黏土（<1%）。此外，还可将泥煤、锯末、粉碎麦秆、树叶、粪便等组成人工土，覆盖于复垦场地供农业种植。

（二）露天矿采场复垦

露天采矿一方面剥离矿藏上的岩石、土壤，另一方面将剥离的岩石、土壤进行堆置（即造地），因而露天采矿是采矿与造地同时进行的。露天矿的采矿工程包括剥离、采矿、排弃、堆置、造地。堆置造地工艺是采矿工程的组成部分。露天矿采场的复垦主要取决于矿床赋存与地形条件，其次与围岩、表土及当地实际需要有关。

1. 浅采矿场复垦

浅采矿场一般为水平或缓斜赋存，其造地工艺与矿山开采工艺紧密结合，主要工艺为：

（1）采区的合理划分

在采矿场安排两个或两个以上采区，每个采区沿矿体走向再划分为若干个采场用开采块段，当第一采区开采时，第二采区进行剥离；当第二采区开采时，第一采区剥离，交替连续进行，剥、采互不干扰，避免二次搬运。

（2）表土储存

采区表层肥沃的土壤是土地复垦时进行再种植成功的关键，因此必须妥善就近储存并与底土分别堆放，防止岩石混入使土质恶化，尽可能做到回填保持原有的土壤结构，以利种植。开采剥离的表土在临近采矿场境外的地方建立临时的表土堆场贮存。当几个采区交替进行剥离、开采、土地复垦时，也可将一个采区剥离的表土直接铺覆于另一个已回填或部分回填废石的采空区，避免二次搬运。

（3）回填、覆土

将开采中形成的废岩土回填至采空区，使采矿与废石回填相互配合，尽量使废岩土在采区内解决，避免往返运输，缩短造地周期。回填后将储存的表土和底土顺序覆盖，恢复原先的地形，经土地平整、配套农田水利设施和防护林网，建成标准农田。

2. 倾斜或急倾斜矿床体复垦

开采倾斜或急倾斜矿床体的露天矿可采用内排法。其复垦工艺流程为：

① 将矿体分为若干小矿田，对剥离系数最小的一块矿田进行强化开采，尽快将矿物采出以腾出空间。

② 将剥离的表土暂时堆弃在该矿田周边，再开采另一块矿田并将剥离物填在已腾出空间的采空区，将其周边的表土覆盖上去并整平。

3. 山坡采矿场复垦

对于倾斜或急倾斜的坡积矿床，用水力开采或随等高线开挖后，裸露的石坡一般成"石林"状，这类地形的复垦可就地取材修筑梯田，即按等高线堆筑石墙，并尽量与"石林"连接，然后在墙内填尾矿，待尾矿干涸后即成为可供农业或林业用的梯田。其造地工艺具体为：

① 将表土和底土驳运至场外贮存。

② 在采空区周围用尾矿砂筑坝。

③ 将水力剥离的泥浆和选矿场排弃的尾矿砂浆用泥浆泵吸取，经过管道直接充填采矿区。

④ 尾矿回填到设计标高后，即在尾砂池四周开沟排水，使泥浆彻底干缩以免大面积下沉，积压疏干后要保持 $5°$ 以上的坡度，以满足复垦时排灌的要求。

⑤ 在平整后的地面上铺土整平，覆盖土层厚度一般不小于 $0.4\sim0.5$ m，以满足农业或林业种植要求。

（三）煤矿塌陷地复垦

对矿区塌陷地可以实行梯次动态复垦，根据采区内煤层赋存情况，合理布置采煤工作面，厚薄煤层交替配采，使地表塌陷呈梯次动态变化。煤矿塌陷地复垦技术可分为充填复垦与非充填复垦。

1. 充填复垦

主要用矿区的固体废弃物作充填物料，即充填物料为煤矸石和坑口电厂的粉煤灰，还有数量较少的生活垃圾；在有条件的矿区，还可以用沙泥、湖泥充填。

（1）以煤矸石为填充物复垦工艺

用煤矸石充填复垦可分为两种情况，即新排矸复垦和预排矸复田。新排矸石复垦是指不再起新矸石山，将矿井新产生的煤矸石直接排入塌陷坑，推平覆土造地，称为排矸复垦方法。这是最经济合理的矸石复田方式，复垦后可作为建筑物地基或种植。若作为建筑物地基应分层夯实，分层厚度 $0.3\sim0.5$ m 为宜，并可先建设后覆土，覆土厚度以覆盖矸石能够美化环境即可。如复垦后用于种植，对夯实要求不严格，但覆土厚度必须在 0.5 m 以上，对于含硫高的酸性矸石其覆土厚度应超过 0.7 m 以上。预排矸复田，是指建井过程中和生产初期，塌陷区未形成前或未终止沉降时，在采区上方，将沉降区域的表土先剥离取出堆放在四周，然后根据地表下沉预计的等值线图预先排放矸石，待塌陷稳定下沉后再覆土造田。

（2）以粉煤灰为填充物复垦工艺

粉煤灰是煤矿塌陷区复垦造田的重要材料来源之一。利用电厂粉煤灰复垦，方法简单、经济、安全。矿区电厂离煤矿距离较近，一般在 $10\sim15$ km，利用电厂原有设备和增加所需要的输灰管道，便可将灰水直接充填塌陷区。贮灰场沉积的粉煤灰达到设计标高后停止充灰，将水排净，而后覆土，覆土厚度为 $10\sim50$ cm。利用煤矿塌陷区作贮灰场复垦后的土地可种植各种农作物以及盖厂房、平房等。

2. 非充填复垦

我国现有矿区固体废物只能满足约 1/4 塌陷区的需要，还有约 3/4 的塌陷区难以获得充填物。塌陷对土地损害主要有两方面：其一是使土地凹凸不平，破坏水利设施，使耕地减产；其二是使地下水位相对上升，这在高潜水位地区尤为突出，地表大面积积水，成为塌陷湖泊，使农田绝产，对此可采用非充填复垦模式。

（1）高潜水塌陷区非充填复垦

高潜水矿区以耕地在塌陷后被水淹没为主要损害特征。对此，应因势利导变水害为水利，如将积水塌陷区修整为精养鱼塘，并将水塘边缘低洼区垫成稻田，或根据现状因地制宜地直接利用，如养鱼、养鸭，种植耐湿作物。

（2）中潜水塌陷区非充填复垦

中潜水塌陷区是指局部积水或季节性积水的塌陷区，积水面积和深度不受季节影响，不受丰水年和干旱年的影响，集水区域非但难于种植农作物，也难于进行淡水养殖。对此，可采用挖深垫浅工程措施，即在塌陷坑底部的积水区域深挖，使其成为能蓄水的深水鱼塘，并有蓄洪、浇灌的功能，然后把挖出的泥土垫到浅的塌陷区，将起伏不平的地块改造成围绕塌陷盆地的宽条带水平梯田，设置可排洪或灌溉的水利系统，将单一陆生型生态农业，改造成为水陆结合型生态农业，使农、菜、果、牧、渔各业并举，提高农业产值。

（3）低潜水塌陷区非充填复垦

低潜水塌陷区是指潜水位虽相对上升，但基本不积水，地表凹凸不平，形成坡度在 6° 以内的丘陵地貌塌陷地。对此类丘陵坡地应修整为围绕塌陷区盆地的水平梯田，并应略有倾斜以拦蓄雨水保墒。并在塌陷区底部挖塘蓄水、打井，使复垦后的塌陷区成为浇灌型保水保土、农果相间的陆生生态农业区。

（四）植被修复技术

1. 植被对环境修复的主要类型

（1）植物提取

植物提取是指把污染物转移到植物体中，并在植物体中转移、积累，聚积污染物质的植物体最终也能得到有效的利用或贮存。这一技术主要用于重金属污染地区。植物燃烧后重金属含量高的灰分可被用作矿物。这一技术对中等程度的亲脂性物质或有机酸污染也适用。

（2）根际过滤

根际过滤是指污染物被植物根系吸附或在根系上沉淀。这一技术主要用于水渍环境下的重金属元素提取，对亲脂性物质污染可应用。

（3）植物固定

植物固定是指利用植物使污染物质在土壤中固定下来，或者土壤本身得到稳定。前一种固定是植物利用其根系的作用，改变根系分布范围内土壤的微环境，促进污染物从溶解态向非溶解态转化。当污染物从土壤中清理掉不太可行时，这一技术似乎是很好的选择，尤其是对疏水污染物和金属元素。由于污染物仍在土壤中，这一技术的应用难度较大，有时可以通过施肥、增加有机质等措施来促进这一技术实现。与其他技术相比，这一技术应用花费较低。

（4）植物根际和体内降解

植物根际和体内降解是指污染物在根系中进行分解，它既可以是微生物的作用，也可以是根系自身的作用。植物体内降解是污染物通过转移在植物体中进行分解。根际对三氯乙烯的分解作用首先在美国橡树岭国家实验室得到证实。根际和体内降解技术通常被应用于有机物如石油、杀虫剂、TNT、含氯溶剂、BTEX 等的污染地区。

（5）植物挥发

植物挥发是指植物吸收污染物质并转移到叶片和枝条中，再挥发到植物体外。这一技术的应用条件是：污染物在植物体内几乎很少参与代谢，却易被运输，同时大气蒸汽压大。由于植物挥发是把土壤中的污染物质转移到大气中，所以这一结果不是很理想，但如果挥发物质浓度很小，或者由于阳光作用挥发物质能发生光解作用，则这一技术是可以应用的。

2. 植被修复流程与技术

植被修复是矿区废弃地生态修复的一项新兴的有潜力的绿色植物技术。植被恢复是矿区复垦生态工程最重要的环节，主要包括立地评价、整地措施、植物选择、播种栽植、施肥管理等方面。

（1）植被恢复的立地评价

植被恢复前，应首先进行立地分类，按矿区地表将立地质量划分为砰石、沙石、废渣、塌陷等不同立地类型，然后对每种矿区立地类型的土地土壤进行评价。土壤条件是植被恢复的前提，根据复垦矿区的立地土壤和气候条件及人力资源情况制订土壤改良计划，正确选择适宜不同立地类型的植物，才能使废弃矿复垦工作取得成功。一般对复垦土地土壤分析和评价应考虑土粒组成、土壤有机质、土壤盐碱度、土壤结构、土壤养分、土壤有毒物质等方面。

（2）植被恢复的整地措施

整地措施包括场地平整、覆盖表土等，一般地，根据土壤风化程度和种植植物品种的不同，选择无覆盖、薄覆盖和厚覆盖三种表面覆盖方式，主要取决于技术和经济两个重要因素。除平整、覆土措施外，整地措施还包括对酸性砰石的中和、林业复垦时提前挖穴等。

（3）植被恢复的植物选择

植被调查对植物选择很重要，调查矿区未受破坏的自然环境中生长的植被和受破坏的自然环境的植被，是植物选择的宝贵线索。选择植物品种的原则有：生长快、适应性强、抗逆性好；优先选择固氮植物；栽植容易，成活率高；适应矿山自然环境、地理位置和气候条件，有较高的经济价值或改善矿山环境质量的能力。实际工作中，很难找出一种同时满足上述要求的植物，必须结合实际情况，把某些条件作为选择植物的主要依据。

（4）植物栽植技术

对于草本植物，一般采用播种方式。播种技术主要包括播种量、播种时间和播种方式的确定。播种量取决于种子的千粒重、种子的纯度、发芽率、播种方式等。为保证发芽率，国外采用水力喷洒法复垦矸石排放场，将草种与城市污水辅以生物肥料混合，借助喷洒机械播种。对于木本植物，大多采用栽植技术。一般可提前整地，促进坑内矸石风化，将坑外的碎石、石粉填入坑内，将坑内的未风化矸石捡出，利于蓄水保墒，提高缓苗率和成活率。客土栽植可采取苗木带土定植、根系蘸浆窄缝栽植的方法，缓和新环境中不良因子对根系的影响，从而提高成功率并使苗木健壮生长。

（5）植被恢复的施肥管理技术

风化矸石由于缺乏微生物和腐殖质，没有经过生物富集作用，所以肥力状况不良，因此利用矸石复垦种植必须采取有效的施肥与管理措施。一般说来，施肥应考虑到复垦土壤养分的有效性、植物对养分的要求、肥料对土壤性质的影响以及水分条件。在植物所需的各种营养元素中，氮素是最为贫乏的元素之一。这是由于矸石缺乏微生物，不能使含氮化合物转化为植物可利用的形态，所以施用氮肥是一项有效的措施。施肥可以使土壤有机质含量不断提高，从而增加土壤微生物的数量，使养分循环得以进行。施肥结合种植豆科植物是提高土壤氮素水平和肥力水平最有效的生物措施。除施肥外，种植管理技术还包括灌溉、覆盖等措施。

（五）综合利用与管理技术

矿区废弃地生态修复土地利用与管理技术是一个以人为主体的自然—经济—社会复合系统，是依据生态学、生物学和系统工程学的理论，对其进行系统设计、综合整治和多层次开发利用，达到经济、社会和环境效益最优的目的，因此土地利用与管理技术在矿区废弃地生态修复工程中占有重要位置。根据土地利用的目的可分为农业利用、林业利用、牧业利用、渔业利用、休闲娱乐和建筑用地等方面。

1. 农业开发

要求复垦土壤覆土厚度在 0.5 m 以上，耕作层不小于 0.3 m，覆土层内不含障碍层，耕作层内砾石含量不大于 10%，土壤 pH5.5～8.5，含盐不大于 3%，有毒有害元素含量满足土壤环境质量标准要求。农业开发的基本原则是遵循建设高效复合生态系统的原则，并充分合理利用自然资源与结构合理性原则、整体协调再生循环原则及人工合理调控与技术集成原则。着重调控系统内部结构和功能，进行优化组合，提高系统本身的迁移、转化和再生物质能量的能力以及对太阳能的利用率与环境容量，充分发挥物质生产潜力，尽量利用时间、空间和营养生态位，提高整体综合效益。

2. 林业开发

被破坏土地开发可靠、经济的林业土地复垦越来越受到重视。林业开发要求岩土混合物覆盖厚度在 1 m 以上，坡度在 35°以下，是依据森林对其周围环境具有改造与保持的特殊生态功能，针对确定的防护目标，以人工造林为中心的环境保护对策。林业开发利用和管理技术由土地的土壤评价、土壤改良、植被品种筛选和植被构建工艺等几部分构成。具体而言，包括土地立地分类及开发利用途径、绿化面工程整治与斜坡稳定技术、林种空间配置技术、稳定林分结构设计与调控技术。在林业开发中，改土整地、林草种选择、造林密度、造林季节等配套技术是基础，喷涂、植生袋、混合土施工技术是关键，抚育管理技术是保障。

3. 牧业开发

基本要求是坡度在30°以下，可覆0.3～0.5 m土壤直接用于牧草种植，发展畜牧业。矿区牧业开发是以畜牧业为中心，并将相应的植物、动物、微生物等生物种群匹配组合起来，模拟生态系统原理而建成的以动物养殖为主体的生产工艺体系，它的全过程是畜牧业内部多畜种或牧、农、渔、副、加工等多产业的优化组合，是相对应的多种技术的配套与综合。

4. 渔业开发

要求边坡稳定，水深和水质要符合渔业卫生要求。最具典型的是基塘复垦模式，是指对采煤塌陷地采取挖深垫浅措施获得一定比例的旱田与水面，并按生态学原理对旱田和水面进行全面利用的复垦模式，是一种人工水陆复合型生态系统。基塘复垦模式受煤矿开采沉陷规律的影响，这种模式只能用于高潜水位矿区。在煤层露头上方或开采深度较浅的采空区上方不宜开发鱼塘。基塘复垦土地利用集约度高，效益可观，是我国目前高效高标准复垦的一种典型形式。

5. 建筑与休闲娱乐

有些矿区地段可根据实际情况，作为建筑用地或矿区休闲娱乐用地，一般要求有稳定性和承载能力的地质条件，并能满足景观要求。这种土地利用方式要考虑矿区的总体布局及地方城镇建设规划，根据需要可建成公园、观光园、动物园等，也可以在具有一定的稳定性和承载能力的矿区结合城镇规划进行建筑用地开发。

6. 矿区废弃地生态修复工程效益评价

矿区废弃地生态修复工程效益评价是对工程实施效果进行综合评定。目前的关键是要建立适合矿区废弃地生态修复工程评价的指标体系，在评价过程中引用先进的技术，借鉴可持续发展的指标、生态系统服务功能评价指标等提高矿区废弃地生态修复工程评价水平。近年来，随着计算机技术的发展，信息管理系统作为一种生态系统管理的新手段，在矿区土地复垦、生态重建和效益评价中得到应用。

总之，矿区土地的修复工作需要建立相关的健全的法律法规和管理机制。矿区土地修复的整体步骤要求政府部门、矿区经营者和不同学科专家的通力合作。修复必须是矿业整体操作一个很重要的部分，应该在运作开始就制定并及时执行。但是，现在很多的土地使用者或破坏者没有能力对土地进行修复。目前，最迫切的问题是保证修复工作的切实执行，特别是在那些为数众多的小型企业内部的切实执行。应对矿业活动造成的现存废地的修复制定修复期限，明确规定资金来源和责任，并为修复土地的质量标准和维护提供明确的指导方针。

第四章 矿山土地复垦中的土壤重构与修复

第一节 矿山土地复垦中的土壤重构

土壤重构是指通过人工的方法，恢复或重建一个与原土壤一致或更加合理的土壤剖面，该剖面是具备一定的养分、微生物等理化特征的各土壤层介质。重构后的土壤，应该达到或超过矿山开采损毁前土壤的生产力水平。土壤重构包括土壤的工程重构、土壤的物理、化学和生物重构。

一、土壤剖面工程重构

因土壤和土地类型不同，土壤的自然剖面分层有所区别，为简化起见（将旱地和水田的犁底层并入表土层，水田的渗育层、潴育层、潜育层合并为心土层，母质层为底土层），将各土地类型的土壤都大致分为 3 层，即表土层（A 层）、心土层（B 层）和底土层（C 层）。上部的表土层有机质含量较高，颜色为灰黑色，疏松，水、气、热状况比较好，根系 50% 在该层；中部的心土层为风化形成的土壤母质，无有机质，是次于表土的半熟土层，根系分布较少，占 20%～30%，主要起保水、保肥作用；最下部的底土层可供利用的营养物质较少，根系分布较少。矿山土壤剖面的重构，就是根据这一规律，针对复垦方向需要，并结合矿山地形重塑后的土壤（母岩）特点，重建一个新的土壤剖面。

二、不同复垦单元的土壤工程重构

对于矿山土地复垦中的土壤重构，因不同复垦单元的土地损毁的方式、程度等不同，其复垦方向、标准、措施各异，各复垦单元土壤剖面主要重构方法与结构也不尽相同（见表 4-1）。

表 4-1 不同复垦单元复垦林（草）地土壤工程重构典型剖面构成

复垦单元与重构方法	剖面结构	建议厚度/cm	备注
深层塌陷区分层剥离后三层回填	A	30～40	C 层厚度根据复垦标高确定
	B	20～30	
	C	—	
中层塌陷区二层剥离后二层回填	A	30～40	C 一般为剥离后的原土壤结构中保留的 C 层
	B	20～30	
浅层塌陷区一层回填	A	30～40	直接覆土或不覆土（即拉坡地的就地整平）
中、深层塌陷区粉煤灰（泥浆吹填）回填	Z	—	Z 为粉煤灰或泥浆法吹填土，厚度根据复垦标高而定

复垦单元与重构方法	剖面结构	建议厚度/cm	备注
露采平台（底盘）宕穴一层回填	A	40～60	宕穴周边土壤（母岩）不渗水，可直接覆土
露采平台（底盘）宕穴二层回填	A	30～40	宕穴周边土壤（母岩）渗水，B层起保水、保肥作用
	B	20～30	
露采底盘二层回填	A	30～50	复垦为园地或旱地；B层起保水、保肥作用宕穴法植树也可采取一层回填
	B	20～30	
尾矿库、堆（浸）场二层土回填	A	30～40	堆场渣土有污染，必要时B层下设污染隔离层
	B	20～30	
工业广场（生活区、道路等）一层回填	A	40～60	清理渣土（硬化地面），翻耕覆土
堆场一层回填	A	30～50	堆场渣土无污染
尾矿库无回填	Z	—	Z为无污染尾砂，不覆土，直接复垦为林草地（湿地）

从表4-1可见，尽管土地损毁的方式和程度不同，但土壤工程重构的措施主要是回填，而重构后的结构包括：只需覆盖表土的一层结构，需要构建表土和心土的二层结构，以及建立完整的表土、心土和底土的三层结构。此外，当废弃渣土（尾砂）无污染或污染程度较低，且具备林、草生长条件时，则无须覆土，直接将矿山生产的废弃渣土（尾砂）作为复垦土壤层，或称之为Z层结构。

第二节　重构土壤的改良

土壤改良是指针对土壤的不良性状和障碍因素，采取相应的物理、化学或生物措施，以改善土壤性状，提高土壤肥力，为农作物创造良好的土壤环境条件的一系列技术措施。矿山重构土壤改良则是指针对矿山开采活动引起的土壤的沙化、硬化、肥力流失等情况，采取相应的物理、化学或生物等措施，改善土壤性状，增加土壤有机质和养分含量，增加土壤肥力，促进种植的林、草生长，提高农作物产量，以及改善矿山土壤环境的各种措施。其实质是按照复垦方向的需要，重构土壤的物理、化学和生物的性质。

重构后的土壤，无论采取何种土壤剖面结构，尤其是表土，质量都有不同程度的降低，难以达到原有土壤的生产力水平，因而有必要对复垦后的土壤采取改良措施。当矿区留存的土壤（表土）不能够满足覆土需求时，常采取外运表土来平衡复垦区的表土需求，外来表土一般成分复杂，多数难以满足土壤的质量要求。所以，在回填覆土重构土壤时，要对其进行改良，以保障植物正常生长所需的土壤条件。

土壤改良的主要技术措施有：① 水利措施，如建立农田排灌工程，调节地下水位，改善土壤水分状况，排除和防止沼泽地和盐碱化；② 工程措施，如运用平整土地、兴修梯田、引洪漫淤等工程措施改良土壤条件；③ 生物措施，用各种生物途径种植绿肥、牧羊增加土壤有机质以提高土壤肥力或营造防护林等；④ 耕作措施，改进耕作方法，改良土壤条件；⑤ 化学措施，如施用化肥和各种土壤改良剂等提高土壤肥力，改善土壤结构等。

土壤的改良一般是针对未污染土壤或经治理和修复后的土壤。土壤改良可以与土壤剖面重构同步实施，也可以在土壤剖面重构后进行。土壤改良过程其实质也是一个广义的土壤修复过程。

一、重构土壤养分（肥力）分级

土壤养分指标值是土壤肥力的具体反映，其评价实质上是将被检测土壤的养分含量与土壤养分含量分级表进行比较，并以此来划分被检测土壤的养分等级。在矿山土地复垦中，对土壤养分或肥力的评价，其实质是对复垦后土壤"贫瘠"度的评价，以及土壤改良必要性的论证，并且本着"缺什么，补什么"的原则，为土壤改良提供依据。

1:25万土地质量地球化学评价中提出了土壤养分地球化学的等级划分和评价方法，可以参考使用。

土壤中有机质、氮、磷、钾全量及土壤中氮、磷、钾、硼、钼、锰、铜、铁、锌等元素的有效量分级标准分别见表4-2。

表4-2 土壤氮、磷、钾等养分指标全量与有效量等级划分标准

指标	一级	二级	三级	四级	五级
	很丰	丰	适中	稍缺	缺
全氮/（g·kg^{-1}）	＞2	1.5～2	1～1.5	0.75～1	≤0.75
全磷/（g·kg^{-1}）	＞1	0.8～1	0.6～0.8	0.4～0.6	≤0.4
全钾/（g·kg^{-1}）	＞25	20～25	15～20	10～15	≤10
有机质/（g·kg^{-1}）	＞40	30～40	20～30	10～20	≤10
碳酸钙/（g·kg^{-1}）	＜2.5	2.6～10	11～30	31～50	≥51
有效硼/（mg·kg^{-1}）	＞2	1～2	0.5～1	0.2～0.5	≤0.2
有效铜/（mg·kg^{-1}）	＞1.8	1.0～1.8	0.2～1.0	0.1～0.2	≤0.1
有效钼/（mg·kg^{-1}）	＞0.3	0.2～0.3	0.15～0.2	0.1～0.15	≤0.1
有效锰/（mg·kg^{-1}）	＞30	15～30	5～15	1～5	≤1
有效铁/（mg·kg^{-1}）	＞20	10～20	4.5～10	2.5～4.5	≤2.5
有效锌/（mg·kg^{-1}）	＞3	1～3	0.5～1	0.3～0.5	≤0.3
有效硅/（mg·kg^{-1}）	＞230	115～230	70～115	25～70	≤25
有效硫/（mg·kg^{-1}）	＞30	16～30	＜16		
有效钙/（mg·kg^{-1}）	＞1000	700～1000	500～700	300～500	≤300
有效镁/（mg·kg^{-1}）	＞300	200～300	100～200	50～100	≤50
碱解氮/（mg·kg^{-1}）	＞150	120～150	90～120	60～90	≤60
速效磷/（mg·kg^{-1}）	＞40	20～40	10～20	5～10	≤5
速效钾/（mg·kg^{-1}）	＞200	150～200	100～150	50～100	≤50

二、重构土壤改良途径与措施

未污染土壤的改良主要是围绕水土保持和培肥地力等措施展开，通过改良措施，使重构土壤养分（肥力）达到种植和生长要求。

（一）土壤改良过程

土壤改良过程共分两个阶段。

① 保土阶段：采取工程或生物措施，使土壤流失量控制在容许范围内。如果土壤流失量得不到控制，土壤改良亦无法进行。在土地复垦时，准确设计复垦地块标高、配套截排水设施、重构土壤层中的心土层等，都是出于保土的目的。

② 改土阶段：其目的是增加土壤有机质和养分含量，改良土壤性状，提高土壤肥力。

（二）土壤改良措施

1. 水利措施

开展农田基本建设，利用明沟排水或竖直排水降低地下水位，也可建立沟、路、渠网解决灌溉问题及平整土地；有些地方可结合清理河道，进行漫淤覆盖改土。

2. 耕作措施

合理安排不同蔬菜，并尽量考虑不同蔬菜的科属类型、根系深浅、吸肥特点及分泌物的酸碱性等。

3. 土壤"消毒"改良措施

① 药剂法：可用福尔马林拌土或用硫磺粉熏蒸的方法杀菌。

② 日光法：夏季闲茬时期，深翻土壤，利用阳光中的紫外线杀菌。

③ 高温法：高温季节，灌水、暴晒，杀虫灭菌。

④ 冷冻法：冬季严寒，深翻土壤，冻死病虫卵。

4. 土壤质地改良措施

① 深翻土壤，把下层含盐较少的土壤翻至上层与表土充分混匀。

② 适当增施腐熟的有机肥，以增加土壤有机质的含量。

③ 对表层土含盐量过高或 pH 过低的土壤，可用肥沃土来替换。

④ 当新构土壤过砂或过黏时，可采用"泥入砂、砂掺泥"的方法，增加土壤的透气性和透水性，达到客土改良的目的。

5. 以水排盐措施

闲茬时，浇大水，表土积聚的盐分下淋以降低土壤溶液浓度；种植空隙，采取淋雨或大水浸灌，使土壤表层盐分随雨水流失或淋溶到土壤深层。

6. 科学施肥措施

① 根据土壤养分状况、肥料种类及植物（农作物）需肥特性，确定合理的施肥量或施肥方式，做到配方施肥，以施用有机肥为主，合理配施氮磷钾肥，化学肥料做基肥时要深施并与有机肥混合，作追肥要"少量多次"，并避免长期施用同一种肥料，特别是含氮肥料。

② 科学选肥，注意生理酸性肥料与生理碱性肥料的交替搭配。当土壤已经酸化或必须施用酸性肥料时，可在肥料中掺入生石灰来调节；当土壤酸化严重并想迅速增加 pH 时，可施加熟石灰，但用量为生石灰的 1/3～1/2，且不可对正在生长植物的土壤施用。

③ 提倡根外追肥。根外追肥不会造成土壤破坏。

④ 慎施微肥。一般情况下，要用有机肥来提供微量元素，如施用微肥一定不要过量。

7．农业生态措施

① 采用作物秸秆还田，既可熟化土壤，又可保墒保土。秸秆在矿山土壤改良中的应用方法如下。直接还田：秸秆直接还田可以较快提高土壤有机质含量，对培肥土壤，提高作物产量发挥着重要作用。农作物秸秆中含有大量作物生长所必需的氮、磷、钾元素，还含有多种微量元素，能补充大量土壤所需的有机物，增加土壤有机质含量和活化土壤有机质，改善土壤物理化学性质，起到改良土壤、培肥地力的作用。秸秆还田量一般以每公顷 1500～3000 kg 为宜。

堆腐还田：能提高土壤有机质含量，促进速效养分的释放，提高土壤含水量和农作物产量，具有作用最好、效果最快的特点。其方法是将粉碎的秸秆加入人粪尿，堆积成堆，然后封泥，有机物在微生物作用下，逐步矿质化和腐殖化，最后腐熟，形成优质肥料。堆腐还田的缺点是沤制时间较长，一般需 3 个月以上。在堆腐还田中通常采用催腐剂堆肥技术、速腐剂堆肥技术、酵素菌堆肥技术等控制堆腐效果。

过腹还田：通过秸秆过腹还田，秸秆和其他饲料通过牲畜消化后，变成粪便，成为优质的有机肥料。不仅养分齐全，主要元素和微量元素都有，速效养分含量高，易于被植物吸收利用。利用秸秆过腹还田对发展畜牧、促进农作物生长、形成粮食—秸秆—饲料—牲畜—肥料—粮食的良性循环和培肥土壤都起到良好作用。

② 使用腐殖酸肥料和有机肥，增加土层有机质含量，改善土壤团粒结构。矿山土壤改良常选用的有机肥大体分为两类：一类为生物活性有机肥料，如动物粪便、污水污泥等；另一类为生物惰性有机肥料，如泥炭和泥炭类物质及其同各种矿质添加剂的混合物。它们都可作为阴阳离子的有效吸附剂，提高土壤的缓冲能力，降低土壤中盐分的浓度，这种施用有机肥料的方法是使用固体废弃物来治理废弃地的土壤结构，既达到了废物利用，又收到了良好的环境和经济效益。

③ 复垦土壤一般肥力低下，养分不足，可种植绿肥。冬绿肥有红花草、苕子、黄花苜蓿等，夏绿肥有田菁、猪屎豆等，绿肥既能改良土壤，又可作为青饲料发展养殖业。

8．植物措施

复垦的土壤一般肥力降低，氮、磷养分不足，应选择一些固氮能力较强、生长速度快、成活率高、林分结构稳定的园林植物，如紫穗槐、刺槐、沙棘、山合欢等以提高土壤肥力。还可通过种植绿肥作物，来提高地力，它们有：肥田萝卜、紫云英、金光菊、蚕豆、二月兰、大米草、毛叶苕子、油菜等。

三、土壤重构中改良剂的使用

土壤改良剂的研究始于 19 世纪末，20 世纪七八十年代土壤改良剂研发和应用进入高潮，目前，一些发达国家已经大面积推广与应用土壤改良剂，并取得了很好的效果。我国是从 20 世纪 80 年代初才开始了这方面的研究与应用，初步建立了土壤改良的理论与方法，如河南大学周岩、中国科学院程义群等，就土壤改良从理论到实际应用进行了较为系统的研究。实践证明：在矿山复垦土壤改良中，正确选择和使用土壤改良剂，可以提高土壤肥力、改善土壤结构、提高复垦土地的生产力水平。

（一）土壤改良剂原料

按照土壤改良剂原料的来源，大致可分8类。

1. 天然矿物质原料

白云石粉、磷石膏、磷矿粉、沸石粉、蒙脱石粉、硅酸钙粉、橄榄石粉、硫粉、石灰或石灰石粉、硼矿粉和锌矿粉、泥炭等。

2. 农业废弃物

畜禽粪便、作物秸秆等。

3. 矿山废弃物

尾砂、含镁高的废石或尾矿，如蛇纹岩、橄榄岩或超基性岩矿床的尾矿；含钾高的废石或尾矿；粉煤灰、煤矸石等。

4. 工业副产品

煤渣、高炉渣、黄磷矿渣粉、豆渣（SM）、污水污泥等。

5. 有机肥料

猪厩肥、豆科绿肥等。

6. 城市和生活废弃物

有机废弃物（食物残渣、生物固体）、建筑垃圾和生活炉渣及其他生活垃圾等。

7. 生物质

杂草、人工种植的生物质类植物（高油玉米、高粱等）等。

8. 人工聚合物

高分子合成物质、生物制剂等。在矿山土壤改良中，要最大限度的利用各类矿山废弃物作为改良剂的原料，使之"变废为宝"。

（二）土壤改良剂成分

按土壤改良剂的理化性质，大致可分以下几类。

1. 有机大分子

纤维素、木质素、多糖稜酸类、聚环氧乙烷、淀粉、蛋白质、有机硅橡胶、聚丙烯醇、硝基腐殖酸（NHA）、聚乙烯醇类、聚醋酸乙烯、尿素、羧甲基纤维素（CMC）等。

2. 有机小分子

丙烯酸（AA）、丙烯酰胺（AM）、葡萄糖等；矿物质类，如硅砂石（SiO_2）、硅、铁、铝和硅胶等。

3. 无机盐

硫酸钙、亚硫酸钙、硫酸钾、磷酸二氢钾等。

4. 有机盐

褐腐酸钠或钾、木质素磺酸盐、苯乙烯基铵盐和烯丙基铵盐等。

5. 人工聚合

聚苯乙烯衍生物的磺化物、聚丙烯酰胺、聚乙烯多元胺等。

（三）土壤改良剂分类

按性质可分为酸性土壤改良剂、碱性土壤改良剂、营养型土壤改良剂、有机物土壤改良剂、无机物土壤改良剂、防治土传病害的土壤改良剂、微生物土壤改良剂、豆科绿肥土壤改良剂、生物制剂改良剂等。

按用途可分为防止土壤退化的土壤改良剂、防治土壤侵蚀的土壤改良剂、降低土壤重金属污染的土壤改良剂、贫瘠地开发的土壤改良剂、盐碱地改良的土壤改良剂等。

按原料来源可分为天然改良剂、人工合成改良剂、天然-合成共聚物改良剂和生物改良剂等。

（四）土壤改良剂的特点

土壤改良剂是一种连续多孔构造的人工团粒结构体，它具有以下特点。

① 改良土壤理化性质；

② 增加土壤通透性和保水保肥性能；

③ 吸附性强，具有很强的吸附水、气能力，可作各种复合肥料、化学肥料成分的保持剂，又可作防止化学肥料结块的分散剂；

④ 具有各种多元框架构造，阳离子交换能力强；

⑤ 改良土壤周期短。

（五）土壤改良剂的改良机理

① 改善土壤物理性状。有机物土壤改良剂和无机物土壤改良剂，如麦糠-咖啡渣-锯屑-鸡粪复合改良剂、城市污水污泥和煤粉灰、沸石粉、膨润土等，施入土壤后，能够明显改变土壤团粒结构，增大土壤孔隙度，减小土壤容重，提高水分入渗速率，增加饱和导水率，保蓄水分，减少蒸发，有效提高降水利用效率。利用尾砂改良黏性土壤，可以改善土壤的团粒结构，提高土壤孔隙度、透气性、透水性，使农作物生长环境得到改善。

② 改良土壤化学性状。增加土壤有机质、全氮、水解氮、速效磷、速效钾等，并调节土壤酸碱度，增强土壤缓冲能力。

③ 增加土壤抗水蚀能力。高分子聚合物土壤改良剂改良土壤时，土壤水稳性团粒含量会有明显增加，土壤结构得到了改善，土壤抗水蚀能力增加，水土流失相应减少。

④ 提高土壤中离子交换率，改良盐碱地，缓冲 pH，吸附重金属。改良剂如沸石、膨润土、蛭石、斑脱土施入土壤后，可以有效改善土壤结构，增加土壤中的阳离子，土壤中原有的重金属有些被交换吸附，有些被固定，土壤中的氢离子也由于交换吸附降低了浓度。

⑤ 增加土壤微生物数量，提高酶活性。土壤中微生物对植物起着非常关键的作用，而微生物靠有机碳才能生长，所以施加有机碳土壤改良剂可以增加土壤微生物数量和活性，提高酶活性；同时，抑制真菌类、细菌、放线菌活动，使土壤疾病传播大大减少。

⑥ 提高土壤温度。用沥青乳剂作土壤改良剂可明显提高地温。

⑦ 提高土壤肥力和作物产量。无论是有机土壤改良剂还是无机土壤改良剂，由于它们本身含有大量的微量元素和有机物质，对作物生长十分有利，同时能够降低有毒元素富集，确保产品绿色安全。

有些尾矿中含有促进植物生长的肥分和微量元素，可用作肥料；对于含镁高的废石或尾矿，如蛇纹岩、橄榄岩或超基性岩矿床的尾矿，可生产钙镁磷肥；某些含钾高的废石或尾矿，可以通过添加活化剂，经中温焙烧，浸取钾肥；利用富含碳酸钙或碳酸镁的尾矿，可用作改良酸性土壤的矿物原料，改善土质。

（六）土壤改良剂商品的主要种类

目前，市场所售商品类土壤改良剂品种较多，主要作用是改善土壤物理、化学性状，增加土壤微生物数量、提高土壤中离子交换率等方面，以此来改良土壤，提高土壤肥力和作物产量。部分新产品主要作用为降低土壤重金属污染。为方便购买和使用，包装多为 1 L、1 kg 等小包装，原料以人工聚合物和生物质为主，少数产品使用天然矿物质原料和农业、工业废弃物。具体到某一矿山土壤改良时，要掌握复垦土壤的理化性质及存在的问题，正确选择和使用土壤改良剂。

四、人造土壤

人造土壤就是利用矿山及建筑业等产生的固体废弃物、各种有机物为原料，经过分选、粉碎、研磨并按一定比例混合后发酵制成造土堆肥，然后将造土堆肥与无机原料粉（即造土母质）按一定比例混合制成，且具有一定蓄水、蓄热、透气功能，其肥力达到植物生长所需基本要求的"土壤"，即直接作为重构土壤。从土壤改良剂的角度，人造土壤也可以说是土壤改良剂比例达到 100% 时的一种特殊类型。

在一些特定的复垦环境下，如复垦区土壤缺乏、有废渣土来源、露采边坡不具备正常的覆土条件等，可利用人造土壤进行矿山土壤重构和植被重建。目前，人造土壤用于土地复垦，已从实验进入到应用推广阶段。

（一）人造土壤的基本原料

人造土壤的基本原料有三大类。

第一类是自然界各种不同类型的岩石，包括沉积岩、变质岩和火山岩，其中以黑色泥岩、黑色页岩、黏土、板岩、千枚岩、花岗岩、玄武岩、安山岩及火山灰为最佳（多为全风化或强风化层），但不包括某些化学沉积岩，如盐岩、石膏、石灰岩。

第二类是矿业活动产生的固体废弃物，包括废石、尾矿、废渣、煤矸石、粉煤灰、砖瓦、陶瓷、水泥构件、砂石、废塑料，但不包括某些有害物质，如残留农药器皿、有毒化合物、重金属含量超标废弃物及含放射性废渣。

第三类是各种有机物，包括秸秆、瓜果皮核、蔬菜、杂草、动物残体、藻类、人畜粪便、生活垃圾、肉类、纤维、废布、皮革、废木、河湖淤泥、下水道及废水处理厂污泥、泥炭、褐煤，但不包括有害化学药剂、含汞、苯及重金属含量超标的有机物。

（二）常用的人造土壤

我国目前矿山土壤重构和植被重建使用的人造土壤主要是以经过处理的城市污泥以及纤维秆、稻壳等有机物混合形成的土壤为主。

1. 城市污泥型土壤

该类型土壤是由城市污水处理厂经各级处理净化污水而产生的沉积物经处理而成。它含有大量的氮、磷、钾以及有机质，同时还含有很多植物生长所需的微量元素。因此，污泥是很好的土壤改良剂和肥料。但需注意的是，城市污泥中细菌和重金属含量高，不经处理直接施用，会引起土壤中重金属形态分布的变化，一定程度上影响植物生存，并对地表水产生一定的污染。目前许多国家将污泥堆肥处理作为对污泥进行稳定化处理的主要方法，污泥堆肥化处理后再进行利用是污泥无害化和资源化的重要途径之一。

污泥堆肥化是在有控制的条件下，使有机废弃物在微生物作用下发生降解，并同时使有机物向稳定的腐殖质方向转化的过程。堆肥化过程可分为好氧堆肥和厌氧堆肥污泥。堆肥采用的是好氧堆肥，是通过在污泥中加入一定比例的膨松剂和调理剂，利用污泥中的微生物对有机物进行氧化分解，最终转化为稳定性较高的类腐殖质的过程。污泥经堆肥处理后，不仅可以消除污泥本身的臭味，而且堆肥过程中产生的高温可以杀死污泥中大部分病原菌和寄生虫，达到无害化的目的。

另外，堆肥后污泥中的有机质分解形成的速效养分更利于植物吸收，堆肥产生的腐殖质能改良土壤，可作为优良的农田肥料。污泥堆肥既可充分利用污泥又可将污泥作最终处置。

2. 有机物混合土壤

该类型土壤是由小麦秸秆、玉米秸秆、椰壳等混合形成的黏土，加上缓释肥和种子而成。一般是通过喷播工艺进行覆盖，将土壤重构和植被重建一次完成。工艺过程分为以下五个步骤。

① 将收集到的原料进行分类与细分类。

② 将分类后的原料按一定的设计要求进行粉碎与研磨并分门别类加以储存。

③ 将有机原料（固态有机物要进行粉碎）与无机原料粉末按一定比例混合后送入中高温厌氧发酵车间进行充分发酵，制成造土堆肥。

④ 将造土堆与无机原料粉（即造土母质）按一定比例混合便制成了人造土壤，这种人造土壤具有一定的蓄水、透气、肥力和蓄热特征，达到了植物生长所需的基本条件。

⑤ 对人造土壤做全面的测定和评价，按照绿色食品基地使用的土壤标准，或者新制定更高的企业标准，进行作物种植实验，合格后方可用于场地栽植或进行销售。

第三节　污染物土壤的隔离与防渗

在矿山复垦土壤重构和修复时，要十分重视矿山污染源和污染土壤的处置。矿山土壤污染场地（源）主要有尾矿库、堆浸场、赤泥堆场、废渣土堆场等，根据污染物含量和危害性，需采取隔离与防渗措施，实现对污染物的过程阻断，尤其是前三类场地。

对于原有土壤污染场地，没有采取隔离防渗措施（这种情况在老矿山常见），且存在污染风险的，在土地复垦时，需重新设计污染物的填埋场，根据污染物组分、危害性、可能的污染程度，采取相应的隔离防渗措施，进行处置。

对于矿床中的低品位的铜、金、铅锌、银矿石，堆浸处理是一种低成本的提取金属的方法。堆浸过程中，虽采取淋滤液的重复利用，但最终的药剂和金属残留物仍存在污染周边地表水体、地下水和土壤的风险；赤泥堆场污染机理也一样，只是污染物不同而已。土壤和水质检测也都表明堆浸场地是一个具有高污染风险的场地。

对于金属矿山只要设有选场，一般都会配套建有尾矿库，但其中排放的尾矿（砂）是否为污染物，要根据矿石类型、选矿工艺，结合环境控制目标来定，可能存在从无污染物的尾矿砂，到含毒性的重金属和酸性废水污染的尾矿砂，一般说来，尾矿库也是一个具有污染风险的场地。

一、隔离与防渗垫层

为了防止污染物对周边土壤、地下水、地表水的污染，在拟建的堆浸场、尾砂库区底部铺设垫层。垫层可分单一的黏土垫层和复合垫层。

（一）单一黏土垫层

由于黏性土易于获取，价格便宜，将压实的黏性土作为水平防渗层是最常用的方法。

1. 水平垫层基本要求

① 黏性土的饱和渗透系数不应大于 1.0×10^{-7} cm/s。

② 粒径小于 0.075 mm 的土粒干重应大于土粒总干重量的 25%。

③ 粒径大于 5 mm 的土粒干重应大于土粒总干重量的 20%。

④ 塑性指数范围 15～30。

⑤ 取土场黏性土厚度大于 1.5 m。

⑥ 当其铺于土工合成材料之上时，下卧合成材料应平展，并避免碾压时的机械破坏。

⑦ 场底垫层厚度不应小于 200 mm，当污染物含量较高时，如酸性尾矿库，黏土垫层厚度 1000 mm（渗透系数 $\leq 10^{-7}$ cm/s）。

某些土料经过改性，并满足上述要求时，也可用作防渗材料。

2. 垂向防渗帷幕（截流沟、防渗墙等）基本要求

为了防止垂向（侧向）渗漏，如坝基、场地边坡等处，设置垂向的防渗帷幕。防渗帷幕的厚度不宜小于 60 cm，不宜大于 150 cm；防渗帷幕宜嵌入渗透系数不大于 1.0×10^{-7} cm/s 的隔水层中，当隔水层埋深大而无法嵌入时，可采取悬挂式帷幕，其深度不应小于临界深度。

除单独以黏土材料做防渗墙外，还有以黏土＋膨润土、水泥＋膨润土等材料；垂向防渗帷幕施工除人工、反铲机外，还可采用钻探成孔，进行压力注浆，注浆材料有水泥、黏土、粉煤灰等，有时根据需要，掺入速凝剂、反应剂等。

（二）复合垫层

当单一黏性土防渗层不能满足隔离防渗要求时，则使用天然黏性土与人工合成材料的复合防渗，在不考虑堆浸工艺需要的前提下，防渗复合垫层常采取"一膜一土"或"二土一膜"。实际工程中还会有黏性土、改性土、土工膜及其他合成防渗材料的多种组合，但其隔污防渗的原理基本一致。

1. 水平垫层基本要求

① 铺设高密度聚乙烯（HDPE）土工膜作为防渗衬里时，膜厚度不应小于1.5 mm。

② 采用"一膜一土"防渗结构时，场地底部土层渗透系数不大于1.0×10^{-5}cm/s，膜上防渗保护层的黏土厚度应大于60 cm，渗透系数不应大于1.0×10^{-7}cm/s。HDPE土工膜的膜下保护层，垂直深度2.5 cm内黏土层不应含有粒径大于5 mm的尖锐物料。

③ 在隔污防渗要求高的污染场地，采取"二土一膜"的防渗结构。HDPE土工膜下防渗保护层的黏土厚度应大于100 cm，渗透系数不应大于1.0×10^{-7}cm/s；膜上黏土保护层厚度应大于或等于30 cm。

2. 垂向复合防渗帷幕（截流沟、防渗墙等）基本要求

为提高坝基、场地边坡等处垂向（侧向）隔污防渗效果，设置复合型防渗帷幕。建议采取高密度聚乙烯（HDPE）土工膜；膜下保护层的黏土厚度应大于75 cm，渗透系数不应大于1.0×10^{-5}cm/s；膜上黏土保护层厚度应大于或等于30 cm。

3. 人工合成垫层材料施工要求

①人工合成垫层（土工膜）应焊接牢固，达到强度和防渗漏要求，局部不应产生下沉拉断现象。

② 在垂直高差较大的边坡铺设土工膜时，应设锚固平台，平台高差应结合实际地形确定，不宜大于10 m。边坡坡度比宜小于1:2。

③ 人工合成垫层的地基处理应符合下列规定：① 平整度应达到每平方米黏土层误差不得大于2 cm。② 土工膜的膜下黏土在垂直深度2.5 cm内不应含有粒径大于5 mm的尖锐物料。③ 场区底部的黏土层压实度不得小于93%；场区边坡的黏土层压实度不得小于90%。④ 场区地基应是具有承载堆积体负荷的自然土层或经过地基处理的平稳层，不应因沉降而使基层失稳。场区底部应有纵、横向坡度，纵、横向坡度均宜不小于2%。

（三）多层复合水平垫层

排水不畅会使污染物堆场中出现壅水，使污染物长时间淹没在水中，从而导致有害物质浸润出，增加渗滤液净化处理的难度；壅水还会对下部水平衬垫层增加荷载，存在使水平防渗系统因超负荷而受到破坏的危险。为了防止污染物中出现壅水，在地势低洼、降雨丰富、易于积水地区的污染物堆场，要增设渗沥液导流层；当堆场有浅表层地下水出露或有泉水潜水露头时，还必须设置地下水导流层。导流层、反滤层、保护层和防渗层一起，构成多层复合垫层。

1. 二层垫层结构

当天然基础层的饱和渗透系数不大于10^{-7}cm/s，且厚度不小于2 m时，可选用天然

材料衬层作为防渗衬层。天然材料衬层经机械压实后的饱和渗透系数不应大于 10^{-7} cm/s，且厚度不应小于 2 m。

2. 三层垫层结构

当天然基础层的饱和渗透系数大于 10^{-7} cm/s，或厚度小于 2 m 时，可选用单层复合衬层作为防渗垫层。人工合成材料垫层下应铺设厚度不小于 0.75 m，且经机械压实后的饱和渗透系数小于 10^{-7} cm/s 的天然材料防渗衬层，或铺设同等及以上隔水效力的其他材料防渗衬层。

3. 多层复合垫层结构

多层复合垫层可根据污染场地的岩土条件以及污染物的性质和当地地质环境情况具体设计，基本结构一般包括反滤层、地下水保护层、防渗层、渗沥液导流层等。

基本要求：

① 基础层：土压实度不应小于 93%。

② 反滤层：宜采用土工滤网，规格不宜小于 200 g/m²。

③ 地下水导流层：宜采用卵（砾）石等石料，厚度不应小于 30 cm，渗透系数 $1 \times 10^{-2} \sim 2 \times 10^{-2}$ cm/s。石料上应铺设非织造土工布，规格不宜小于 200 g/m²。

④ 膜下保护层：黏土渗透系数不应大于 1.0×10^{-5} cm/s，厚度不宜小于 30 cm。

⑤ 膜防渗层：应采用 HDPE 土工膜，厚度不应小于 1.5 mm。

⑥ 膜上保护层：宜采用非织造土工布，规格不宜小于 400 g/m²。

⑦ 渗沥液检测层：可采用土工复合排水网，厚度不应小于 5 mm；也可采用卵（砾）石等石料，厚度不应小于 30cm。

⑧ 膜下保护层：宜采用非织造土工布，规格不宜小于 400 g/m²。

⑨ 膜防渗层：应采用 HDPE 土工膜，厚度不应小于 1.5 mm。

⑩ 膜上保护层：宜采用非织造土工布，规格不宜小于 600 g/m²。

⑪ 渗沥液导流层：宜采用卵石等石料，厚度不应小于 30 cm，石料下可增设土工复合排水网。

⑫ 反滤层：宜采用土工滤网，规格不宜小于 200 g/m²。

⑬ 污染物层：污染土壤、尾矿沙（泥）等固态污染物。

渗沥液导流层施工：为了防止渗沥液在堆场库区场底积蓄，堆场底应形成一系列坡度的阶地，堆场底的轮廓边界必须能使重力水流始终流向堆场主坝前的最低点。导流层的目的就是将全场的渗沥液顺利地导入收集沟中的渗沥液收集管内（包括主管和支管）。

在导流层工程建设之前，需要对填埋库区范围内进行场底的清理。在导流层铺设的范围内将植被清除，并按照设计好的纵横坡度进行平整，根据规范要求，渗沥液在垂直方向上进入导流层的最小底面坡降应不小于 2%，以利于渗沥液的排放和防止在水平衬垫层上的积蓄。导流层铺设在经过清理的场基上，厚度不小于 300 mm，由粒径 40~60 mm 的卵石铺设而成。在卵石来源困难的地区，可用碎石代替。

在导流层的最低标高处，设置收集沟并贯穿整个场底。收集沟断面通常采用等腰梯形或菱形，中轴线上的为主沟，在主沟上依间距 30～50 m 设置支沟，支沟与主沟的夹角通常采用 60°，以利于渗沥液收集管的弯头加工与安装。多孔收集管按照埋设位置分为主管和支管，分别埋设在收集主沟和支沟中，管道需要在水力和静力作用测定的基础上计算确定管径和材质，其公称直径应不小于 100 mm，最小坡度应不小于 2%。

在堆场填埋过程中，还需垂直布设排渗导气管。按一定间距设立贯穿堆积体的垂直立管，管底部通入导流层或通过短横管与水平收集管相接，随着堆积层的增加而逐段增高。

（四）尾矿泥垫层

对于尾矿库库底表层分布有渗透系数很小的土体（岩体），即所谓隔水层，且尾矿污染物含量不高时，可直接利用尾矿泥作为隔污防渗的垫层。形成尾矿泥垫层的关键是坝顶和库尾同时进行尾矿排放，且控制好排放压力和流量。尾矿垫层的要求是尾矿泥中颗粒达 0.075 mm 级的含量占 40%，且具有一定的厚度。尾矿泥垫层隔污防渗效果差，但其可结合生产排放过程实施，且成本较低，有一定的实用价值。

二、表面覆盖

为了防止矿山闭坑后的尾矿库、堆浸场地、赤泥堆场等表面所产生的粉尘、坡面流、渗流带来的污染，以及复垦后对覆土和植被的污染，需对其表面进行覆盖。在进行上述场地覆盖时，还需配合周边的截排水工程，避免和减少外来水进入场区。

（一）黏土表面覆盖

对于污染物含量不高，环境质量控制指标不高的堆场表面可采用黏性土加表土的覆盖方式。原则要求是：① 防渗黏土层的渗透系数不应大于 1.0×10^{-7} cm/s，厚度应为 20～30 cm。② 表土层质量满足复垦林（草）/地质量要求，厚度不应小于 30 cm。

（二）黏土与人工材料覆盖

对于污染物含量较高，环境质量控制指标高的堆场表面，需采用黏性土＋人工材料＋表土的覆盖方式。原则要求如下。

① 膜下保护层的黏土厚度宜为 10～30 cm。

② 采用高密度聚乙烯（HDPE）土工膜时，厚度不应小于 2 mm。

③ 膜上保护层（黏性土，相当于心土）厚度宜为 20～30 cm；表土层质量满足复垦林（草）地质量要求，厚度不应小于 30 cm。

④ 堆场坡面覆盖时，坡度不应小于 5%。边坡大于 10% 时宜采用多级台阶，台阶间边坡坡度不宜大于 1∶3，台阶宽度不宜小于 2 m。

⑤ 对于重金属污染严重的填埋场封场后，应设立永久性警示标志。警示的内容应包括填埋场启用、封场日期、污染土壤的种类、主要污染物等。

⑥ 污染土壤集中填埋封闭后，应维护覆盖层的完整性和有效性，并维持渗滤液收集系统和地表径流收集系统的正常运转。

⑦ 表面覆盖系统应与生态恢复相结合。选择覆盖层植被时应考虑防止植物根系对覆盖系统造成损害。

（三）毛细阻滞型覆盖层

对处于干旱及半干旱矿区坡度大于 10% 的斜坡堆场表面可选用毛细阻滞型覆盖层。原则要求是：① 表土层厚度 20 cm，质量符合复垦林（草）地要求。② 细粒土层采用储水性能良好的粉土、粉质黏土，包括细砂的总厚度为 30～50 cm。③ 粗粒土层采用透气性能良好的粗砂，厚度 10～20 cm。

（四）砾石表面覆盖

处于干旱和半干旱地区的尾矿库，由于复垦表土匮乏，植被立地条件差，而易于扬尘，在尾矿库尾砂表面一般采取覆盖一定厚度的砾石，以避免和减少扬尘。

（五）湿地"覆盖型"

对处于我国南方，且尾砂污染物含量少的尾矿库，通过自生长或人工种植喜水植物，在其表面形成人工湿地，实现了复绿，这一类尾矿库区表面无须再实施覆盖。

一些老的尾矿库，有些甚至已经存在了几十年，其成分较为复杂，化学作用的结果是使松散的尾砂浅表形成了几米到十几米的"硬壳层"，甚至可以满足多层建构筑物的地基承载力的要求，在对周边环境不存在污染的情况下，不需再行处理和扰动。

三、淋滤废水的处置

在尾矿库、堆浸场、赤泥堆场、废渣土堆场的外围，一般设有截水沟，将外来水截流并排出场外，但场地本身接纳的降水、堆浸渗滤水等仍有一定的残存量，且含有污染物。尾矿库是依靠坝下集水沟或集水井汇集渗漏水，然后返回到尾矿库，考虑到洪水期的渗漏量，一般在库下建有渗漏水的蓄水池。堆浸场的渗滤液需进行物理或化学处理后，达标排放；堆场渗滤水无污染物或含量较低时，可采取物理沉淀后排放。

第四节　污染土壤治理与修复

污染土壤的治理，或称之为修复，是指采取物理、化学、植物、动物、微生物等方法，或者是这些方法的组合运用，来达到削减、净化土壤污染物含量或降低其有害性的过程。对于矿山土壤主要污染物——重金属而言，污染土壤的治理就是指降低土壤重金属含量和毒性。

按照污染土壤修复方式，可分为原位修复和异位修复两种。异位修复是将受污染的土壤挖出来集中处理。常见的异位修复技术有：萃取、焚烧处理、热处理和生物反应器等多种方法。由于该法涉及挖土和运土，因而它具有处理成本高、不能处理深度污染（如污染物渗入饱和层土壤及地下水）的土壤、不能处理建筑物下面的土壤、会破坏原土壤结构及生态环境等缺点。原位修复是指在现场条件下直接对污染土壤进行修复的方法。常见的原位修复技术有：原位气相抽取技术、原位生物修复技术、原位土壤清洗技术、原位电动力修复技术、原位电磁波加热技术、原位玻璃化技术等。目前，在矿山污染土壤的治理或修复中，是以原位修复为主，异位修复为辅。

一、物理化学方法

物理化学方法主要是指通过各种物理及化学过程将污染物从土壤中去除、分离、固化的技术。

（一）填埋技术

污染土壤填埋技术是在合适的天然场地上或人工改造的适宜场地上，通过构建完善的防渗设施、地表径流收集设施及覆盖设施，将污染土壤用隔离密封起来，同时对填埋后的场地制定必要的监测和管理措施的修复技术。其优势在于：能够有效地将污染土壤与周围环境进行隔离，切断污染物的暴露途径，长期确保污染物质不会对周边环境造成影响和危害；工艺操作简单、成本低、适用范围广。

（二）客土、换土技术

污染土壤的纯物理处理方法主要有客土、换土、深耕翻土和热处理等。前三种方法是将污染土壤通过深翻到土壤底层，或在污染土壤表面覆盖无污染土壤，或将污染土壤移走，换填清洁土壤，达到有效隔离污染土壤，减少对矿山环境的不利影响。热处理技术是通过加热的方式，将污染土壤中的易于挥发的污染物，如汞、砷等解吸或固定。

（三）固化/稳定化技术

该技术是针对受污染的"不饱和土壤"，将一定配比的固化/稳定化试剂加入并与土壤混匀。待试剂稳定化反应结束后，可形成具有一定抗压强度的土体，将处理土壤中的污染物固化/稳定化，使得各种污染物不挥发、不渗滤、不迁移，将环境风险降到最低，达到修复土壤污染的目的。

固化/稳定化是指从污染物的有效态着手，将污染物转化为不易溶解、迁移能力或毒性更小的形式来实现无害化，以降低其对生态系统的危害风险。该技术方法简单易行，在我国一些矿山选冶场地重金属污染土壤治理中被广泛应用，并取得了较好的效果。

水泥、石灰、沸石是常用的固化/稳定剂。石灰石作为固化/稳定剂的机理是，它可以与重金属进行水解反应形成碳酸盐，导致土壤重金属移动性降低；沸石是碱金属或碱的铝硅酸盐，有很强的交换能力，通过交换吸附和专门性吸附，降低土壤中重金属的毒性。

实施了固化/稳定化技术后，原来高污染风险土壤可降为低污染风险的土壤，但为了避免二次污染的发生，仍需对污染土壤采取一定的隔离、封闭措施。

（四）淋洗/化学萃取技术

淋洗/化学萃取技术是将水或含有冲洗助剂的水溶液、酸、碱溶液、络合剂或表面活性剂等淋洗剂注入污染土壤中，洗脱和清洗土壤中的污染物的过程。淋洗/化学萃取可采取原位或异位方式，矿山污染土壤修复多采取原位淋洗/化学萃取。目前市场有针对不同重金属元素的化学萃取剂或吸附剂供选择。化学萃取"尾液"中往往含有大量的重金属，应视情况加以处理，从而达到达标排放。

（五）电动修复技术

电动修复技术是在包含污染土壤的电解池两侧施加直流电压，形成电场梯度，土壤中的重金属通过电迁移、电渗流或电泳的途径被带到位于电解池两极的处理室中,通过进一步的处理,从而实现污染土壤样品的减污或清洁。

二、植物方法

通过调查和研究发现,尽管矿山受污染的土壤对于植物生长不利,但总存在一些自然定居的植物,这说明这些植物耐性较强或对土壤中的污染元素具有特殊的吸收和富集能力,这为我们采取植物方法来治理和修复污染土壤提供了依据。

(一) 超富集植物

超富集植物是指对重金属元素的吸收量超过一般植物 100 倍以上的植物。超富集植物的 Cr、Co、Ni、Ca、Pb 含量一般在 0.1% 以上,积累的 Mn、Zn 含量一般在 1% 以上。目前,已经有 45 个科的 400 余种植物被划分为超富集植物,例如羊齿类铁角蕨、野生苋和十字花科植物天蓝遏蓝菜对镉的富集能力强;紫叶花苕能富集铅和锌;蒿属和芥菜对铅的富集作用明显;在镍污染的土壤中可种植十字花科和庭芥属植物;在铜污染土壤中可种植酸模草等。

对于重金属污染严重的土壤的治理与修复,除了选择栽种耐性物种外,还应当选择对土壤中的污染元素具有特殊的吸收富集能力的超富集植物。通过对植物收获并进行妥善处理,如灰化回收后,逐步将该种重金属移出土壤,达到土壤恢复与植被重建的目的。

(二) 植物治理机理

初步研究表明:植物治理或修复污染土壤的机理大致可分为植物提取、植物挥发和植物固定。

1. 植物提取作用

植物提取修复,即利用某些植物对某种重金属具有超富集能力来清除土壤重金属污染。根据植物聚集、吸收、运输、富集污染物的特性,植物修复可分为两种类型:一是连续吸收,即把重金属富集植物种植于污染土壤,植物长期吸收;二是螯合辅助吸收,即利用速生且重金属富集作物与螯合辅助剂 EDTA、柠檬酸等配合,促进植物的吸收。如芥菜可吸收 Pb,虽达不到植物修复的要求,但在土壤中加入人工合成的螯合剂后,可增加芥菜对 Pb 的吸收。超量积累植物对重金属具有较高的耐性。

2. 重金属污染土壤植物挥发作用

植物挥发是利用植物根系分泌的一些特殊物质或微生物使土壤中的某些重金属转化为挥发形态,或者植物将污染物吸收到体内后将其转化为气态物质释放到大气中。一些植物在体内能将 Se、As 和 Hg 等甲基化而形成可挥发性的分子,释放到大气中去,目前这方面研究较多的是金属 Hg 和非金属元素 Se。杨麻可使土壤中 3 价硒转化为低毒的甲基硒挥发去除;海藻能吸收并挥发砷,烟草能使毒性大的 2 价汞转化为气态的单质汞。植物挥发技术不存在处理含污染物的植物,不失为一种经济有效且具有潜力的修复技术,但这种方法将污染物转移至大气,对人类和生物具有一定的风险。

3. 重金属污染土壤植物固化作用

植物固化指利用植物根际的一些特殊物质，使土壤中污染物转化为相对无害的物质，再由耐重金属植物或超积累植物降低重金属的活性，从而减少金属被淋滤到地下水或通过空气扩散进一步污染环境的可能性。其机理主要是通过改变根际环境（pH、Eh）使重金属的形态发生改变，通过在植物的根部积累和沉淀，减少重金属在土壤中的移动性，并未使土壤重金属的含量减少，只是暂时将其固定，包括分解、螯合、氧化还原等多种反应。它保护污染土壤不受侵蚀，减少土壤渗漏来防止金属污染物的淋移，还通过金属根部的积累和沉淀或根表吸持来加强土壤中污染物的固定。

三、动物方法

土壤动物是指动物的一生或生命过程中有一段时间定期在土壤中度过而且对土壤产生一定影响的动物。它是土壤生态系统中的主要生物类群之一，对土壤生态系统的形成和稳定起着重要的作用。土壤动物涉及的门类很广泛，常见的主要有变形虫、轮虫、线虫、壁虱、蜘蛛、潮虫、千足虫、轮虫、蚯蚓、蝇蛆、白蚁、老鼠等。从数量上估计，每平方米土壤中，无脊椎动物如蚯蚓、蜈蚣及各种土壤昆虫有几十到几百个，小型无脊椎动物可达几万至几十万个。

土壤动物不仅直接富集重金属，还和微生物、植物协同富集重金属，改变重金属的形态，使重金属钝化而失去毒性。利用动物来富集重金属或转化其形态，不但不会降低土壤质量，而且还可以提高土壤肥力。

四、微生物方法

微生物治理或修复土壤是指利用土著微生物、外来微生物和基因工程菌，在适宜的环境条件下，促进或强化微生物降解功能，从而达到降低土壤中有毒污染物活性或降解成无毒物质的技术方法。

微生物对污染土壤中污染物的降解与转化是污染土壤微生物修复的基础。对于矿山土壤的重金属污染土壤，其本身存在或人为加入一些对有毒重金属离子具有抗性的特殊微生物类群，这些特殊微生物类群能够把重金属进行生物转化，如生物氧化、吸收、沉淀、还原、甲基化、溶解和有机络合等，从而改变其毒性，使重金属污染土壤得到修复。

污染土壤微生物修复方法中，选择优良的微生物菌种，是污染土壤微生物修复取得良好效果的前提。土著微生物存在生长慢、代谢活性不高、适应性快等特点，目前在大多数微生物修复工程中实际应用的大多是土著微生物；外源微生物是指为了提高污染物的降解速率，人为接种的一些降解污染物的高效菌，采用外来微生物接种会受到土著微生物的竞争，因此要加大接种量。利用基因手段改良现有菌株，可增强土著微或外来微生物适应性，扩大降解范围，提高降解能力。

表层土壤微生物（细菌）数量和种类多，虽然个体小、但生物活性强，对重金属有较强的吸附能力。吸附能力的大小与细菌种类和环境有关。细菌产生的特殊酶能还原重金属，且对 Mn、Zn、Pb 和 Cu 等有亲和力，使土壤吸收的重金属被释放出来；革兰氏阳性细菌可吸收 Cd、Cu、Ni、Pb 等；在好气或厌气条件下，异养微生物可催化 Cr^{6+} 还原成 Cr^{3+}，进而降低毒性；微生物具有很强的氧化还原能力，在重金属污染的土壤中加入适量的硫（S），微生物可将硫（S）氧化成金属硫酸盐，以降低土壤酸性；某些微生物能代谢产生柠檬酸、草酸等物质，这些代谢产物能与重金属产生螯合，或是形成草酸盐沉淀，从而减轻重金属的危害。

在离植物根 1～2 mm 土壤中的细菌数量是非根际的 10～100 倍。大量的根际微生物一方面，可以将大分子化合物转化为小分子化合物，以增加重金属的生物活性；另一方面，微生物也可分泌出质子、有机质等物质，增加对植物根际的重金属的活化能力。研究表明：在厌气和好气条件下，无菌土壤中没有镉（Cd）释放，而在有菌土壤中则有大量的固态和结合态镉（Cd）被活化。通过增加污染重金属的活性，一方面，可以促进耐性植物、超富集植物对重金属的吸收量；另一方面，可以提高采取其他物理和化学方法处理污染土壤时的效果。

微生物治理或修复土壤方法具有处理方式多样、可原位治理、具有最大限度地降低污染物浓度的作用，以及对环境影响小、处理成本低，适应性强等特点，是一种污染土壤治理的有效方法，有必要进一步研究和推广。

第五节　矿山水污染评价及污染废水处理

矿山疏干排水、选矿废水、堆浸场淋滤尾水、尾矿库（堆场）渗滤水等一般都含有污染组分，其污染组分和污染程度直接影响到矿区及流经区的土壤质量，以及重构后的土壤质量。因而，在进行矿山土地复垦时，要通过该矿山的环境影响评价报告，获取地下和地表水质情况及污染特征，当缺乏此类资料时，应采取样品进行分析，并评价水污染对矿山复垦区土壤，以及矿区可能影响范围内土壤的影响，对重构土壤存在污染的，必须进行污染废水处理。

一、矿山地下水质量评价

矿区地下水主要有分布于矿区第四纪含水层中的孔隙水、基岩中的裂隙或岩溶水，其排泄方式有天然的泉水、人工开采井（供水井）、井巷疏干排水，因矿业活动的影响程度和主要污染因子的不同，污染程度有所不同。可依据污染因子限值，评价地下水污染程度，或以矿业开发前对照区地下水相应因子的平均值，评价矿业活动对地下水污染的累积程度。

地下水污染评价方法有：污染物检出率、超标率、单项污染指数、单项超标倍数、综合污染指数、污染物分担率和某项指标的变化指数等。

矿山地下水质量评价标准参照《地下水质量标准》，该标准依据我国地下水水质现状、人体健康基准值及地下水质量保护目标，并参照了生活饮用水、工业、农业用水水质最高要求，将地下水质量划分为五类。

一类：主要反映地下水化学组分的天然低背景含量。适用于各种用途。

二类：主要反映地下水化学组分的天然背景含量。适用于各种用途。

三类：以人体健康基准值为依据。主要适用于集中式生活饮用水水源及工、农业用水。

四类：以农业和工业用水要求为依据。除适用于农业和部分工业用水外，适当处理后可作生活饮用水。

五类：不宜饮用，其他用水可根据使用目的选用。

二、地表水污染评价

矿区地表水主要是流经的河流，雨期矿山各类截排水设施的外排水，以及尾矿库、堆浸场、赤泥堆场的渗滤水等，后者往往是污染水体，是矿区地下水和土壤的主要污染来源之一，一般采用矿区"支流"入"干流"断面采样检测，控制性说明河水中相应的污染物含量及超标情况；通过对尾矿库、堆浸场的渗漏（淋滤）水外排点（口）采样分析，了解污染物及污染程度。

三、矿山污染废水处理

矿山污染废水的处理，既是一种预防措施，也是一种"末端"治理措施。在矿山开采过程中实施外排污染废水的处理，目的是避免污染废水，以及所含的污染物对流经（渗透）土壤的污染；对于闭坑矿山，如果污染源没有得到根治，一些老矿井的外溢水、堆浸场或尾矿库的淋滤水仍然为酸性（碱性）等污染废水，是一种长期存在的污染源。在土壤重构前，需收集资料或取样分析，评价复垦区污染废水组分；在土地复垦方案中，要根据矿山废水处理设计及工程，评价重构土壤受污染的可能性。当缺乏相应废水处理设计及工程的，要设计和实施废水处理工程，确保重构土壤和矿区下游区域的土壤不受污染损毁。

（一）矿山酸性废水处理

矿山酸性废水是指 pH 小于 5.6 的矿井水、淋滤水、渗漏水。我国矿山酸性废水 pH 一般为 3～3.5。呈酸性的水对岩石金属元素有更大的溶解性，它使水中重金属元素和铁、锰元素含量增加；另外，在化学反应中，生成物增加了无机盐类，导致水的总硬度和溶解性总固体升高。酸性废水的直接危害是腐蚀矿井设备和金属管道；外排至地表则影响土壤酸碱度，致使土壤板结、植物和农作物枯萎、酸化地表水，危及人体健康。

（二）矿山含重金属污染废水的处理

矿山含重金属污染废水常与酸性废水共为"一体"。和酸性废水一样，含重金属污染废水主要来自矿山井巷排水、废石堆渗沥水、选矿厂尾矿排水、尾矿库渗滤水、冶炼厂除尘排水等。矿山废水中的所含的重金属主要有 Hg、Cr、Cd、Pb、Zn、Ni、Cu、Co、Mn、Ti、V、Mo 和 Bi 等。

1. 含重金属污染废水的危害及来源

被重金属污染的矿山废水排入耕地时，除一部分流失、部分被植物吸收，剩余的大部分在土壤中累积，当达到一定数量时，农作物就会出现病害。如土壤中含铜达 20 mg/kg 时，小麦会枯死；达到 200 mg/kg 时，水稻会枯死。此外，重金属污染的水还会使土壤盐碱化。大多数金属和非金属矿床（如煤矿）都含有黄铁矿等硫化物，若该硫化物含量低或不含有用元素，则常作废石处理，堆放于废石堆或尾砂库。实验和场地实际情况证明，硫化物在自然界微生物——氧化铁杆菌、氧化铁硫杆菌的作用下形成的硫的氧化物溶解于水，成为硫酸和硫酸盐，而且反应迅速和充分。这就是废石堆渗沥水、矿坑水、尾矿库淤积水成为含重金属酸性废水，并成为矿山开采中最大污染源的主要原因。

2. 含重金属污染废水处理方法

（1）反渗透法

最近国外有成功地用反渗透法用于处理矿山含重金属酸性废水的案例。重金属：Cu、Pb、Zn、Ni、Cd 等去除率达 98% 以上，pH 提高到 7 左右。

（2）其他方法

其他方法还包括：离子交换法、充电隔膜超滤法、电渗析法、电解沉积法、活性炭合成的聚合吸附剂法（特别适用于除去络合重金属），氢硼化钠还原法，以及美国最近推出的一种淀粉黄酸盐药剂，均是处理矿山含重金属酸性废水的方法。

通过上述方法处理后的重金属废水最终产物为残渣或污泥，要对其进行烧结固化、水泥固化、沥青固化，或加入固定剂并进行利用或填埋，防止二次污染的发生。

（三）高总溶解性固体矿山污染废水的处理

是指溶解性总固体（含盐量）大于 1000 mg/L 的矿井水。水中主要含有 HCO_3^-、SO_4^{2-}、Ca^{2+}、Mg^{2+}、K^+、Na^+ 等离子。硬度相应较高，水质多数呈中性或偏碱，少数呈酸性。高溶解性总固体矿井水不利于作物生长，会使土壤盐渍化。我国北方缺水矿区的矿井水往往属于此类水。它不宜直接排放，可通过与自然水体水混合稀释后外排；作为电厂冷却水，可采取药剂法处理，如用石灰、纯碱、腐殖酸钠等，去除碳酸盐和部分非碳酸盐，降低硬度，再经过沉淀过滤；作为锅炉用水、生活饮用水，必须经过淡化除盐处理。

目前，高总溶解性固体矿山污染废水采用以下处理方法。

1. 化学方法

离子交换法是化学脱盐的主要方法，这是一种比较简单的方法，即利用阴阳离子交换剂去除水中的离子，以降低水的含盐量。

2. 膜分离法

反渗透和电渗析脱盐技术均属于膜分离技术，是我国目前苦咸水脱盐淡化处理的主要方法。

（1）反渗透法

反渗透法是借助于半透膜在压力作用下进行物质分离的方法。可有效地去除无机盐类、低分子有机物、病毒和细菌等，适用于含盐量大于 4000 mg/L 的水的脱盐处理。

（2）电渗析法

在直流电场作用下，利用阴、阳离子交换膜对溶液中阴、阳离子的选择透过性，而使溶液中的溶质与水分离的一种物理化学过程。

3．物理方法

主要是浓缩蒸发法，即反复加温蒸发，蒸发浓缩是常见的化工操作工序，蒸发浓缩操作一般是应用于溶液的蒸发浓缩，将溶液浓缩到一定的浓度，使其他工序更为经济合理。

离子交换法通常适用于含盐量为小于 500 mg/L 的矿井水；电渗析法通常适用于含盐量为 1000～5000 mg/L 的矿井水。反渗透法适用范围较广，浓缩蒸发法适宜于有热源的场地。

（四）含悬浮物矿山污染废水的处理

此类水主要是煤矿疏干排水，含有岩粉、悬浮物和细菌，一般呈黑色，但其总硬度和矿化度并不高。根据悬浮物的特性，对工业用水净化处理常用的主要方法有混凝、沉淀。混凝是水处理工艺中十分重要的环节；如作为饮用水，则要加上消毒过程，并且用超滤取代过滤池单元，即除了去除矿井水中悬浮物外，还需杀菌消毒。目前，常用的混凝剂为铝盐和铁盐混凝剂。

矿山污染废水除了上述几种类型外，还有放射性、含氟、高碱性等污染废水，可针对污染物特征，选择适宜的化学、物理等方法加以处理。

在实际生产中，矿山污染废水的污染组分大多表现为复合类型。因此在设计水处理工艺前，首先必查明污染组分和含量，然后根据废水排放总量、排放时序、环境功能区容许的排放标准、废水处理后的用途，针对性地选择处理工艺、设备或设施。

第五章　矿山土地复垦中的植被重建

复垦方向为林地、园地、草地的，土壤重构后的植被重建是矿山土地复垦的最后一个环节，要针对不同的复垦单元，选择适宜的植物种类，采取符合现场地形条件的种植方法，并做好种植与后期管护工作。

由于露采边坡复垦单元地形陡峭、植被立地条件差，保水保肥能力差，在各类型复垦单元的植被重建上，难度最大，但经多年的研究和实践，现已形成了一套较为完善的植被重建技术与方法。

第一节　露采边坡植被重建

露采矿山的采场边坡，尤其是岩质高陡边坡，表土缺乏、植被立地条件较差，通过开采平台凿岩穴种植灌木，以及藤蔓植物的"上爬下挂"，从成活到生长，以致达到整个坡面的绿色植物覆盖，至少需要2～3年的时间。为了实现快速复绿，满足矿山土地复垦的时间要求，可以选择喷播技术，以及相类似的技术方法，此类方法主要原理是把人造土壤（基质）与灌草植物（或其种子）"合为一体"，通过工程手段将其附着在坡面上，前期通过先锋植物的生长，达到稳定边坡、初步复绿、保持水土和改善生长环境的目的，后期本土植物逐渐"入侵和定居"，自然生态环境得以较快地恢复。从其土壤重构和植被重建同步实现的特点看，它属于一种联合植被重建技术。

一、边坡植被重建技术主要类型

根据技术特点和适用条件，边坡植被重建大致可分为生态植被毯、格室（土工格室、混凝土格室）、喷播、植生袋、植生槽（钵）、植生槽和团粒喷播联合技术等6种类型，不同类型的边坡植被重建技术其适用条件也不尽相同（表5-1）。

表5-1　坡面植被重建工程类型及适用条件

植被重建方 适用条件		复垦单元	边坡条件				施工适宜季节
			适宜的边坡类型	适宜坡度/℃	适宜坡高/m	边坡的稳定性	
生态植被毯		露采场及道路边坡	土质、土石质边坡	<35	<30	较稳定	春、秋
格室	土工格室	堆场及道路边坡	土质、渣土石边坡	<45	<10	稳定	春、秋
	混凝土格构	露采场及道路边坡	岩质边坡	<75	<30	欠稳定	

续表

植被重建方适用条件	复垦单元	边坡条件				施工适宜季节
		适宜的边坡类型	适宜坡度/℃	适宜坡高/m	边坡的稳定性	
喷播	露采场及道路边坡	岩质边坡	<65	不限	欠稳定	春、秋
植生袋	道路及建筑物边坡	各类边坡	35～40	<10	稳定	春、秋
植生槽（钵）	露采场高陡边坡	岩质边坡	<75	不限	稳定	春、秋
植生槽与团粒喷播联合	露采场高陡边坡	岩质边坡	<75	不限	欠稳定	春、秋

二、生态植被毯植被重建技术

生态植被毯植被重建技术是利用人工加工复合的防护毯结合灌、草、花种子，进行坡面防护和植被恢复的一种技术方法。它具有工艺简单、坡面复绿速度快、投资低、养护方便的优点，具有保墒、防晒、防雨水冲刷的特性。生态植被毯形成的生长环境有利于种子快速发芽，快速形成植被，并且不用揭除，植物可以穿过植物纤维之间的空隙良好生长，植物成坪后草毯中的纤维腐烂分解形成进一步促进植物生长土质。该项技术既能单独使用，也可与其他植被重建技术结合使用。

（一）结构形式

生态植被毯是利用稻草、麦秸等为原料，在载体层添加灌草、花种子、保水剂、营养土生产而成。根据待重建的边坡条件，选择以下两种结构中的一种。

1. 五层结构生态植被毯

分上网、植物纤维层、种子层、木浆纸层、下网五层。

2. 三层结构生态植被毯

分上网、植物纤维层、下网三层。

对于施工地点相对集中、立地条件相仿，且能够提前设计、定量加工的项目，可以采用五层结构的生态植被毯；对于施工地点分散且立地条件差异大、运输保存条件不好的项目，可以采用播种后再覆盖三层结构组成的生态植被毯。

生态植被毯种子层或生态植被毯下撒播的植物种一般选用乔灌草植物种混合配方，植物种子的选配根据工程所在项目区气候、土壤及周边植物等情况确定，优先选择抗旱、耐瘠薄的植物物种。

（二）施工技术要求

（1）坡面平整及清理。坡面应顺直、平滑、平整且稳定，将坡面不稳定的石块或杂物清除，不得有松石、危石。对于不稳定的坡面应采用特殊锚固的方法，基底无工程垃圾和大的石块、杂草等凸起物。

（2）锚固沟开挖。在坡顶和坡脚开挖锚固沟，沟宽和沟深一般不小于 20 cm，原土放在远离坡面的一侧备用。

（3）铺设植被毯。从坡顶向下铺设植被毯至沟边内侧，铺展平顺，要拉紧，坡顶预留不小于 40 cm，坡高大于 1.5 m。植被毯宜顺坡度方向从上而下铺设，草毯之间搭接宽度不小于 10 cm，搭接时应注意将下一级网压在上一级网之下，同时加强搭接部分的"U"形钉锚固（"U"形钉采用 8 号铅丝），植被毯与地面保持充分接触，铺设要保持整齐一致，不能多次在坡面来回踩踏已播撒的种子；锚固沟内植被毯要求铺满沟底和两壁并贴实。

（4）锚固及回填原土。铺设完毕在锚固沟底、搭接处用"U"形钉固定紧实（每米固定物不少于一个），其他铺设面每平方米固定物不少于一个，锚固沟回填原土压牢，并播种，或压在硬路肩或上护坡道平台下面，最后把预留的植被毯折盖在土壤上并用"U"形钉固定。

（三）后期养护

（1）施工后立即喷水，保持坡面湿润直至种子发芽。

（2）种子前期养护一般为 45 天，发芽期 15 天，湿润深度控制在 2 cm 左右，幼苗期依据植物根系的发展逐渐加大到 5 cm 以上，前期养护时间为每天养护两次，早晚各一次，早晨养护时间应在 10 点以前完成，下午养护应在 16 点以后开始，避免在强烈的阳光下进行喷水养护，以免造成生理性缺水和诱发病虫害。在高温干旱季节，种子幼芽及幼苗由于地面高温容易受伤，每天应增加 1～2 次养护；下雨或阴天可适当减少养护次数。

（3）植被完全覆盖前，应根据植物生长情况和水分条件，合理补充水分，并适当施肥。

（4）植被覆盖保护形成后的前 2～3 年内，注意对灌草植被组成的人工调控，以利于目标群落的形成。

三、格室植被重建技术

根据格室材料不同，格室植被重建技术可分为土工格室植被重建和混凝土格构植被重建。土工格室适用于较稳定边坡，混凝土格构适用于欠稳定边坡。

（一）土工格室

土工格室植被重建技术是首先将土工格室固定在缺少植物生长土壤条件和表层稳定性差的坡面上，然后在格室内填充种植土，撒播适宜混合灌草种的一种坡面植被恢复技术。由于土工格室抗拉伸、抗冲刷效果好，具有较好的水土保持功能，能有效防治强风化石质边坡和土石混合坡面的水土流失，土工格室内有植物生长所需的土壤条件，植被恢复效果显著。该项技术一般用于矿山弃渣边坡的植被恢复，也用于部分裸岩面的植被恢复，在植被恢复的同时还能增强坡面的稳定性。

1. 结构形式

土工格室是由高强度的高密度聚乙烯（HDPE）宽带，经过强力焊接而形成的立体格室，运输时可折叠，使用时张拉成网状，展开呈蜂窝状的立体网格，填充土石或混凝土料，构成具有强大侧向限制和大刚度的结构体，格室规格根据坡面的立地条件选择，常见尺寸为展开 4 m×5 m，各室深 15 cm，宽 60 cm。

2. 施工技术要求

（1）坡面平整及清理：按设计坡度清理、平整坡面，并人工夯实坡面。

（2）排水设施施工：对影响坡面的上游及周边来水通过设置完善的截、排水系统进行有序疏导。

（3）铺设土工格室：① 采用插件式连接土工格室单元。连接时，将未展开的土工格室组件并齐，对准相应的连接塑件，插入特制圆销，然后展开。连接时，根据不同坡率的边坡采用不同单元组合形式。② 在坡面上按设计的锚杆位置放样，采用 $\phi 38 \sim 42$ 钻杆进行钻孔，孔径基本可达 $\phi 50$，按要求进行冲孔，在钻孔内灌注 30 号砂浆。③ 按设计要求弯制锚杆，并除锈、涂防锈油漆，悬在坡面外的锚杆应套内径为 $\phi 25$ 的聚乙烯或丙烯软塑料管，管内所有空间应用油脂充填，端部应密封。④ 铺设时土工格室施工，在坡顶先用固定钉或锚杆进行固定，按设计图纸要求开展，在坡脚用固定钉或锚钉固定，其中间部分按图纸要求用锚杆固定。⑤ 施工边坡平台及第一级平台填土，将土工格室固定在坡面上。

（4）回填土料及撒播：① 土工格室固定好后，即可向格室内填充人工改良的耕植土，充填时要使用振动板使之密实，靠近表面时用潮湿的黏土回填，并高出格室面 1～2cm。第一段铺设完毕后，即可进行第二段的铺设直至最终完成。土工格室内填土要从最上层开始分段进行，初期铺设时，上端一定要锚固好，一般上部至少每隔一个格室间距布置一个锚杆或锚钉，等全部铺设完成并填充压实后，附加锚钉可取掉。② 撒播可采用人工栽植花灌木、撒草籽方法，也可采用喷播的方法将按设计比例配合草种、土壤基材喷射于坡面上。雨季施工，为使草种免受雨水冲失，并实现保温保湿，应加盖无纺布，促进草种的发芽生长，也可采用稻草、秸秆编织席覆盖。

3. 后期养护

（1）施工结束后及时浇水，保持坡面湿润直至种子出苗。

（2）植物出苗后，对稀疏区域进行补播。

（3）初期人工养护浇水应避免直接对土工格室中回填土壤的冲刷。

（二）混凝土格构

混凝土格构是在护坡面做纵横向的受力框架梁柱，形成小区格，适用于各类高边坡、散体及不稳定边坡，常用的形式有浆砌块石、现浇钢筋混凝土或预制预应力混凝土格构。在格构的节点，利用锚杆或锚索提供抗滑力，以达到稳定边坡的目的。

边坡格构加固技术具有布置灵活、格构形式多样、截面调整方便、与坡面密贴、可随坡就势等显著优点。边坡加固稳定后，在框格内视情况可采取挂网（钢筋网、铁丝网或土工网）、植草、喷射混凝土、植生袋等多种方法重建植被。对坡度过大的格构，可以格构下框架为依托，构建蓄土槽，而后，在槽内填土、植灌（草），实现植被重建。混凝土格构植被重建的特点是，在边坡支护的同时，实现边坡土地林（草）地的复垦。

四、喷播植被重建技术

喷播植被重建技术是指利用特制喷射机械将植生基材、植物种子混合料搅拌均匀后喷射到坡面上，种子生根、发芽、生长，从而实现快速固土护坡、植被恢复的技术。植生基材成分复杂，主要包含土壤、有机质、保水剂、黏合剂、缓效肥料、土壤改良剂等，根据不同的坡面立地条件和施工工艺按照一定比例混合而成。为提高喷播基质与坡面的黏合力，在喷播前可对坡面进行处理，锚固铺挂各种网状物，常用的有铁丝网、土工格栅网和三维土工网。

喷播植被重建工程在公路、铁路、水利、矿山等工程的边坡生态恢复中都有运用，在矿山生态恢复中，目前在露采边坡植被重建中运用较多。优点是人工配制的基质材料有利于植物的存活与生长，可快速绿化边坡。

喷播植被重建技术是工程、土壤、植物、生态等多种技术的集合，具有综合性、适应性强等特点，尤其是高陡岩质边坡，对于坡度45°以下、表面较粗糙且凹凸不平的边坡，可采用不挂网喷播，这样大大节省了投资。

五、植生袋、植生槽（钵）植被重建技术

（一）植生袋植被重建技术

植生袋植被重建技术是采用内附种子层的土工材料袋，通过在袋内装入植物生长的土壤材料，在坡面或坡脚以不同方式码放，起到拦挡防护、防止坡面侵蚀，同时随着植物在其上的生长，进一步将边坡固定的一项工程技术。该技术对坡面质地无限制性要求，比较适合于坡度较大的露采边坡植被重建，是一种见效快且效果稳定的坡面植被恢复方式。

1. 植生袋结构形式

植生袋是将选配好的植物种子、肥料等固定在可降解的双层纸中间，并结合编织网进行加固，经过机器的复合工序制成的不同规格的绿化袋。按照一定的比例将选配好的植物种子固定在双层可降解纸中间，可降解纸下层填充有用来维持植物正常生长发育的土壤、肥料。随着植物的生长，植生袋中植物的根系编织在一起，能增强在陡峭边坡坡面的稳定性。植生袋采用专有机械设备生产制造，制作工艺精密，效率高，可广泛适用于公路裸露边坡、矿山边坡等的植被重建。

2. 施工过程

（1）施工准备：做好人员、机具、材料等准备工作，挖好基础。

（2）清坡：清除坡面浮石、浮根，尽可能平整坡面。

（3）植生袋填充：将土壤材料填装入植生袋内。采用封口扎带（高强度、抗紫外线）或现场用小型封口机封制，每垒砌四平方米植生袋墙体中有一袋填充中粗砂，以利排水。

（4）植生袋码放：根据坡体的稳定程度、坡度、坡长来确定码放方式和码放高度，码放中要做到错荏码放，袋与袋之间用结构扣牢固连接。每层袋子铺设完成后，在上面放置木板并由人在上面行走踩踏，确保植生袋结构扣和植生袋之间良好联结。铺设袋子时，注

意把袋子的缝线结合一侧向内摆放，每垒砌三层植生袋应铺设一层加筋格栅，加筋格栅一端固定在植生袋结构扣上。达到设计高度后，在墙的顶部，将植生袋的长边方向水平垂直于墙面摆放，以确保压顶稳固。

3．养护管理

（1）施工后立即喷水，保持坡面湿润直至种子发芽；

（2）种子基本发芽后，对未出苗部分，采用打孔、点播的方式及时补播；

（3）植被完全覆盖前，应根据植物生长情况和水分条件，合理补充水分，并适当施肥；

（4）植被覆盖保护形成后的2～3年内，注意对灌草植被组成的人工调控，以利目标群落的形成。

（二）植生槽（钵）植被重建技术

植生槽植被重建技术是通过在岩石边坡表面，大致沿等高线构建种植槽板，槽板内回填经特别配置的人工种植土，然后移栽适合当地气候环境的灌木、藤本植物袋苗，并辅以草本种子的撒播，通过适当养护，在裸露岩面上形成合理的人工植物群落。该技术依照生态学原理，采用安全可靠的工程措施和生物措施，在高陡的岩质边坡上构建适当的植物群落，从而实现集坡面防护、水土流失控制以及生态功能恢复和景观建造于一体的生态恢复目的。

植生钵是利用边坡局部破碎或凹宕，人工凿成"宕穴（小凹陷）"，为植被重建提供"平台"。

1．结构形式

植生槽可采取多种结构形式，一般较常用的有浆砌块石、预制钢筋混凝土板和现浇钢筋混凝土槽。其中浆砌块石槽可以就地取材；预制钢筋混凝土板槽施工快捷，但应用范围受坡形、坡度限制；现浇钢筋混凝土槽适用范围广，可以在悬崖峭壁上施工，其结构主要为钢筋骨架和现浇混凝土。

建议采取的结构设计为：植生槽板与岩壁夹角 45°～50°，槽板厚度为顶端不小于 8 cm，底部不小于 10 cm 的梯形断面、斜伸高度 60～80 cm。槽板钢筋骨架分主筋、构造筋和分布筋 3 部分。主筋和构造筋锚固岩壁、间隔配置，相距左右 0.5 m，分布筋横向配置，相交于主筋和构造筋；主筋选用中 $\phi 16～25$ Ⅱ级钢，构造筋选用 $\phi 12～18$ Ⅱ级钢，分布筋选用中 $\phi 6.5$ Ⅰ级钢；主筋长度按深入岩体 60 cm 以上控制，石壁外延长度按板的斜长控制，构造筋长度按深入岩体 30～50 cm 控制，石壁外延长度按板的斜长控制，分布筋按间距 20 cm 左右间距布置，与主筋、构造筋的交叉点用绑扎丝进行固定。

主筋和构造筋锚固浇注，利用大功率冲击钻在石壁指定的放线位置按照与岩壁夹角成 45°～50°钻孔，并安置主筋和构造筋，用 1:2 水泥砂浆灌注固定。

槽板采用混凝土立模浇筑。模板采用厚度大于 12 mm 的木模板或大于 1.5 mm 的钢模；水泥采用 32.5R 普通硅酸盐水泥，砂为优质中砂，石子为 5～10 mm 粒径的硬质碎石，强度不小于 C25。槽板浇筑，搅拌 C25 三级配碎，各组料搅拌均匀，称重误差＜2%，清扫干净浇筑面上石块、残渣，将三级配料运送到相应作业面上进行校浇筑。浇筑时在槽板下侧 10 cm 处设置 ϕ75 mm 泄水孔，间距 2.0 m。

2．施工过程

（1）危岩清除：为保证工程安全实施，首先要清除危岩，然后对坡面上存在的松散岩土堆积，坡面上松动易掉的岩石进行削坡减载，消除地质灾害隐患。施工前用水对坡面进行冲洗。

（2）脚手架搭设：施工用脚手架可采用单排跑山架，由下至上搭建，架随坡面倾斜。先用 ϕ16～18 钻头在岩面与坡面成 45°斜向钻孔，深度 20 m 以上，然后用 ϕ14～16 的钢筋锚入孔内。架子与岩面之间保持 70 cm 的施工操作间距。

（3）现浇种植槽板：钢筋、模板安装完毕后，现浇 C25 混凝土。混凝土浇筑 24 h 后开始拆模，对构件每天淋水保养 2 次，保养时间 15 天；同时检查种植槽板的浇筑质量，对存在蜂窝、露筋的地方及时进行修补。在植生槽养护期满后，充填人工土料前，应进行加载试验。在混凝土浇筑体上再加载 650 kg 以上质量，在设计试验时间内应无变形迹象，证明能够承受植生槽及其内覆土、植被的压力。

（4）土料配置与充填。在植生槽内充填人工配制好的土料。以有机质肥（泥炭）和山地土壤作为种植槽内人工土壤配制中的主要材料，其中泥炭和山地土壤重量百分比分别为 15％和 85％，山地土壤要求 pH5.1～7.1、有机质含量＞2.5％、粒径小于 10 mm 砾石含量＜2.5％。以保水剂和复合肥作为植生槽内人工土壤配制中的配套材料，其中保水剂（吸水倍率＞400 g 水/g）每 100 kg 人工土壤配制 50 g，复合肥（N∶P∶K 为 6∶36∶6）每 100 kg 人工土壤配制 0.5 kg。植生槽基质满足有机质≥10％、全 N≥0.65％、有效 P≤11mg/kg、速效 K≥81 mg/kg、容重＜1.2 g/cm³、有效持水量≥26％、pH5.6～7.4 的基本理化性质要求。将配制好的土料经充分拌匀后运送并充填到植生槽内，高度直至与槽板齐平。

3．后期养护

养护系统建立"山脚提水、山顶蓄水、植生槽喷滴"养护系统。养护系统由水源点、提水管、蓄水池、供水主管、支管、喷（滴）头等组成。提水管采用 ϕ60 的 HDPE 管，主管采用 ϕ50 的 PVC 管，支管为 ϕ25～50PVC 管。竖向主管顺山势均匀布置，间距 20 m 左右，支管沿植生槽布设，并在支管上每隔 10～15 cm 打径 1.0mm 的滴水孔。

种植时及时浇足定根水。养护期 2 年。种植后第一年，以浇水养护和补植为主，确保 95％以上的成活率，1～3 月天气寒冷时只在中午适量浇水，4～6 月是苗木生长期则勤浇水以保证苗木良好生长态势，7～10 月以高温天气为主采用早晚浇水，10～12 月随着天气变冷酌情浇水。种植后第二年，苗木已经成活，以水肥结合养护和病虫害防治为主来促进苗木生长，适当控制浇水量强化抗旱锻炼向免养护过度，4～5 月每米植生槽内施复合肥 50 g，发现病虫危害及时进行防治。同时在养护期间对槽体侵蚀程度、裂纹情况进行每月检查，发现危险槽段及时进行加固。

第二节　矿山复垦土地植被重建品种选择

矿山复垦区虽经过土壤重构，但是其植物的生长土壤环境与损毁前相比，还是有着很大的差异，因而，必须根据重构土壤土质理化特征、水利化程度（灌溉保证率）、小区域先锋植被等因素，选择适宜的植被物种，以确保植被重建目标的顺利实现。

一、复垦区植被品种选择的基本原则

应根据复垦单元实际情况选择适宜树（草）种，一般应选择适应性强、抗逆性强、成活率高、生长稳定的植物，用于矿山植被重建的常见树种如下所述。

乔木类：国外松、侧柏、龙柏、垂柳、刺槐、国槐、臭椿、油松、杨树、元宝枫、五角枫、榉树、榆树、黄栌、泡桐、白蜡、皂荚、无患子、栾树、桂柳、悬铃木、黄檀、青檀、麻栎等。

灌木类：紫穗槐、黄刺玫、连翘、紫薇、金银花、杜鹃、鸡爪槭、木槿、火棘、杞柳、油茶、石楠、山胡椒、海棠、樱花、梅、盐肤木、油茶、绣线菊等。

经济果林类：沙枣、枣、酸枣、杏、李、青梅、山楂、桑树、梨树、葡萄、山桃等。

要体现"适地适树，宜乔则乔、宜灌则灌、宜草则草"的原则，选择适应当地自然条件的乡土树种或先锋树种作为主要树种，并通过引种驯化、选育栽培等措施引进适宜在本区域栽培的优良树种，以增加物种的多样性。提倡营造树种具生态互补作用的混交林，提倡营建乔、灌、草复合结构的人工群落。

选择对复垦区环境有一定改善作用的树种。矿山在开采过程中会产生大量烟尘和有害气体，因此，应选择对 SO_2、Cl_2、HF 等有毒气体具有吸收功能或者抗性较强的植物，以及能够阻滞烟尘、保持水土、防风固沙的植物。常用植物如下所示。

对二氧化硫具有吸收能力或具有抗性的树种有：云杉、白皮松、侧柏、垂柳、旱柳、槐树、刺槐、臭椿、构树、杜梨、山桃、核桃、火炬树、紫丁香、紫薇、桑树、构树、大叶黄杨、木槿、地锦等。

对氯气具有吸收能力或具有抗性的树种有：侧柏、杜松、圆柏、云杉、旱柳、刺槐、国槐、臭椿、水蜡、卫矛、花曲柳、毛白杨、忍冬、麦树、山桃、木槿、构树、华北卫矛等。

对氟化氢具有吸收能力或具有抗性的树种有：白皮松、圆柏、侧柏、国槐、臭椿、垂柳、构树、紫薇、紫穗槐、连翘、丁香、大叶黄杨等。

对其他有毒物质（氯化氢、硫化氢等）具有吸收能力或具有抗性的树种有：油松、梨树、元宝枫、白蜡、构树、榆叶梅、丁香、连翘、月季、蔷薇、木槿、榆树、国槐等。

具有阻滞烟尘功能的树种有：榆树、木槿、臭椿、国槐、刺槐、桑树、紫薇、加杨等。

能够提高土壤肥力的树种有：国槐、紫穗槐、刺槐、沙棘、胡枝子、野皂荚、紫藤、锦鸡儿等。

具有保持水土功能的树种有：侧柏、云杉、圆柏、野皂荚、柠条、柳树、胡枝子、紫穗槐、山杨、枸杞、紫藤、南蛇藤等。

具有防风固沙功能的树种有：油松、樟子松、杜松、桂柳、青杨、榆树、桑树、沙棘、火炬树、紫穗槐、沙地柏等。

能够分泌杀菌素的树种有：侧柏、圆柏、白皮松、刺槐、臭椿、垂柳、木槿、珍珠梅等。

植被重建时要做到绿化与美化相结合，运用仿生态和园林美学原理进行植物的选择与搭配，运用园林美学的原理，科学合理地对植物进行搭配，发挥植物的空间结构功能，对生产区、生活区和工作区等功能区域进行空间划分、隔离和规划设计，科学处理植物与山、水、道路等自然要素的关系，并充分考虑植物的季相变化，了解树种的花期、果期和色彩变化，实现绿化与美化相结合的原则。

植被重建时所选用的树种（草种）的种子，在播种前应进行浸种、催芽、拌药等处理，如选用苗木现场栽种，宜优先选用品种优良、植株健壮、根系发达的大苗或容器杯苗。

二、不同复垦单元的植被品种选择

（一）露采边坡挖损土地复垦单元

该单元水土流失严重、干旱瘠薄，水源缺乏，因此在植物选择上，要优先选择根系发达、树冠浓密、抗干旱、耐贫瘠的树种。植被以灌、草为主，辅以浅根系乔木。在采场边坡复垦区，可以考虑选用覆盖面积广，附着力强，对环境适应性强，易繁殖、易成活的攀援植物，例如：扶芳藤、美国地锦、花叶蔓常春藤、紫藤、凌霄等，以覆盖的方式进行植被重建。为了达到较好的绿化效果，可采取开采平台种植藤蔓，以"上爬下挂"的方式进行坡面的植被重建。

调查复垦矿山现有废弃采坑自然生长的林、草，长势良好的品种应该是我们优先选择的"对象"，因为事实已经证明它们是最适生的物种。

（二）露采底盘挖损土地复垦单元

露采底盘一般面积较大，地形较缓，可依据地势坡度和覆土厚度，选择具有一定经济效益、适应性强的植物品种，例如油茶、核桃、板栗、枣、杏等，产生良好的经济效益。也可播种能够增加土壤肥力的豆科植物，如紫花苜蓿、沙打旺等，整体形成乔—灌—草的种植结构。

（三）矿山道路压占土地复垦单元

沿矿山道路压占土地两侧植被自矿山建设期就已经开始，而多数矿山闭坑后道路仍作为养护路（生产）予以保留，因此，根据矿山道路的特点，要选择体形高大、树冠适宜、深根性、滞尘能力强的植物。同时，从交通安全的角度考虑，选用的树种还应当具有分支点高、树冠整齐等特点。常用的行道树植物可选择榆树、国槐、刺槐、垂柳；绿篱可选择耐修剪、抗污染能力强的植物，如大叶黄杨、红叶石楠、龙柏等。

（四）坑塘水面塌陷（挖损）土地复垦单元

矿山坑塘水面有采空深层塌陷积水区和露采矿山的底盘积水区，复垦成坑塘水面时，其周边多种植抗涝、抗污染的林草，并和浅水区净化水生植物搭配，以改善矿山水体和生态环境。选择的树种包括垂柳、红柳、旱柳、白蜡、构树、火炬树、紫穗槐、沙棘、紫藤、金银花等。水生植物可选择空心莲子草、中华慈姑、浮萍、香蒲、莲藕、芦苇、菱白等。

（五）矿山生活（办公）区压占土地复垦单元

对于大中型矿山，其生活、办公等区段，压占土地时间较长，故要营造以园林植物为主的生态系统，进行造园绿矿、美化环境，绿化植物应选择树形优美、适应性强、防污能力和净化功能好的树种，从而有效地美化环境、吸收污染、调节厂区小气候。

一般来说，在矿山生活（办公）区压占土地可供选择的园林绿化植物有：

乔木类：香樟、广玉兰、油松、白皮松、圆柏、刺槐、国槐、丁香、合欢、梓树、臭椿、银杏、杨树、栾树、木槿、紫薇、山楂、海棠等。

灌木类：迎春、黄杨、金叶女贞、红叶石楠、黄伊、胡枝子、连翘、砂地柏等。

藤本植物类：扶芳藤、美国地锦、花叶蔓常春藤、紫藤、凌霄等。

花卉植物：① 抗 SO_2 花卉：美人蕉、鸢尾、玉簪、仙人掌、福禄考等。② 抗 HF 花卉：金鱼草、菊、百日草、美人蕉、紫罗兰、风铃草、萱草、一串红等。

地被植物类：多年生黑麦草、草地早熟禾、高羊茅、落地生根、白三叶、紫花地丁、细叶结缕草、狗牙根、野牛草等。

（六）矿山工业广场压占土地复垦单元

该单元是矿业活动最强烈的区段，是大量的有害气体、粉尘等污染的点源或面源。此区段的复垦一般需等到矿山闭坑后，故在生产期间，应该在与生活区、办公区之间设置较宽的隔离林带，林带的宽度一般要达到 30～50 m，选择配置抗污染能力强和对有害气体吸收能力强的树种，以净化空气、吸滞粉尘。另外，工业广场一般土壤瘠薄，因此，选择的植物还应该具有耐瘠薄的特性。

（七）污染损毁土地复垦单元

污染损毁土地复垦单元主要有金属矿山的堆浸场、赤泥堆场、尾矿库等的压占土地区。主要特点是酸（碱）和重金属污染。在植物品种选择上，一是选择耐性植物；二是选择对土壤中污染元素具有特殊的吸收和富集能力的超积累植物。通过种植此类植物，一方面达到复垦区的植被重建，另一方面逐步实现对污染土壤的植物改良。

1. 尾矿库污染损毁土地复垦单元

由于尾矿库区的酸性和重金属环境，在尾矿库尾砂上直接种植，对植物生长不利，除了进行隔离、覆土、土壤改良外，植物品种需选择耐酸性植物。国内的一些科研院所已成功筛出一些适合尾矿库生长的物种，比如芦竹、五节芒、芒、白茅、黑莎草、飘拂草、佛甲草、香根草等。

2．堆浸场污染损毁土地复垦单元

用于堆放矿石并对矿石堆中某些有用成分进行浸出的专用场地，矿石经过入堆喷淋后产生酸性废水和浸渣，植物生境条件恶劣，因此选择的植物种类应具有抗逆性强，适应酸性、重金属环境。

3．赤泥堆场污染损毁土地复垦单元

可选用的植物包括黑麦草、披碱草、苏丹草、紫穗槐、狗牙根、毛白杨、大花醉鱼草等抗性强的植物；种植的耐碱作物有棉花、豆科作物、麻类、地下结实作物、麦类等。

第三节　矿山土地复垦植被重建工程技术要点

矿山土地复垦植被重建工程营造的林地从功能上有水土保持林、水源涵养林、农田牧场防护林、护路护岸林等，它们各自在树种选择、营造方式、营造模式、种苗、营造技术方面都有所不同。而从造林作业的角度，在正确地进行树种的选择后，应就整地、种苗处理、造林时间安排、播种和栽植、后期抚育与管护几个环节进行设计，并提出技术要求。

一、植被工程设计

根据矿山复垦区实地调查情况以及最终确定的复垦方向，在进行整地、种苗处理、植被播种或栽植之前应进行植被重建工程设计。设计主要包括：工程类别确定，植物配置，栽植密度确定和栽植配置（株行距、行带走向、配置方式等）等几方面的内容。

（一）工程类别的确定

矿山土地复垦中，植被重建工程类别的确定主要包括两方面的内容：一是植被重建的生态系统类型，主要由土地复垦适宜性评价确定的复垦方向决定；二是植被重建植物品种，根据重构土壤土质特征、水利化程度（灌溉保证率）、小区域先锋植被等因素，选择适宜的植被物种。

（二）植物配置

植物配置的要求如下。

（1）应因地制宜地选择树种的混交方式营造混交林，以提高复垦林地的抗逆性能和综合效益，维护和提高林地生产力。混交方式根据树种生物学特性和立地条件确定。

（2）应根据复垦实际情况分别选择针叶树种与阔叶树种混交、落叶树种与常绿树种、乔木树种与灌木树种混交的方式营造混交林。

具体设计中的植物配置主要指植物栽植的乔木、灌木、草木的配置模式。一般来说，平地的植物配置主要是乔木、灌木、草木混交模式；边坡的配置主要是灌木、草木混交模式。干旱地区或生态环境脆弱地带，可加大灌木树种的比重。

（三）栽植密度确定

栽植密度，指单位面积造林地上的栽植点数或播种点（穴）数，又称初植密度。

合理的栽植密度须根据立地条件、林种、树种的特征、造林目的、作业方式和中间利用经济价值的不同来确定。

根据不同情况，在规定范围内，分别选定适宜的造林密度。

较好的立地条件，造林密度应选用下限，较差的立地条件，则选用上限；生长迅速的树种应选用下限，生长较慢的树种则选用上限。以培育用材为主的林分，培育大径材的密度宜小，培育中小径材的密度宜大；不间伐小径材林的密度宜小，间伐小径材的密度宜大。以生产果实、种子、树皮或割取树液、树脂为目的的经济林，应分别按树种和产品种类，确定其适宜的造林密度。播种造林密度，以穴为计算单位，在规定的范围内，可选择较大的密度。

（四）栽植配置

按照林种、立地条件、树种确定的造林密度进行栽植配置。主要包括株行距、配置方式、行带走向等方面的配置。

1．株行距

株行距是指树木栽植的行距和株距。行距为栽植行与栽植行间的距离，又称行间距离。株距为行内植株与植株间的距离，又称株间距离。如，株行距为 3 m×3 m 时，则为等距，株行距为 3 m×4 m 或 4 m×3 m 时，大的间距为行距，小的则为株距。

株行距的大小与造林密度密切相关，有时用株行距作为造林密度的另一种表达方式。株行距也能换算为栽植密度，如：株行距为 4 m×5 m 时，每株占地面积 4 m×5 m＝20 m²，则每公顷有 10 000 m²/20 m²＝500 株，即栽植密度为 500 株/公顷。

株行距的大小，要根据立地条件以及树种的高度、树冠大小等因素来确定，合理的株行距有利于树木的增长和土地资源的合理利用。

2．配置方式

根据林种特点、树种特点、经营管理方式确定栽植配置方式。栽植配置方式有方形配置、品字形配置、群状配置和自然配置等。

方形配置时，种植点位于方形的顶点，适宜于生态经济兼用林。

品字形配置时，相邻的两行的各株相对位置错开排列成品字形，或等腰三角形，种植点位于三角形的顶点，适宜于生态防护林。正三角形配置是品字形配置的特殊情形，由于相邻植株的距离都相等，行距小于株距，种植点位于正三角形的顶点，此种配置方式适宜于经济林。

群状配置时，植株在造林地上呈不均匀的群丛状分布，群内植株密集（3～20 株），群间距离较大。此种配置方式适宜次生林改造或立地条件较差的地方营造生态防护林。

自然式配置在造林地上随机地配置种植点，这种配置没有规整的株行距，似天然林中的林木分布，适宜于生态防护林。

3．行带走向

行带走向，即植被栽植行的走向。一般情况下，行带走向按如下规则进行选择：① 在平地造林时，种植行宜南北走向；② 在坡地造林时，种植行宜选择沿等高线走向；③ 在有显著主害风和盛行风地区，采取主林带为长边的长方形网格，并与主害风方向垂直，风偏角的变化不得超过 45°；无主害风的地区，林网网格可采取正方形。

（五）农田防护林的栽植配置

农田防护林的配置方式根据外部形态、内部树种配置与树冠结构分为：紧密结构、疏透结构和通风结构三种类型。

林带间距与网格面积：根据土壤条件、害风状况、林带结构、林带高度及有效防护距离确定林带间距与网格面积。一般主林带间距为防护林树种成熟林木平均树高的 15～20 倍，林带由 2～4 行树木组成，风害小的地区间距可大些，风害大的地区间距可适当小些。副林带间距可适当大些，由 1～2 行树木组成。林网的网格面积一般 15×10^{-2}～20×10^{-2} km²，最大不应超过 30×10^{-2} km²，严重风沙危害区控制在 15×10^{-2} km² 以下。

（六）护路护岸林的栽植配置

1．道路防护林

对于一般的道路防护林，绿化乔木应栽植在路基以外的平地上，林带行数根据需要而定。路堤的坡面上，按等高线栽植护坡灌草。一般为疏透结构或通风结构林带，在风蚀严重或风沙较大地区可配置紧密结构林带，采用一定数量的常绿树种，并在林带两侧各配置 1～2 行灌木。

通过坡面的道路防护林，应在坡面上沿等高线栽植成行乔灌木，减少水土流失。新开坡面除采取工程防护措施外，应根据土壤、地质和气候状况选择适当灌木草种，进行植被护坡。

2．坑塘、渠道岸带防护林

坑塘或渠道的岸脚因接近水面，应栽植耐水湿、耐盐碱的乔灌树种；岸坡栽植固土护坡能力强的灌草树种；岸顶若有道路则在道路两侧栽植护路林带。

二、整地

整地方式要因地制宜，通常采用面状、带状、穴状、鱼鳞坑等方式。

（一）穴状整地

露采平台、工业广场等适用穴状整地。整地规格：采用圆形或方形坑穴，规格因树种和立地条件而异，原则上种植穴不小于 0.5 m³，覆土 30 cm 以上。

（二）鱼鳞坑整地

采场边坡、堆场边坡等场地适用鱼鳞坑整地。整地规格：鱼鳞坑为近似半月形的坑穴，外高内低，长径沿等高线方向展开，一般为 0.6～1 m，短径略小于长径，深度为 50 cm 以上。

（三）带状整地

在坡度小于 25°，立地条件较好的采场及堆场边坡，可采用带状整地方法。带状整地要沿等高线进行，其形式有水平阶、水平槽、反坡梯田等。整地规格：带状整地规格为带宽 60 cm 以上，深度 40 cm 以上。带长根据地形确定，每隔一定距离应保留长为 50～100 cm 自然植被。

（四）面状整地

面状整地又称全面整地，即全面翻动地表土壤的整地，一般只在平原区的荒地、黄土高原区的堀坡、山区的平缓坡地及沙区滩地等地形上采用，比较费工。在井采矿山的浅层塌陷区，且坡度 16°以下时，可实行面状整地，翻耕 30 cm 深，以利于蓄水保墙，消灭杂草和改良土壤。在荒山原坡，应先清理地面，清除灌丛和宿根杂草，平整好起伏不平的小地形，然后再进行面状整地。

矿山土地复垦时，要根据地形特征，选择带状、穴状或面状整地，或不同的整地组合。坡度 16～25°的坡地采用带状整地，草带宽度 30～50 cm，垦带宽度 3～5 m；坡度在 16°以下可实行面状整地。采用面状整地时，必须做好拦土带。全垦或带垦的深度 20～25 cm，垦挖后定点挖穴。25°以上的山地造林，采用宕穴或鱼鳞坑整地，深度一般应大于 30 cm。

三、不同复垦单元的植被重建工程设计

矿山土地复垦的实际工作中，因不同复垦单元的环境条件、复垦方向、复垦措施、复垦标准等情况各异，其植被重建工程设计的要求也不尽相同。

（一）露采场边坡绿化林

露采边坡包括边（斜）坡部分和平台部分，边（斜）坡部分植被重建在本章第一节已叙及，平台部分植被重建以宕穴或蓄土槽覆土方式植树绿化造林。植树以灌木为主，条件适宜时可植乔木；平台前后缘宕穴也可栽植藤蔓；平台岩面为强风化或浅覆土时，可散播草籽。

矿山底盘覆绿应根据覆土层厚度选择相应植物，在覆盖土层不小于 30 cm 的地面上，可以直接种植灌木和草本植物种子；在覆盖土层不小于 50 cm 的地面上，可根据土壤 pH、土壤类型和规划要求种植相应的经济林、生态林或风景林。

（二）露采场底盘复垦耕地防风林

防风林有人工营造的（包括连片林地、林带和林网）和由天然林中划定的（如水源涵养林、水土保持林等）两类，通常需要 10 行以上的树组成，树种应具有抗风性能强、根系发达的特点，常见的有樟树、杨树、柳树等。种植成行、成网、成带、成片的防风林，能起到抗风、护岸、防风固沙、降低风速、增加空气温度、调节水源，改善环境和维持生态平衡。

矿山露采场底盘耕地造林往往受到土壤含水量、土壤结构、排水条件、人兽活动等影响，造林要求条件相对较高。

① 在恶劣条件下，播种对树木来说速度慢，效果差，幼苗抗逆力差，极易因旱、酸、碱、盐等有害因子影响而死亡，不易成林，故树木（乔木和大部分灌木）种植以植苗为主。但在地形恶劣又无路可通的地块，利用泥浆法进行种子种植就比较方便。

② 选用一级树苗，是为了提高树苗的抗逆性，提高在恶劣条件下的成活率。

③ 当场地较瘠薄时，填入较肥沃的客土或其他含肥物料，是为了满足植物生长所需的肥力条件，使苗木容易成活。

④ 在种植方式上，针对不同的植物种，采用不同的种植方式。对落叶乔、灌木采用少量配土栽植；对常绿树种采用带土球移植；对花草等草本植物采用蘸泥浆和拌土撒播。此外，有些落叶乔、灌木如火炬树、刺槐等，在种植前采用短截、强剪或截干的措施。

⑤ 造林密度可参照《造林技术规程》。由于矿区损毁土地立地条件较差，一方面树木不容易成活，应适当密植、多栽才能保住苗；另一方面树木发育慢，必须密植才能提早郁闭，所以可采用《造林技术规程》造林密度范围中的较大值，并可适当加大。另外，根据《造林技术规程》，在适宜的造林密度范围内，湿润、半湿润水土流失地区，初植密度可适当大些。

（三）采煤塌陷区复垦耕地防风林

平原地区的采煤塌陷区地形相对平坦，地下水位埋深浅，容易出现排水不畅的现象，造林建设需要参照以下方面。

① 选择好椅种：宜选择耐水湿的树种，如枫杨、柳树、水杉等。

② 开沟排水，整理水系：开排水沟，堆土堆造林，使幼树根系不至于长期处于积水缺氧状态，增加土壤通气性，提高造林成活率，促进树木增长。

③ 刨碎土块（团）栽植：打穴植树时，挖出的土壤往往成块状，且因土块（土团）内还有许多杂草之茎根盘结，且有较大的韧性，整地挖土时不易打碎，植树时不易踏碎使得树苗种植时难于踩紧，造成不同程度的吊根现象，直接影响造林成活率，因此须刨碎土块（团）再种植。

（四）各类堆场绿化林

堆场植被重建首先应该选择适合在不同堆场环境下的重建树种，废石场、弃土等堆场通常土壤养分不足，需要施放肥料改善种植土壤，对于定植坡度较陡的地方，还需要在定植前结合客土喷播或植生袋等植被重建工程技术将定植土和陡坡相结合。对于存在污染的堆场环境，如赤泥堆、砰石堆，重建植物难以生长，需要采用有机肥、污泥、秸秆、泥炭、生活垃圾、粉煤灰、石灰、磷酸盐等改良物，中和土壤毒性。

（五）尾矿库绿化林

由于尾矿场的条件及各矿山经济条件不同，我国矿山尾矿场的植被重建工程可分为覆土和不覆土两种类型。不覆土重建的尾矿场多位于土源缺乏的地区，重建时节省了覆土的工程，但可选择的植物种有限，又需要较多的后期管理。覆土重建的尾矿场位于有土源的地区，覆盖上层厚度一般在 50 cm 以上。南方矿区土源缺乏，一般将剥离的表上单独存放，待尾矿干涸后，再将其覆盖在尾矿上。

尾矿场植被重建工程的内容包括尾矿场土壤的改良、植物的筛选与种植以及配置模式的选择。

由于尾矿的场地持水持肥力差，pH 呈酸性或碱性，又含有过量的重金属及盐类，对植物的生长不利，因此生态重建时必须进行改良。一般对于呈酸性的尾矿、用石灰中和；对呈碱性的尾矿，用石膏、氯化钙作调节剂；对含毒重金属的尾矿，采用铺盖隔离层、覆土的方法。

在植物种类选择上，筛选生命力强，耐贫瘠的乡土树种，适当引入外来植物种。

尾矿上植物种植方法有种子直播，也可采用实生苗穴植。配置模式有林草型、草果型、农林型等。

（六）道路绿化林

道路植被重建是矿山植被重建的重要组成部分，在矿山开采过程和频繁来往的运矿车辆都会产生大量的粉尘，因此，在矿区道路植被重建应考虑选择滞尘能力强的植物。同时，从交通安全的角度考虑，选用的树种还应当具有分支点高（大于2.5 m）、树冠整齐等特点。

矿山道路植被重建应该结合道路本身和地形特点进行设计，通常矿区主路宽8~10 m，道路两侧可采用行列式的种植方式，将行道树和绿篱搭配，常用的行道树植物可选择香樟、女贞、榆树、国槐、刺槐、杨树、垂柳、红叶李、法国梧桐等；绿篱可选择耐修剪、抗污染能力强的植物，如大叶黄杨、红叶石楠、龙柏、法国冬青等。

四、种苗处理

严格执行森林植物检疫制度、种苗质量检验制度，并接受有关部门监督。要采用具有生产经营许可证、植物检疫证书、质量检验合格证书和产地标签的种子、苗木以及其他繁殖材料。播种造林种子的质量应达到相应地方标准规定的合格种子的标准。优先选用优良种源和良种基地生产的种子。易遭鸟兽危害的树种，播种前须对种子进行药物拌种，休眠期长的种子，应进行浸种处理。

裸根苗按应参照《主要造林树种苗木质量分级》，严格进行苗木分级、并选用一、二级苗木造林。营造速生丰产用材林要选用一级苗造林。未制定国家标准的树种，应选用品种优良、根系发达、生长发育良好、植株健壮的苗木。

插条造林宜选用采穗圃培育的插条，或选用1~2年生根部粗壮萌条。插条的直径以1~2 cm，长20~50 cm为宜。插干造林选用2~4年生、直径2~5 cm，并截成1~5 m的枝干。

苗木应有比较完整的根系，针叶树应具有饱满顶芽，苗主根长应达15~20 cm，阔叶树苗主根长应达20~30 cm。苗根过长的，要适当修剪或截根。感染病害、遭受虫害或劈裂，主梢折断、根系过短等严重机械损伤，以及失水、干枯和霉烂的苗木，不得用于造林。

苗木应随起苗、随分级、随造林，严防风吹日晒。不能立即栽植的，应选背风阴向、土层深厚、排水良好、安全无害的地方进行假植，但其时间不宜过长。外地调运苗木从起苗、包装、运输、假植至栽植，整个过程都必须采取保湿措施。容器小苗出圃时要使用器具盛装，严禁手提苗茎搬运。

植苗造林前根据树种、苗木特点和土壤墒情，对苗木进行剪梢、截干、修根、修枝、剪叶、摘芽、苗根浸水、蘸泥浆等处理；也可采用促根剂、蒸腾抑制剂和菌根制剂等新技术处理苗木。

五、造林时间选择

依据气候、土壤、造林树种特性确定造林季节和时间，选择温度、湿度适宜，自然灾害较小、符合苗木生长发育规律的时间。

（一）春季栽植

适用于我国大部分地区，川、滇部分地区不宜，造林时间短，按苗木的萌芽早晚、土壤解冻的先后安排造林时间。

应先低山，后高山，先阳坡，后阴坡，先轻质土，后黏质土。

栽植顺序为常绿针叶、竹类、落叶阔叶、常绿阔叶。

（二）夏季栽植

优点：高温高湿天气或低温高湿天气，树木生长旺盛，土壤吸水松软，整地栽植省工省力。

缺点：造林时间短，天气变化较大，机会不易掌握；苗木蒸腾量大，伤根过多影响成活。

适用于萌芽能力强、蒸腾强度小的松、柏等针叶树种；一般在一两次透雨后栽植，以连阴天为好；应当使用百日苗、半年生苗、一年半生苗。

（三）秋季栽植

优点：气温渐低、土壤湿润，地上部分停止生长，地下部分仍有活动，根系当年可恢复一部分，造林时间较长。

缺点：苗木易受霜冻、冻拔害及动物危害。

三北地区均可在树木落叶到土壤冻结前进行，但以早为宜；不适于风沙区、冻拔害严重的黏重土壤；主要适于落叶阔叶树种。

（四）冬季栽植

适用于土壤不冻结的华南和西南各省区，气温低，但不严寒，天气晴朗，雨水较少，树木经过短暂休眠即开始活动。

六、播种和栽植

（一）播种造林

在矿山土地复垦中，播种造林主要针对草木或藤蔓的植被重建工程。

播种量根据树种的生物学特性、种子质量、立地条件造林密度确定。

采用穴播时，在植穴中均匀地播入数粒（大粒种子）至数十粒（小粒种子），然后覆土镇压，覆土厚度一般为种子直径的 2~3 倍，土壤黏重的可适当薄些，沙性土壤可适当厚些。

采用条播时，在播种带上播种成单行或双行，连续或间断，播种入土或播后覆土镇压，覆土厚度一般为种子直径的 3~5 倍，土壤黏重的可适当薄些，沙性土壤可适当厚些。

一般情况下，雨季适宜于小粒种子播种造林，秋季适且于大粒、硬壳、休眠期长、不耐贮藏的种子播种造林。

（二）植苗造林

在矿山土地复垦中，植苗造林主要针对乔木和灌木的植被重建工程。

1. 定点、放线

定点放线要以设计提供的标准点或固定建筑物、构筑物等为依据，应符合设计图纸要求，位置要准确，标记要明显。

① 规则式种植：树穴位置必须排列整齐，横平竖直。行道树定点，行位必须准确，大约每 50 m 钉一个控制木桩，木桩位置应在株距之间。树位中心可用镐刨坑后放白灰。孤立树定点时，应用木桩标志树穴的中心位置上，木桩上写明树种和树穴的规格。绿篱和色带、色块，应在沟槽边线处用白灰线标明。

② 自然式种植：定点放线应按设计意图保持自然，自然式树丛用白灰线标明范围，其位置和形状应符合设计要求。树丛内的树木分布应有疏有密，不得成规则状，三点不得成行，不得成等腰三角形。树丛中应钉一木桩，标明所种的树种、数量、树穴规格。

2. 挖栽植穴、槽

挖栽植穴、槽的位置应准确，严格以定点放线的标记为依据。

穴、槽的规格，应视土质情况和树木根系大小而定。一般规定，树穴直径和深度应较根系和土球直径加大 15～20 cm，深度加 10～15 cm；树槽宽度应在土球外两侧各加 10 cm，深度加 10～15 cm，如遇土质不好，需进行客土或采取施肥措施的应适当加大穴槽规格。

挖栽植穴、槽应垂直下挖，穴槽壁要平滑，上下口径大小要一致，挖出的表土和底土、好土、坏土分别堆放。穴、槽壁要平滑，底部应施基肥并回填表土或改良土。在新垫土方地区挖树穴、槽，应将穴、槽底部踏实。在斜坡挖穴、槽应采取鱼鳞坑和水平条的方法。

栽植穴、槽挖掘前，应向有关单位了解地下管线和隐藏物埋设情况。若挖栽植穴、槽时遇障碍物，如市政设施、电讯、电缆等应先停止操作，应请示有关部门解决或与设计单位取得联系，进行适当调整。

3. 客土、施肥

树木生长、发育都离不开土壤，因此土壤好坏影响着树木的成活，具体要求如下。

① 种植树木所必须的最低土层应视树木规格大小而定，一般较树木根系至少加深 30～40 cm 以上；

② 种植前对土壤进行勘探，化验理化性质和测定土壤肥力；

③ 对不宜树木生长的建筑弃土，或含有害成分的土壤，必须进行客土，换上适宜树木生长的种植土；

④ 如设计规定或有特殊要求还可掺入部分腐植土，以改良土壤结构和增加肥力，一般可掺入 1/5 或 1/4 的腐植土。

为供给树木养分，促进发育生长，可采取施肥措施，一般要求如下。

① 施肥所需肥料应是经过充分腐熟的有机肥；

②施肥量应根据树木规格、土壤肥力、有机肥效高低等因素而定；

③ 施肥的方法：将有机肥搅碎、过筛与细土拌匀，平铺坑底，上面覆 10 cm 种植土。

4. 运输和假植

苗木装运前应仔细核对苗木品种、规格、数量、质量。外地苗木应事先办理苗木检疫手续。装、运、卸和假植苗木的各环节均应保护好苗木，轻拿、轻放，必须保证根系和土球的完好，严禁摔坨。装裸根苗木应顺序码放整齐，根部朝前，装时将树干加垫、捆牢，树冠用绳拢好。

长途运输应特别注意保持根部湿润，一般可采取沾泥浆、喷保湿剂和用苫布遮盖等方法。装带土球苗木，应将土球放稳、固定好，不使其在车内滚动，土球应朝车头，树冠拢好。运输过程应保护好苗木，要配备押运人员，装运超长、超宽的苗木要办理超长、超宽手续，押运人员应与司机配合好。使用吊车装卸苗木时，必须保证土壤完好，拴绳必须拴土球，严禁捆树干吊树干。

卸车时应顺序进行，按品种规格码放整齐，当天不能栽植的应及时进行假植，缩短根部暴露时间。裸根苗木可在栽植场地附近选择适合地点，根据根幅大小挖假植沟假植，假植时间较长时，根系应用湿土埋严，不得透风，根系不得失水；带土球苗木假植，可将苗木码放整齐，土球四周培土，喷水保持土球湿润。

5. 修剪

树木移植时为平衡树势，提高植树成活率，应进行适度的强修剪。修剪时应在保证树木成活的前提下，尽量照顾不同品种树木自然生长规律和树形。修剪的剪口必须平滑，不得劈裂并注意留芽的方位。超过 2 cm 以上的剪口，应用刀削平，涂抹防腐剂。修剪的方法，一般采取疏枝和短截。

树木的根部和高大落叶乔木树冠的修剪，均应在散苗后种植前进行，一般剪去劈、裂、断根、断枝、过长根、徒长枝和病虫根、枝。

灌木、绿篱、花篱或需造型修剪的树木，除根部修剪在种植前进行，树冠部分应在种植二遍水扶直后进行。

常绿乔木一般可不修剪，仅剪去病虫、枯死、劈、裂、断枝条和疏剪过密、重叠、轮生枝。剪口处留 1～2 cm 小木橛，不得紧贴枝条基部剪去。

6. 种植

种植的时间选择，应根据树木品种的习性和当地气候条件，选择最适宜的栽植期进行栽植。一般应选择在蒸腾量小和有利根系及时恢复的时期。

（1）种植的质量标准

① 种植的苗木品种、规格、位置、树种搭配应严格按设计施工。

② 种植苗木的本身应保持与地面垂直，不得倾斜。

③ 种植时应注意苗木的丰满一面或主要观赏面应朝主要视线方面。

④ 种植规则式要横平竖直，树木应在一条直线上，不得相差半树干，遇有树弯时方向应一致，行道树一般顺路与路平行。树木高矮，相邻两株不得相差超过 30 cm。

⑤ 种植苗木深浅应适合。一般乔灌木应与原土痕持平。个别快长、易成活的树种可较原土痕栽深 5～10 cm，常绿树栽时土球应与地面平或略高于地面 5 cm。

⑥ 种植带包装的土球树木时，必须保持土球完好，包装物应取出。

（2）种植的程序和方法

① 散苗：将苗木按定点的标记放至穴内或穴边，路树应与道路平行散放。散苗后再与设计图核对，无误后方可进行下道工序。

② 还土：核对根系、土球与种植穴的规格是否符合规范的标准。合格后向种植穴内还土至合适的高度并踏实。

③ 种植：裸根树木种植时，应将根部舒展、铺平，不得窝根，随后填土至 1/2 时，将树干向上提动，但不得错位，使根与土壤密接，沿穴壁踏实，再将土填至地平。种植带土球苗木、树木入穴后，土球放稳，树干直立，随后拆除并取出包装物，如取出包装物确有困难时，应将包装物尽量压至穴的底部，随填土随踏实。

④ 开堰：种植后应在树木四周筑成高 15～20 cm 的灌水土堰，土堰内边应略大于树穴、槽 10 cm 左右。筑堰应用细土筑实，不得漏水。

⑤ 浇灌：浇灌树木水质应符合现行国家标准《农田灌溉水质标准》的规定。每次浇灌水量应满足植物成活及需要，浇水后均应整堰、堵漏、培土、扶直树干。新栽树木应在浇透水后及时封堰，以后根据当地情况及时补水。对浇水后出现树木倾斜，应及时扶正，并加以固定。

⑥ 立支撑：种植后需要支撑的树木，可根据立地条件和树木规格采取三角支撑、四柱支撑、联排支撑及软牵拉，支撑物、牵拉物与地面连接点的链接应牢固。一般支撑立于土堰以外，深埋 30 cm 以上，将土夯实，支撑的方向一般均迎风。树木绑扎处应垫软物，严禁支撑与树干直接接触，以免磨坏树皮。支撑立好后树木必须保持直立。

（3）非种植季节种植应采取下列措施

① 苗木应提前采取修枝、断根或用容器假植处理。

② 落叶乔木、灌木类应进行适当修剪并应保持原树冠形态，剪除部分侧枝，保留的侧枝应进行短截，并适当加大土球体积。对移植的落叶树必须采取强修剪和摘叶措施。

③ 掘苗时根部可喷布促进生根激素，栽植时可加施保水剂，栽植后树体可注射营养剂。

④ 选择当日气温较低时或阴雨天进行移植，一般可在下午五点以后移植。

⑤ 各工序必须紧凑，尽量缩短暴露时间，随掘、随运、随栽、随浇水。

⑥夏季移植后可采取遮荫、树木裹干保湿、树冠喷雾或喷施抗蒸腾剂，较少水分蒸发；冬季应采取防风防寒措施。

七、后期抚育与管护

（一）抚育技术与措施

1. 抚育次数

植被重建后应及时进行松土除草，松土除草要与扶苗、除蔓等结合进行。连续进行

3～5 年，每年 1～3 次。

2. 松土

松土应做到里浅外深，不伤害苗木根系，深度一般为 0.05～0.1 m，干旱地区应深些，丘陵山区可结合抚育进行扩穴，增加营养面积。

3. 除草

对于植被重建区域，原则上不进行全面割灌、割草抚育；根据需要，采取适宜的除草措施。

4. 平茬

对具有萌芽能力的树种，因干旱、冻害、机械损伤以及病、虫、兽危害造成生长不良的，应及时平茬复壮嫩芽。

（二）栽培管理

1. 后期养护

后期养护包括浇水、施肥、间伐、修剪及有害生物防控等。

2. 浇水、施肥

植被重建结束后的前 3 年，应对苗木进行施肥 2～3 次，树木休眠期以有机肥为宜，生长期宜施缓释型肥料。在施肥过程不应触及叶片，施肥后要及时浇水。

浇水应采用 pH 和矿化度等理化指标符合树木生长需求的水源，保证水源的 pH5.5～8.0，矿化度在 0.25 g/L 以下。树木应浇返青水和冻水，此外，根据实际情况在生长期浇 2～3 次，浇水应浇透，浇水后应适时覆土。

对于边坡上的植被，在种植结束后的前三年，应每年检查 1～2 次。尤其是暴雨过后要仔细查看有无冲刷损坏。对水土流失情况严重的地块，应立即采取补植措施，堵塞漏洞。

对于排岩场、废石（含矸石）堆场客土重建植被的，在客土层和岩石层之间可能长期形成水分和养分断层，必须根据实际情况，长期进行浇水和施肥，以保障植被生长必须的水分和养分。

3. 间伐

林木分化明显，出现自然稀疏现象，平均胸径连年生长量开始下降或遭受到火灾、病虫害及风雪等自然灾害轻度危害的林分要进行抚育间伐。

4. 修剪

修剪包括冬季修剪和生长期修剪，修剪时保持自然树型、冠型条件下，剪除树木的徒长枝、交叉枝、并生枝、下垂枝、萌生枝、病虫枝及枯死枝。剪除干径在 0.05 m 以上的枝干，应涂保护剂，防水分蒸发。

5. 有害生物防控

有害生物以预防为主，综合防治。注意因干旱、水湿、冷冻、日灼、风害等所致生理性病害的防治。为避免对害虫天敌和生态平衡的破坏，应科学使用化学防治技术。目前，普遍采用的病虫害防治方法主要有物理防治、生物防治和化学防治三种。

物理防治根据害虫生物学特性，采取糖醋液、树干缠草绳和黑光灯等方法诱杀害虫。

生物防治采取助迁和保护瓢虫、草蛉、捕食螨等天敌，或利用昆虫信息激素诱杀。

化学防治是根据防治对象的生物学特性和危害特点，允许使用生物源农药、矿物源农药和低毒有机合成农药，有限度地使用中毒农药，禁止使用剧毒、高毒、高残留农药，应以无、低毒药剂为主。

第六章 有色金属矿区土壤重金属污染及修复技术

金属矿床的开采、选冶，使地下一定深度的矿物暴露于地表环境，致使矿物的化学组成和物理状态改变，加大了金属元素向环境的释放量，影响地球物质循环，导致环境污染。尤其是有色金属矿产的开采会导致大量尾矿的产生，废石、尾矿的堆放不仅占用土地，而且由于暴露在环境中，风吹雨淋使包含其中的有害元素转移到土壤中，对生长在该区的绝大多数生物的生长发育都将产生严重抑制和毒害作用，引起土壤重金属污染。

土壤是人类赖以生存的最基本的物质基础之一，又是各种污染物的最终归宿，世界上90％的污染物最终滞留在土壤内。由于重金属污染物在土壤中移动性差、滞留时间长、不能被微生物降解，并可经水、植物等介质最终影响人类健康，所以采取措施对重金属污染土壤进行修复是必要的。矿业废弃地的生态恢复已成为我国当前所面临的紧迫任务之一，也是我国实施可持续发展战略应优先关注的问题之一。

第一节 矿区土壤重金属污染概述

土壤是自然环境要素的重要组成之一，是人类赖以生存的必要条件。它是处在岩石圈最外面一层的疏松部分，具有支持植物和微生物生长繁殖的能力，是联结自然环境中无机界和有机界、生物界、非生物界的中心环节。土壤是一个十分复杂的多相体系和动态的开放体系，其固相中所含的大量黏土矿物、有机质和金属氧化物等能吸持进入其内部的各种污染物，特别是重金属元素，进而在土壤中发生累积，当累积量超过土壤自身的承受能力和允许容量时，就会造成土壤污染。

土壤重金属污染是指由于人类活动将重金属引入到土壤中，致使土壤中的重金属含量明显高于原有含量，并造成生态恶化的现象。污染土壤的重金属主要包括汞、镉、铅、铬和类金属砷等生物毒性显著的元素，以及有一定毒性的锌、铜、镍等元素。

一、矿区土壤重金属污染的来源

土壤中的重金属，在自然情况下，主要来源于成土母岩和残落的生物物质。但是近代以来，工农业的快速发展，人类活动加剧了土壤重金属的污染，污染程度越来越重，范围越来越广。在矿产资源的开发过程中产生的重金属污染问题尤为严重。

首先，采矿作业过程就是将矿物破碎、并从井下搬运到地面的过程，这就改变了矿物质的化学形态和存在形式，这是重金属污染环境的关键所在。物质破碎时，一部分重金属通过井下通风系统随污风排至地表，然后通过大气进入人体呼吸系统，或沉降到土壤和水体中；一部分通过坑道废水进入地下水或地面水环境。矿物质在井下或地面搬运过程中，也因洒落、扬尘进入附近的水体或土壤中，对环境造成危害。

然后，矿石开采出来之后要进行选矿。选矿产生的尾矿通常呈泥浆状，尾矿一般存放在尾矿库，小部分尾矿作为充填材料又回填到井下，绝大部分长期堆存尾矿库。选矿废水以及尾矿沉淀后的废液经简单处理后循环使用或用于周边农田灌溉，部分废液经尾矿坝泄水孔直接外排至周边水体。尾矿库中的重金属通过外排的废液或者通过扬尘进入周边环境，从而对周边环境产生重金属污染和危害。同时，选矿必须加入大量的选矿药剂，如捕收剂、抑制剂、萃取剂，这些药剂多为重金属的络合剂或螯合剂，它们络合 Cu、Zn、Hg、Pb、Mn、Cd 等有害重金属，形成复合污染，改变重金属的迁移过程，加大重金属迁移距离。因此，在矿产资源开采过程中，选矿废水和尾矿库的重金属是矿山环境污染的重要来源。

总结矿区土壤重金属污染来源具体有以下几个方面。

（1）通过尾矿堆积进入到土壤中的重金属。矿山尾矿、矿渣是采矿区土壤重金属污染的主要来源。这些废弃的固体经过长期的自然氧化、雨水淋滤等物理、化学和生物作用，使大量有毒有害的重金属元素释放出来进入到土壤和水体中，给采矿区及其周围环境带来严重的污染。

（2）通过酸性废水进入到土壤中的重金属。矿山酸性废水是矿山污染主体，它包括：矿山渗水、采掘作业水、矿井排水、选矿废水、废石堆和尾矿坝渗水、溢流水及各种硫精矿堆放地的酸性废水。这些矿山废水随矿山排水和蒸发降雨循环进入水环境或直接进入土壤，直接或间接对矿区及周边地区造成重金属污染。酸性废水主要是铜矿废石和采场矿体风化作用形成，由于硫化物（黄铁矿等）暴露于氧化环境而处于非稳定状态，经化学风化和微生物作用，黄铁矿及硫化物氧化释放出大量的 H^+、SO_4^{2-} 及金属离子进入水体，形成酸性废水。黄铁矿是自然界中分布最广、数量最多的硫化物，它可以出现于几乎所有的地质体中，尤其煤、铜、铅和锌等矿床。

酸性废水中重金属浓度与日平均气温、日降雨量、日废水量、累积废石量及废石堆中微生物数量等相关，与矿山产量无明显相关，这是区别于工厂废水的明显特征。酸性废水携带的重金属引起矿区生态环境严重恶化。具体表现为：① 直接污染地表水和地下水。② 诱发土壤酸化。③ 导致土壤重金属污染。

矿山酸性废水的重金属污染范围一般在矿山的周围或河流的下游，且重金属污染程度在河流的不同河段有所不同，如同一污染源的河流下段，由于水体自净化能力的恢复和金属元素迁移能力的减弱，重金属污染的程度逐渐降低。此外，应用工矿业污水（如被AMD污染的水体）来灌溉农田，土壤重金属污染的危险性非常大。

（3）随着大气沉降进入到土壤中的重金属。大气中重金属主要来源于矿石开采、冶炼、运输等过程中产生的大量含有重金属的气体和粉尘。除汞以外，重金属基本上是以气溶胶的形态进入大气，通过自然沉降和降雨淋洗进入土壤圈的。它们主要以工矿烟囱、废物堆和公路为中心向四周及两侧扩散。

总之，土壤中重金属污染物的来源途径主要有以上三种，而同一区域内的土壤重金属污染可能源自某单一途径，也可能是多途径的。矿区的土壤重金属污染高于一般地区，地表高于地下，污染时间越长重金属积累就越多。

二、矿区土壤重金属污染的特点与危害

矿区土壤重金属污染主要有以下几个特点：

（1）隐蔽性和普遍性：重金属无色无味，很难被检测而有一定的隐蔽性，常以飘尘（降尘）、农药喷洒、污水灌溉、施肥等多方式、多渠道进入植被和土壤的耕作层。大气污染、水污染和废弃物污染一般都比较直观，通过感官就能发现。而土壤污染则不同，土壤污染从产生污染到出现问题通常会滞后较长的时间，往往是通过农作物包括粮食、蔬菜、水果或牧草等，人或动物食后的健康状况反映出来，具有隐蔽性或潜伏性。它往往要通过对土壤样品进行分析化验和对农作物的残留检测，甚至要通过研究对人畜健康状况的影响才能确定。

（2）累积性：和其他类型污染物相比，重金属的特殊性在于重金属进入土壤以后，在土壤中不易随水淋溶，不易被生物降解，具有明显的生物富集作用，它不能被土壤微生物降解而从环境中彻底消除，当其在土壤中积累到一定程度时就会对土壤—植物系统产生毒害和破坏作用。

（3）不可逆性：重金属对土壤的污染基本上是一个不可逆转的过程，主要表现在两个方面：① 进入土壤环境后，很难通过自然过程得以从土壤环境中消失或稀释；② 对生物体的危害和对土壤生态系统结构与功能的影响不容易恢复。

（4）形态多变性：重金属大多数是过渡元素。它们多有变价，有较高的化学活性，能参与多种反应和过程。随环境配位体的不同常有不同的价态化合态和结合态，而且形态不同重金属的稳定性和毒性也不同。如铝离子能穿过血脑屏障而进入人脑组织，会引起痴呆等严重后果，而铝的其他形态没有这种危害。

（5）迁移转化形式多：重金属在环境中的迁移转化，几乎包括水体中已知的所以物理化学过程。其参与的化学反应有水合、水解、溶解、中和、沉淀、络合、解离等；胶体化学过程有离子交换、表面络合、吸附、解吸、吸收等；生物过程有生物摄取、生物富集、生物甲基化等；物理过程有分子扩散、湍流扩散、混合稀释等。

（6）复合性和综合性：在自然界中，单个重金属污染物构成的污染虽有发生，但大多数为复合污染，即重金属之间的复合污染以及重金属—有机物之间的复合污染。如 Cd、Zn 是具有相同地理化学和环境特性的两种元素，由于锌矿中通常含有 $0.1\% \sim 5\%$ 的 Cd，采矿过程及随后向环境中释放 Zn 通常可通过土壤—植物系统，经由食物链进入人体，直接危及人类健康。资料表明，复合污染之间的交互作用形式很多，除主要表现为毒性增强的协同作用外，还表现为独立，甚至拮抗作用。

土壤重金属污染对植（作）物和地下水等多方面产生严重影响，并且通过食物链的传递和积累效应危害人类健康，影响社会经济的可持续发展，其危害主要包括以下几个方面。

（1）污染农作物。有些重金属如铜、锌、锰、铝等，在浓度较低时，对各种酶系产生催化作用进而促进植物的生长，这时它们是农作物生长的微量营养元素；然而当浓度过高时反会破坏植物正常的生长代谢功能，使植物的发育受到抑制并影响对其他元素的吸收和代谢。还有些重金属元素如镉、铅、镍、汞等，常常会使植物生长受到毒害，造成植物死亡。

（2）污染恶化水体环境。当土壤受到污染后，重金属浓度较高的污染表土又会通过径流和雨水冲刷作用进入地表水和地下水，使水文环境受到恶化，并可能通过身体接触、食物链等多种途径威胁人类的健康安全。如堆放的尾矿、废渣以及产生的酸性废水等，在地表径流和雨水的携带下污染地表水体或下渗污染地下水体，人、畜通过饮水和饮食可引起中毒。

（3）大气环境遭受次生污染。遭受污染的土壤，其表土中含重金属浓度较高，而表土又比较容易在风力的作用下成为扬尘进入到大气环境中，导致大气污染、生态退化等次生生态环境问题，并且通过呼吸作用进入人体，对人类健康造成很大危害。

重金属在自然净化循环中，只能从一种形态转化到另一种形态，从甲地迁移到乙地，从浓度高变成浓度低等，由于重金属在土壤和生物体内会积累富集，即使某种污染源的浓度较低，但排放量很大或长时间的不断排放，其对环境的危害仍然是危险的。随着矿产资源的大量开采，产生了大量的矿山固体垃圾尾矿。尾矿的大量堆积给矿山附近的生态环境带来了严重影响，特别是金属硫化物矿床的尾矿中，微量有毒重金属元素的含量较高，当它们从地下被搬运至地表后，由于物理化学条件的改变，很容易与水相互作用发生化学风化，产生酸水并释放出大量有毒重金属元素，对矿区附近的生态环境造成严重的污染和破坏。最使人不安的是，即使在矿山关闭几十年、上百年甚至更长的时间内，尾矿淋滤液对生态环境的影响仍然存在。土壤污染一旦发生，仅仅依靠切断污染源的方法往往很难恢复，有时要靠换土、淋洗土壤等方法才能解决问题，其他治理技术可能见效较慢。因此，治理污染土壤通常成本较高、治理周期较长。

第二节　矿区重金属污染土壤物理化学修复

重金属污染土壤的修复是指利用物理、化学和生物的方法将土壤中的重金属清除出土体或将其固定在土壤中降低其迁移性和生物有效性，降低重金属的健康风险和环境风险。有毒重金属在土壤污染过程中具有隐蔽性、长期性、不可降解和不可逆转性的特点，它们不仅导致土壤肥力与作物产量、品质下降，还易引发地下水污染，并通过食物链途径在植物、动物和人体内累积。因此，土壤系统中重金属的污染和防治一直是国内外研究的热点和难点。重金属污染土壤的修复主要基于两种策略：一是去除化，将重金属从土壤中去除，达到清洁土壤的目的；二是固定化，将重金属固定在土壤中限制其释放，从而降低其风险。

目前，污染土壤的修复治理技术研究及实际应用已经在全球范围内引起了人们的广泛关注。基于重金属污染物的特点及其在土壤中的不同存在形态，研究发展了物理、化学和生物等修复方法。

一、物理修复技术

物理修复是最先发展起来的修复技术之一，主要包括客土法、热修复法、电动修复及玻璃化技术等。对于污染重、面积小的土壤修复效果明显，是一种治本措施，且适应性广，但存在二次污染问题，容易导致土壤的结构破坏和肥力下降，对污染面积较大的土壤需要消耗大量的人力与财力。因此，降低修复成本，减少二次污染的风险等是该方法亟待解决的问题，随着生物修复及复合技术的发展，物理修复中的一些技术将被逐渐取代。

（一）客土法

客土法是指在已污染的土壤中加入大量的未污染的清洁土壤，从而达到稀释降低土壤中重金属含量的目的，减轻目标物的危害程度。这种方法能够使污染物浓度降低到临界危害浓度以下，或减少污染物与植物根系的接触，减少重金属对食物链的污染，达到很好的效果。

此外，还有去表土法及深耕翻土法。这两种方法均是利用表层土壤污染严重，深层土壤中污染物含量明显降低的性质，去除表层土或是用深层土覆盖在表层土上。去表土就是去除表层污染土壤后，深翻土壤，使聚集在表层的污染物分散到土壤深层，达到稀释和自处理的目的。这种方法可以降低土壤中重金属的含量，减少重金属对土壤—植物系统产生的毒害，从此方法在欧美国家早有应用，对于降低作物体内的重金属含量、治理土壤重金属污染是一种切实有效的方法。但由于此法不够经济，且被污染的土壤并未得到处理，同时在操作过程中，操作人员将接触到污染土壤，人工费用较高。因而并不是一种理想的治理方法，只适用于小面积污染严重的土壤治理。

以上这些方法均是治标不治本，污染土壤依然存在，无法继续使用，因此，该方法逐渐被现有的新型修复技术取代。

（二）热修复法

热修复法是通过加热的方式（常用的加热方法有蒸汽、红外辐射、微波和射频），使一些具有挥发性的重金属（主要是汞、硒）从土壤中解吸出来，进行回收和集中处理。

（三）电动修复

重金属污染土壤的电动修复（Electrokinetic Remediation）是一种新兴的污染物修复技术，其基本原理是利用金属离子的电动力学和电渗析作用：在电场作用下，金属离子发生定向迁移，在电极两端进行收集处理。该技术最先由美国路易斯安那州立大学提出，目前对该方法的研究主要处于实验室的研究阶段，大规模土壤的原位修复技术研究还不够完善。

研究发现，在电场的作用下，几乎所有金属与土壤之间的结合作用都能被打破，因此，该技术处理土壤中低渗透性的 Cr、Pb、Cd、Cu、Zn 等金属时，效果良好。最近研究发现土壤 pH 是影响电动修复的关键因素，因而电动修复过程中可以通过控制 pH 来改善修复效果。在电动修复过程中，有时需通过施加一些增强剂来提高污染物的溶解度，尤其是高碱性和高吸附容量的污染土壤的修复，这在试验中得到了验证。有试验发现使用离子交换膜也能增加电动修复技术的效率。随着工作的深入，电动修复过程的模拟研究也已开展，通过模型来预测土壤中重金属分布状态作为时间的函数的变化情况，为更好的实际应用创造条件。

总的来说，土壤中水溶态和可交换态重金属极易被电动修复，而以有机结合态和残留态存在的重金属较难去除。电动修复具有能耗低、修复彻底、经济效益高等优点，是一门有较好发展前途的绿色修复技术，在修复重金属污染土壤方面有着良好的应用前景，但该技术对大规模污染土壤的就地修复仍不完善。

（四）玻璃化技术

玻璃化技术是指在高温高压的条件下，污染土壤熔化，冷却后，重金属与土壤一起形成玻璃态物质，从而被固定住。在通常条件下，这种玻璃态的物质非常稳定，常用的试剂均不能使其结构发生变化。因此，该项技术对放射性重金属的处理是非常适用的，可彻底消除重金属。对于严重污染土壤的紧急性修复，也可采用此方法。此外，还可以将废玻璃（$Na_2O \cdot CaO \cdot 6SiO_2$）或是玻璃的主要成分与土壤一起在高温下熔化，以加强土壤的玻璃化作用，增加玻璃化土壤的稳定性。

此项技术虽然固定效果非常好，但对于农田土壤，玻璃化后的土壤性质严重改变，已无法再继续进行耕作，且土壤熔化所需能量很高，修复成本太高。因此，在实际应用中受到限制。

二、化学修复技术

化学修复技术是通过向土壤中加入固化剂、有机质、化学试剂、天然矿物等，改变土壤的 pH、Eh 等理化性质，经氧化还原、沉淀、吸附、抑制、络合、整合和拮抗等作用来降低重金属的生物有效性。该修复在土壤原位上进行，简单易行，但并不是一种永久修复措施，因为它只改变了重金属在土壤中存在的形态，金属元素仍保留在土壤中，容易再度活化。

（一）土壤淋洗法

土壤淋洗法是用淋洗液来淋洗污染土壤，使吸附固定在土壤颗粒上的重金属形成溶解性的离子或金属—试剂络合物，然后收集淋洗液回收重金属，并循环淋洗液。此法关键是提取剂的选择，提取剂可以是水、化学溶剂或其他能把污染物从土壤中淋洗出来的液体，甚至是气体。

根据金属性质不同，淋洗液可分为无机淋洗剂、人工整合剂、表面活性剂及有机酸淋洗剂等。常用的有：盐酸、磷酸盐、EDTA（乙二胺四乙酸）、DTPA（二乙烯三胺五乙酸）、SDS（十二烷基硫酸钠）等。

土壤淋洗修复技术中，淋洗液的选择是关键因素。在保证投资消耗相对较少的情况下选择适合的淋洗剂；同时，要充分考虑环境因素，不能引起二次污染及土壤性质改变。目前，对新型淋洗剂（天然有机酸、生物表面活性剂）的实际应用研究还不成熟，且该项技术花费较高，限制了实际污染土壤修复工作的开展。

淋洗法适于轻质土壤，对重金属重度污染土壤的修复效果较好，但投资大，如 EDTA 作为最有效的螯合剂，价格十分昂贵，限制其商业化操作。淋洗液的使用也易造成地下水污染，土壤养分流失，土壤变性等问题。积极开发对环境无污染、易被生物降解、对重金属具有专一性的生物表面活性剂是今后的工作重点。

（二）有机质改良

有机质对重金属污染土壤的净化机制主要是通过腐殖酸与金属离子发生络合反应，来进而降低金属的生物有效性。作为土壤中重要的络合剂，有机质中的—COOH、—OH 和—NH_2 等基因均能与重金属（Cu、Zn、Pb 等）发生络合、螯合，使土壤中重金属的水溶态和交换态明显减少，特别是胡敏酸，它能与二价、三价的重金属形成难溶性盐类。常见的有机质包括胡敏酸、氨基酸、富里酸及一些杂环化合物。有机质作为还原剂，可促进土壤中的镉形成硫化镉沉淀，还可使毒性较高的 Cr^{6+} 转为低毒的 Cr^{3+}。

腐殖质的不同组成部分与重金属的结合力差别很大。富里酸与金属离子间形成络合物的可溶性与二者的比例有关，其一价、二价、三价盐类均溶于水，从而增强了金属的迁移性。因此，通过改变富里酸含量，可改变土壤淋洗效果。

（三）化学稳定化

土壤的化学稳定化是指利用磷酸盐、硅酸盐、石灰、石膏、泥炭、飞灰、有机物料等化学药剂对土壤中的活性重金属离子进行固化处理，使重金属从有效态变为沉淀物而处于相对稳定的形态，减少迁移性和生物可用性。

重金属在土壤中的可移动性是决定其生物有效性的一个重要因素，而移动性取决于其在土壤中的存在形态，因此向土壤中加入固化剂，通过吸附或共沉淀作用来降低重金属的生物有效性，是一种有效的方法。原位固化技术可大大降低修复成本，但该法不是一个治本的措施，重金属仍滞留在土壤中，且对土壤破坏较重，如土壤中必需的营养元素也发生沉淀，导致微量元素缺乏，土壤破坏后一般不能恢复原始状态，不宜进一步利用，而且对其长期有效性和对生态系统的影响不甚了解，也缺乏这方面的研究。

石灰（CaO）是一种成本低廉、非常常见的固定剂，加入土壤后，使土壤 pH 迅速升高。由于石灰具有较好的水溶性，在河底淤泥或泥浆修复中，可迅速渗入土壤空隙中，因此，可在较宽范围内对修复产生作用。在 Cd 污染的土壤上施用石灰，施用量为 $750kg/hm^2$，重金属 Cd 的有效态含量降低了 15%。调节 Hg 污染土壤的 pH 到 6.5 以上时，可有效促进 Hg 与 CO_3^{2-} 和 OH^- 形成难溶的碳酸汞、氢氧化汞等，明显降低了汞的生物有效性。

该技术的优点在于可进行土壤的原位修复，也适用于大面积范围的土壤修复，目前来看是一种比较实际、符合经济成本要求的应用技术。但是对稳定化剂的选择有较严格的要求，不能对土壤造成二次污染，也不能破坏土壤本身的性质。

第三节 矿区重金属污染土壤生物修复技术

生物修复是近年发展起来的一种治理重金属污染土壤的有效技术方法，与其他传统物化处理方法相比，具有治理效果好、运行费用低、无二次污染等特点。生物修复法一般是指利用生物对环境中的污染物进行降解，具有花费较少、对技术及设备要求不高等优点。它主要包括植物修复法、微生物修复法和植物—微生物联合修复法。

一、重金属污染土壤植物修复技术

植物修复技术就是利用植物根系吸收水分和养分的过程来吸收、转化污染体（如土壤和水）中的污染物，以期达到清除污染、修复或治理的目的。植物修复技术在 20 世纪 80 年代后期提出很快便得到了广泛的认同和应用。尽管到 20 世纪 80 年代后期才注重研究这一技术，实际上可以回溯到更早的年代，如 20 世纪 50 年代提出的污灌技术及用树木复垦矿山等废弃地。当然，那时的考虑重点不是植物修复功能，所以很难确切地说出其起源于何时何地。

用来进行植物修复的植物几乎包括所有的高等植物，如野生的草、蕨等植物以及栽培的树木、草皮、作物和蔬菜等。通常根据污染物的类型、污染位点特征（水体或土壤）、植物的生物学与生物化学特征及其降解固定吸收污染物的能力来选择合适的植物进行污染位点的植物修复。在绝大多数情况下，能用作植物修复处理的植物应在污染和非污染的土壤或水体环境下都能正常生长，并没有明显的生长抑制现象。用超积累植物来治理重金属污染的土壤，如果植物生长受到明显抑制，则其去除污染能力便受到怀疑。

（一）植物修复的主要机理

土壤中的重金属污染是植物生长的一种逆境，大量重金属进入植物体内，参与各种生理生化反应，导致植物的吸收、运输、合成等生理活动受到阻碍，使代谢活动受到干扰，生长受到抑制，甚至导致植物的死亡，这种伤害机理是非常复杂的，可能是单一元素的伤害，也可能是几种重金属的共同伤害。但是超富集植物，不仅能生长在重金属污染的环境中，表现出极强的抗性，而且能对污染土壤进行修复，减少土壤重金属含量，降低土壤的重金属危害性。

1. 植物对重金属的抗性机理

植物对重金属的抗性是指在土壤重金属含量很高的条件下，植物不受伤害或受伤害的程度小，能够生长、发育，并完成生活史。植物适应重金属胁迫的机制复杂多样，可以通过两种途径实现，即避性和耐性，这两种途径往往能协同作用于同一植物体上，在不同植物、不同的环境中可能以某一途径为主。

（1）限制重金属进入植物细胞体内

细胞膜是外界环境和植物有机体之间的一个界面，重金属进入根部必须进行细胞跨膜运输，需通过通道蛋白和 H^+ 偶联蛋白进入根细胞，质膜的组成是决定重金属进入细胞膜的关键因子，重金属污染时，植物膜的组成和变化能力的差异是植物对重金属抗性不同的重要原因之一，植物可通过分泌物的有机酸等物质来改变根际圈 pH、Eh，并形成络合物，降低植物周围环境中有效态的重金属离子含量，抑制重金属的跨膜运输。

（2）植物对重金属的排斥

重金属被植物吸收后，被排出体外，可以达到很好的解毒目的，如植物将吸收的重金属通过排泄方式排出体外，或通过组织脱落方式将重金属排出体外。

（3）重金属络合

重金属进入细胞质后，能和细胞质的蛋白质、谷胱甘肽、草酸、苹果酸等有.质物形成复杂的稳定螯合物，并在器官、细胞和亚细胞水平区域化分布，与细胞内的其他物质隔离开来，降低重金属毒性。有关螯合蛋白解毒机制已有很大的进展，主要集中在金属硫蛋白（Metallo Thionein，MT）和植物螯合肽（Phyto Chelatin，PC）。MT 首次是从马肾中提取出一种金属结合蛋白，然后分别在番茄、绿藻、玉米、洋白菜等植物中得到分离和纯化，是植物耐重金属的主要机制。MT 是由基因编码的低相对分子质量的富含半胱氨酸的多肽，通过 Cys 上的巯基与细胞内游离重金属离子结合，形成金属硫醇盐复合物，大大降低重金属毒性。在重金属的胁迫下，植物能迅速合成 PC，PC 与重金属结合，形成低毒化合物，直接降低重金属对植物的伤害，同时还可以保护一些酶活性间接降低重金属对植物的伤害。

（4）加强抗氧化防卫系统的作用

重金属污染能导致植物体内产生大量的活性氧自由基，引起蛋白质和核酸等大分子变性、膜脂过氧化，从而伤害植物。植物在生物系统进化过程中，细胞形成清除活性氧的保护体系，包括酶性活性氧清除剂（SOD、POD、CAT 等）和非酶性活性氧清除剂（GSH、AsA 等），这些氧化剂在重金属诱导下产生，其活性随活性氧的增加而增强。

2. 植物对重金属的富集机理

耐性是植物在重金属污染土壤中生存的基础条件，超富集植物除了具有普通植物耐重金属的机理外，常常能超量吸收和积累重金属，有关机理还没有完全清楚，目前对植物超富集机理取得的研究进展，主要包括植物的吸收、运输和累积等方面。

（1）植物对重金属吸收

在土壤重金属总量或有效态含量较低时，超富集植物积累量常是普通植物的百倍以上，其机理是超积累植物对根际重金属进行活化。其途径为：① 根系分泌质子酸化根际环境，促进重金属溶解；② 根系分泌有机酸，促进重金属溶解，或与结合态重金属形成螯合物，增强重金属的溶解度；③ 根系分泌植物高铁载体、植物螯合肽，促进土壤中结合态铁、锌、铜、锰的溶解；④ 根系细胞膜上还原性酶促进高价金属离子还原，增加金属溶解度。

（2）植物对重金属的运输

重金属离子进入根细胞以后，将会被运输到植物体的各部分。重金属在植物体内的运输分为三个过程，即重金属通过共质体进入木质部，重金属在木质部的运输，重金属向叶、果实等部位运输。由于植物内皮层存在凯氏带，重金属只有通过共质体才能进入木质部。在这个过程中，重金属的运输往往受到抑制，超富集植物能减少重金属在液泡中的区隔分布量，有利于将重金属装载至导管向地上部运输，但其机理有待于进一步研究。重金属在导管的运输则主要受根压和蒸腾作用的影响。阳离子在木质部的运输可通过阳离子—质子的反向运输、阳离子—ATPase 和离子通道实现，木质部细胞壁的阳离子交换量高，抑制重金属运输，超富集植物可能与有机酸结合，提高运输速率。

（3）重金属在植物体内的分布

重金属进入植物体后，可分布在植物各部分，但表现出明显的区隔化分布。在组织水平上，主要分布在外表皮和皮下组织中；在细胞水平上，主要分布在液泡和质外体等非生理活性区。大量重金属如铅、锌、镉、铜等沉积在细胞壁上，阻止重金属进入原生质而产生伤害。

（二）重金属污染土壤的植物修复方法

重金属污染土壤的植物修复技术按其修复的机理和过程可分为植物提取、植物固定、植物挥发、根际过滤。其中以植物提取修复意义最大，常常也将植物提取修复称为植物修复。

1. 植物提取

植物的提取是指通过植物吸收土壤重金属，收获部分植物体而达到减少土壤重金属的目的。植物对重金属的提取包括根系对重金属吸收、通过木质部和韧皮部运输以及在植物收获体富集。植物对重金属离子吸收，主要受土壤重金属有效态含量和植物根系吸收能力的影响。土壤重金属的有效态与重金属总量、土壤微生物、pH、Eh、有机质、含水量和其他营养元素的影响。超富集植物能对根际土壤中的重金属进行活化，根有很大表面积，吸附重金属离子，重金属离子需通过通道蛋白和 H^+ 偶联蛋白进入根细胞，超富集植物对某种或某几种重金属具有积累能力，其原因可能是植物的选择性吸收，可能机制是根表皮细胞膜或根木质部细胞膜上有专一性的运输蛋白或通道调控蛋白，限制重金属进入根部。重金属从细胞进入木质部，通过蛋白质输导到达韧皮部，分布在植物体各部位。重金属在输导和迁移的过程中，植物螯合肽（PC）和金属硫蛋白（MT）有重要作用，它们是在植物受到重金属胁迫对诱导产生的蛋白质，能与重金属结合进入液泡，通过液泡的区室化作用进行解毒。

2. 植物挥发

植物挥发是从污染土壤中吸收到体内的重金属转化为可挥发状态，通过叶片等部位挥发到大气中，从而减少土壤中的重金属，其转化和挥发的机制目前还不清楚。这一修复途径只限于汞、硒等挥发性重金属污染土壤，而且将汞、硒等挥发性重金属转移到大气中有没有环境风险仍有待于进一步研究。

汞是挥发性重金属，常以单质汞、无机汞（HgCl、HgO、HgCl）、有机汞（HgCH$_3$、HgC$_2$H$_5$）形式存在，其中以甲基汞的毒性最大。一些细菌可将甲基汞转化为毒性小、可挥发性的单质汞，从污染土壤挥发出去，目前有关植物修复汞的研究正在开展，如将还原酶转入拟南芥，表现出较强挥发修复能力。

3. 植物稳定

植物的稳定修复是利用重金属的超富集植物和耐性植物吸附和固持土壤中的重金属，并通过根际分泌的一些特殊物质转化土壤重金属形态，降低重金属毒性。植物稳定修复的作用体现在两个方面：一是通过植被恢复，保护污染土壤的免受风蚀和水蚀，减少重金属通过渗漏、水土流失、风沙等途径向地下水和周围环境的扩散；二是根系及其分泌物能够吸附、累积沉淀、还原重金属，降低重金属的迁移性和生物有效性。植物分泌物可将Cr^{6+}转化为Cr^{3+}，降低铬的毒性。植物稳定修复只是将重金属固定，改变重金属的形态，没有从根本上去除重金属，在环境条件改变时，金属可利用性将会改变。

4. 根际过滤

根际过滤是指在重金属污染的水体中，植物利用庞大的根系和表面积过滤、吸收和富集水体中的重金属，通过收获植物后，减少水体中的重金属。适合于根际过滤技术的植物通常根系发达，对重金属吸附能力强，包括水生植物、半水生植物和陆生植物。浮萍和水葫芦可有效清除水体中的镉、铜、硒，湿地中的宽叶香蒲和芦苇对铅、镉、镍、锌有很好的去除率。

（三）植物修复技术的特点及优点

1. 植物修复技术的特点

从世界范围来看，植物资源相当丰富，筛选修复植物潜力巨大，这就使植物修复技术有了较坚实的基础；人类在长期的农业生产中，积累了丰富的作物栽培与耕作、品种选育与改良以及病虫害防治等经验，再加上日益成熟的生物技术的应用和微生物研究的不断深入，使得植物修复在时间应用中有了技术保障。与物理化学修复方法相比，植物修复有如下特点：

（1）植物修复以太阳能作为驱动力，能耗较低。

（2）植物修复实际上是修复植物与土壤及土壤中微生物共同作用的结果，因而具有土壤-植物-微生物系统所具有的一般特征。

（3）植物修复利用修复植物的新陈代谢活动来提取、挥发、降解、固定污染物质，使土壤中十分复杂的修复情形简化成以植物为载体的处理过程，从形式上看修复工艺比较简单。

（4）修复植物的正常生长需要光、温、水、气等适宜的环境因素，同时也会受病虫草害的影响，也就决定植物修复的影响因素很多，具有极大的不确定性。

（5）植物修复必须通过修复植物的正常生长来实现修复目的，因而，传统的农作经验以及现代化的栽培措施可能会发挥重要作用，从而也就具有了作物栽培学与耕作学的特点。

（6）植物以及微生物的生命活动十分复杂，要使植物修复达到比较理想的效果，就要运用植物学、微生物学、植物生理学、植物病理学、植物毒理学等方方面面的科学技术不断地强化和改进，因而也有多学科交叉的特点。

2. 植物修复技术的优点

植物修复技术较其他物理化学和生物的方法具有更多的优点，表现在：

（1）植物修复的成本低。它仅需要传统修复技术 $1/10\sim1/3$ 的成本，投资和运作成本均较低，对环境扰动少，清理土壤中重金属的同时，可清除污染土壤周围的大气或水体中的污染物。

（2）有较高的环境美化价值。生活在污染地附近的居民总是期望有一种治理方案既能保护他们身心的健康，美化其生活环境，又能消除环境中的污染物。植物修复技术恰恰能满足居民的这一心理需求。

（3）植物修复重金属污染物的过程也是土壤有机质含量和土壤肥力增加的过程，被植物修复干净土壤适合多种农作物的生长。

（4）植物固化技术能使地表长期稳定，有利于污染物的固定，生态环境的改善和野生生物的繁衍，而且维持系统运行的成本低。

（5）用植物吸收一些可做微肥的重金属如 Cu、Zn 等，收割后的植物可用作制微肥的原材料，用这种原材料制成的微肥更易被植物吸收。

（6）植物修复技术能够永久性的解决土壤中重金属污染问题。相比之下，多数传统的重金属处理方法只是将污染物从一个地点搬到另一个地点或从一种介质搬运到另一种介质或使其停留在原地，其结果只能是延误重金属污染土壤的治理，给农产品安全和人类健康埋下"定时炸弹"。

（7）植物既可从污染严重的土壤中可萃取重金属也可以从轻度污染的土壤中吸收重金属。

二、重金属污染土壤微生物修复技术

微生物修复就是利用对污染物有一定抗性的微生物，在其生理活动过程中，对污染物进行降解、转化、吸附，从而使其对环境的危害性降低或使其完全无害化的过程。当铅、铬、镉、砷等非生物生存所需的重金属，以及锌、镍等生物生存所需的重金属物质在介质中达到一定的浓度时可能会对生物产生抑制作用，但自然界中的大多数微生物与重金属长期接触后，都能尽量减少毒害或受毒害后迅速恢复生长。

（一）微生物对土壤中重金属活性的影响

重金属污染土壤中的微生物，长期在重金属的选择作用下，会不断增强自己的耐性、抗性，并通过生物积累和生物吸着、生物转化作用影响重金属的活性及毒性。

1．微生物对重金属的吸附作用

微生物的主要重金属吸附位点包括细胞壁、胞外聚合物和细胞膜。荧光假单胞菌吸附的 Cd^{2+} 有 65% 是细胞壁的作用。细菌细胞壁的组分肽聚糖、脂多糖、磷壁酸可以吸附重金属离子。据报道，耐 Cd^{2+} 菌株细胞壁上活性基团—NH_2，—$COOH$ 和—PO_4^{3-} 活跃参与重金属离子的络合作用。进一步的研究指出，革兰氏阳性菌的吸附位点是细胞壁肽聚糖、磷壁酸上的羧基和糖醛酸上的磷酸基，因此它们有很强的吸收金属阳离子的趋向；革兰氏阴性菌富集重金属离子的位点主要是脂多糖分子中的核心低聚糖和氮乙酰葡萄糖残基上的磷酸基及 2-酮-3-脱氧辛酸残基上的羧基，肽聚糖含量少，因此表现出对金属有限的吸附能力。

微生物分泌的代谢产物——胞外聚合物也可吸附重金属。胞外聚合物主要包括多糖和多肽，其他的物质成分包括蛋白质、核酸和营养盐类，这类物质的表面常带有—COO^-、—HPO^{4-}、—OH^- 等基团，使得胞外聚合物不但具有离子交换特性，也可以与金属离子发生螯合作用。土壤中的固氮杆菌属、假单孢杆菌属、根瘤菌属分泌的荚膜多糖，可以有效地固定重金属。

2．微生物对重金属的沉淀作用

微生物可以通过异化还原作用或是微生物自身新陈代谢作用，产生 S^{2-} 和 PO_4^{3-} 这些离子与金属离子发生沉淀反应，使有毒有害的金属元素转化为无毒或低毒金属沉淀物。例如环境中的硫还原细菌可以通过两种方式将硫酸盐还原成硫化物：一是在呼吸过程中硫酸盐作为电子受体被还原；二是在同化过程中利用硫酸盐合成氨基酸如胱氨酸和蛋氨酸，再通过脱硫作用使 S^{2-} 分泌于体外。

（二）铁氧化物及微生物交互作用对土壤中重金属活性的影响

土壤胶体中含有大量的铁氧化物（包括氢氧化物），它主要包括针铁矿、赤铁矿、纤铁矿、磁铁矿等，通常铁氧化物表面存在两类表面基团羟基—OH（A 型羟基）和水合基—OH_2，在一定条件下，这些基团易与重金属发生配合，螯合作用，影响重金属的活性。

（三）微生物修复类型

微生物对土壤重金属污染修复的机理主要有微生物固定以及微生物转化两种。微生物对重金属的生物固定作用主要表现在胞外络合作用、胞外沉淀作用以及胞内积累三种作用方式上。由于微生物对重金属具有很强的亲和吸附性能，有毒金属离子可以积累在细胞的不同部位或结合到胞外基质上，或被螯合在可溶性或不溶性生物多聚物上。另外，微生物还可以通过产生柠檬酸等物质与重金属产生整合或是形成草酸盐沉淀，从而减轻重金属的伤害。而微生物对重金属进行生物转化，其主要作用机理是微生物通过氧化、还原、甲基化和脱甲基化作用转化重金属，改变其毒性，从而形成对重金属的解毒机制。

三、重金属污染土壤植物-微生物联合修复

生态系统的自我维持是矿山生态修复的终极目标，而植被修复是实现这一目标的主要途径。在陆地生态系统中，根际是土壤-植物生态系统物质交换的活跃界面，植物是第一生产者，土壤微生物是有机质的分解者。植物将光合产物以根系分泌物和植物残体形式释放到土壤，向土壤微生物供给碳源和能源；而微生物则将有机养分转化成无机养分，以利于植物吸收利用，因此植物-微生物的相互作用维系或主宰了陆地生态系统的生态功能，而植物修复实际上就是以植物为主体、以微生物为辅助的环境修复过程。这一过程能够有效进行的前提条件即植物能够适应污染环境而存活，这一方面要依靠植物自身的抗（耐）性，另一方面利用根际环境微生物类群与植物根系的相互作用具有重要的意义。

（一）重金属污染土壤的植物-微生物联合修复的不同形式

1. 植物与专性菌株的联合修复

一般来说，重金属污染往往会导致土壤微生物生物量的减少和种类的改变，然而微生物代谢活性并未显示明显的降低，这意味着在污染区的微生物对重金属污染可能产生了耐受性。因此，在污染区往往可以发现大量的耐受微生物菌体。这些耐受菌体的存在有助于土壤重金属污染植物修复的进行。土壤中许多细菌不仅能够刺激并保护植物的生长，而且还具有活化土壤中重金属污染物的能力。

可见，植物修复重金属污染土壤过程中向土壤中接种专性菌株，不仅可以提高植物生物量，而且还可以提高土壤中重金属的生物可利用性。因此，研究具有重金属耐性的促植物生长的专性菌株是植物—微生物联合修复重金属污染土壤的重要方向之一。

2. 植物与菌根的联合修复

所谓菌根就是土壤中真菌菌丝与高等植物营养根系形成的一种联合体。菌根植物与土壤重金属污染的研究开始于 20 世纪 80 年代初。在重金属含量很高的矿区时发现，少量生存的植物中多为菌根植物，且与非菌根植物相比较生长好。含有大量微生物的菌根是一个复杂的群体，包括放线菌、固氮菌和真菌。这些菌类有一定的降解污染的能力，同时，菌根根际提供的微生态使菌根根际维持较高的微生物种群密度和生理活性，从而使微生物菌群更稳定。越来越多的研究表明，菌根表面的菌丝体可大大增加根系的吸收面积，大部分菌根真菌具有很强的酸溶和酶解能力，可为植物传递营养物质，并能合成植物激素，促进植物生长；菌根真菌的活动还可改善根际微生态环境，增强植物抗病能力，极大地提高了植物在逆境（如干旱、有毒物质污染等）条件下的生存能力。

（二）重金属污染土壤植物—微生物联合修复技术的影响因素

1. 土壤中重金属污染特性

重金属的生态环境效应与其总量相关性不显著，从土壤物理化学角度来看，土壤中重金属各形态是处于不同的能量状态，其生物有效性不同。在污染土壤中，由于矿物和有机质成分对重金属的吸附，水溶态重金属所占份额不多。因此，重金属的生物可利用性、其

对植物和微生物的毒性和抑制机理都会影响重金属污染土壤植物修复的效率。

2. 植物本身生理生化特性

作为植物—微生物联合修复技术的主体，富集植物一般应具有以下几个特性：即使在污染物浓度较低时也有较高的积累速率，尤其在接近土壤重金属含量水平下，植株仍有较高的吸收速率，且须有较高的运输能力；能在体内积累高浓度的污染物，地上部能够较普通作物累积 10～500 倍以上某种重金属的植物；最好能同时积累几种金属；生长快，生物量大；具有抗虫、病能力。

3. 根际环境因素

根际环境在很大程度上影响着植物对重金属的吸收。所谓的根际就是受植物根系活动影响较多的部分土壤，是离根表面数微米的微小区域。从环境科学角度来说，根际是土壤中一个独特的土壤污染"生态修复单元"，是根系和土壤环境相互耦合的生态和环境界面。作为植物根系生长的真实土壤环境，根际环境在植物—微生物修复技术中的作用也不容忽视。根际环境因素主要包括：pH、氧化还原状况、根系分泌物、根际微生物和根际矿物质等。

(1) 根际环境中 pH 因素

根系可以通过吸收和分泌作用来改变其邻近空间的环境。植物通过根部分泌质子酸化土壤来溶解金属，低 pH 可以使与土壤结合的金属离子进入土壤溶液。如种植天蓝遏蓝菜和黄白三叶后，根际土壤 pH 较非根际土壤低 0.2～0.4，根际土壤中可移动态 Zn 含量均较非根际土壤高。重金属胁迫条件下植物也可能形成根际 pH 屏障来限制重金属离子进入原生质，如 Cd 的胁迫可减轻根际酸化过程，耐铝性作物根际的 pH 较高，使 Al^{3+} 呈羟基铝聚合物而沉淀。

(2) 根际环境中氧化还原状况

土壤中重金属形态和生物可利用性还受氧化还原状况的影响。如旱作植物的根系分泌物中含有酚类等还原性物质，使根际 Eh 值一般低于土体。该性质对重金属特别是变价重金属元素的形态转化和毒性具有重要作用。

(3) 根系分泌物

根系分泌物是指植物在生长过程中通过根的不同部位向生长基质中释放的一组种类繁多的物质。这些物质包括低分子量的有机物质、高分子的粘胶物质和根细胞脱落物及其分解产物、气体、质子和养分离子等。根系分泌物是一个多组分复杂的非均一体系，是植物与根际微生物及土壤进行物质、能量与信息交流的重要载体物质，是形成根际环境的物质基础。根系分泌物的种类繁多、数量差异大，据估计，植物根系分泌的有机化合物一般有200 种以上，既有糖、蛋白质和氨基酸等初生代谢产物，又有有机酸、酚类等。这些有机物质不仅为根际微生物提供了丰富的碳源，而且极大地改变了根际微区的物理和化学环境，进而对根系的养分状况产生重大的影响。

根系分泌的有机酸在金属污染的土壤中可以改变金属的化学行为与生态行为，从而改变金属的有效性和对植物的毒性。

一方面，有机酸可以与根际中某些游离的金属离子螯合形成稳定的金属螯合物复合体，以降低其活度，从而降低土壤中金属的移动性，达到体外解毒的目的。最近的研究发现，有机酸在植物耐铝胁迫中发挥重要作用。在铝存在条件下，植物根系产生许多种有机酸，但仅有一些专一性的有机酸被分泌到根际区域。例如小麦、黑麦、菜豆、玉米、荞麦和芋头等根系均能分泌柠檬酸、草酸、苹果酸等来螯合根际区域中的 Al^{3+}，与之形成稳定的复合体，阻止其进入植物根尖，从而达到植物体外解除铝毒害效应的目的。

另一方面，有机酸可以通过多种途径活化根际中有毒的金属，使之成为植物可吸收的状态，有利于植物吸收利用，这表现为植物对金属的积累性。目前大量报道已证实根系分泌物中的有机酸能够促进植物对金属的吸收。如草酸、柠檬酸、酒石酸和琥珀酸可以活化污染土壤中 Pb、Zn、Cd 和 Cu 等重金属，各种有机酸对 Cd 的活化能力最强，而对 Pb 的活化能力最弱，其中草酸、柠檬酸和酒石酸的活化能力最强，并随处理浓度的增加，其对重金属的浸提量也明显增加；许多种类的低分子量有机酸均能影响土壤固相结合 Cd 的释放，形成 Cd—LMWOA（镉—低分子有机酸）复合物，增加土壤中 Cd 的溶解性；Chen 等通过吸附实验发现柠檬酸的投入能够降低土壤中重金属 Cd 和 Pb 的吸附，并且对 Cd 的活化能力明显强于 Pb；水培实验结果显示，柠檬酸的存在能够减轻 Cd 和 Pb 对萝卜的毒害作用，促进重金属从植物根部向地上部的转移。

（4）根际微生物

植物在整个生长期间不断地向土壤中释放的大量根分泌物质为根际微生物提供了大量的营养和能量物质，大大促进了根际微生物的活性，同时根系分泌物组成的改变也将对根际微生物的活性和生态分布产生重要的影响。

根分泌物为根际微生物提供了能源和碳源，反之，根际微生物的存在也大大促进了植物根分泌物的释放。根际微生物可以影响根的代谢活动和根细胞的膜透性；同时微生物对根分泌物的吸收也改变了根际养分的生物有效性。

第四节　矿区重金属污染防治与矿业可持续发展

一、矿业可持续发展概述

矿业是对矿产资源进行地质勘探、开采、遴选、冶炼、加工和综合利用、循环利用的产业，也是国民经济中的支柱产业，是衡量一个国家经济、社会发展和综合国力的标志，对一个国家经济、社会发展具有决定意义，矿业发展的水平基本反映了一个国家的社会生产力发展水平。

矿业在社会发展中具有重要作用，是人类从事生产活动最为古老的领域之一，矿业所提供的矿物能源和原材料是人类赖以生存的、不可缺少的物质基础。但是矿产资源的不可再生性与可持续性利用构成了一对矛盾，这就造成了对矿产资源可持续发展问题的争论，问题的焦点是矿产资源是否是可持续的和矿业可持续发展的本质究竟是什么？人们认为，矿产资源可持续利用的实质不是搞好代际之间分配，而是建立一种动态资源结构。对不可再生的矿产资源而言，不存在也制造不出某种机制解决好矿产资源在当代人与后代人之间的分配问题，如果能建立一种保证社会经济持续发展的动态的矿产资源结构，就可认为矿产资源开发利用方式是可持续的。另外，矿业重金属污染问题是我国目前经济发展和结构调整中的一个突出问题，要用可持续发展的观点进行系统研究。

（一）矿业可持续发展内涵

在当代中国，矿业资源发展面临来自两方面的巨大压力。一是国民经济持续、快速的增长要求矿业提供更多的矿产资源；二是矿山开发过程中环境保护的任务也越来越重。对中国矿业来说，实施可持续发展战略必须完成三个方面的任务：一是矿业要为国家经济建设和社会发展提供矿产资源保障；二是矿业开发过程中要搞好环境保护；三是矿业自身要实现可持续发展。矿产资源是矿业发展的基础，又是不可再生资源。为了实现矿业的可持续发展，必须注意以下两个方面：一是适度开发，均衡生产；二是提高资源利用率。

适度开发就是要寻找这样一个资源耗竭率，矿产资源最优耗竭量是指在一定的时间范围内，为满足该区域社会经济发展的资源需求，该区域实际可以开发利用的矿产资源量。首先，这个概念具有综合性的内涵，即一定时期的矿产资源最优耗竭量是由诸如市场需求、资源基础、开发利用条件、生态环境承载能力、外来资源可供性等多方面因素综合作用的结果；其次，这个概念具有相对性的内涵，即一定时期、一定条件下确定的矿产资源最优耗竭量，只是权衡各个方面影响要素条件下，得出的一个相对较为合理的数量；再次，这个概念具有动态性的内涵，即一定区域的矿产资源最优耗竭量只是在一定的时间范围内可以规划开发利用的数量，随着时间的推移，环境条件的变化，这一耗竭量数据需要不断调整变化。依据上述概念，结合社会经济可持续发展的资源需求，研究分析矿产资源合理开发利用的力度和水平，对合理规划区域内矿业系统发展战略，制定相关的资源开发利用政策，具有重要的指导意义。

合理开发利用资源的另一个重要方面，就是努力挖掘资源潜力，提高资源利用率，延长矿山服务年限，实现可持续发展。应特别注意这样两点：在开发过程中尽量提高资源采收率，避免矿产资源的破坏和浪费；对矿产资源进行综合开发和综合利用。

（二）矿山可持续发展模式

根据目前在资源开采利用中存在不可持续发展的因素：早期开采资源观局限；综合利用程度低，损失浪费大；矿山环境治理多为"末端治理"；矿山开发外部环境差；乱采滥挖屡治不愈；管理和开采科技含量低等。因此，今后矿山的开发就强调三个方面的内容：一是以矿山可持续发展思路为指导，进行矿山规划与设计，强调矿山开发与区域环境、区域发展以及矿山开发各个子过程之间的协调；二是加强技术创新与清洁生产工艺研究与应用；三是进行管理体制改革和创新。

二、矿业重金属污染对可持续发展的影响

矿产资源的合理利用和良好的生态环境是可持续发展的基础；提高矿产资源的利用

率，做到矿山尾砂废石、废水、废气的资源化和对周围环境"无害化"是矿业生产的最大效益；保护矿区生态环境是实现可持续发展的根本途径。

随着矿业的持续发展以及企业对各种金属矿产及金属的大量需求，许多地方对金属矿山的开采日益增多，因此，所带来的环境问题也不断地涌现。矿山的开发所产生的酸性废水、选厂尾矿废水、洗矿废水、废石堆的淋漓溶浸和烟尘的排放，给矿区及其周围带来威胁性的地质灾害。特别是伴随矿业的发展，重金属污染范围逐渐扩大，污染程度不断增加。重金属区域污染不仅对矿区有很大危害，而且对周围的农田土地有较大的影响和破坏作用，由此引起的环境问题也不断涌现。重金属污染会破坏土壤的营养结构，能使土地贫瘠、干枯，植物枯萎。特别是在一些岩溶较发育的矿区，水文地质条件复杂，水流携带大量含重金属元素的矿渣到处蔓延，致使污染面积越来越大。矿产资源的特点和开采方式决定了矿区重金属污染的地域、途径、种类及严重程度。

首先，矿山的开采、冶炼含重金属元素的尾矿、冶炼废渣和矿渣堆放等可以产生被酸溶出含重金属离子的矿山酸性废水，随着矿山排水和降雨、洪水将其带入水环境或直接进入土壤，都可以间接或直接地造成土壤重金属污染。特别是被洪水淹没过的农田泥砂含量较高，沙化明显，这些泥沙很大一部分来自矿区选矿的尾砂，则重金属污染程度更重。就采矿来说，采到地下一定深度，使地下矿物暴露于地表，改变了矿物的化学组成和物理状态，从而使重金属元素开始向生态环境释放和迁移，并产生严重的重金属污染；井下坑道废水中的重金属离子已严重地污染了流过矿区的河流，重金属离子排入河流后，有一定的沉降、滞留。虽然离子浓度随流向呈下降趋势，但对流经地域可产生污染。因此，矿业可持续发展要紧紧围绕矿产资源开发过程中资源消耗程度高、"三废"排放量大、综合利用率较低、环境污染严重等制约问题进行改革，达到矿山开采与环境发展协调一致，为矿业可持续发展提供更为安全的保障平台。这里要特别提出的是矿山的尾矿库。开采过程中的洗矿渣、洗矿液、尾矿等均倒入尾矿库，是导致尾矿库污染最为严重的直接原因。尾矿暴露于大气中，被氧化形成了酸性废水，这种废水富集了可溶性的 Fe、Mn、Ca、Mg、Al 等以及重金属元素 Cu、Zn、Pb、As、Cd 等，通过地表径流污染地面水体或土壤，造成整个矿区甚至区域水体和土壤重金属污染。可以说尾矿库是重金属进入环境的重要场所，尾矿堆存在地表，空气和地质体的氧化和水解引起尾矿中硫化物矿物的风化作用，导致风化产物的释放。尾矿酸性废水导致尾矿中的重金属迁移，通过流经土壤有选择性地浸出重金属元素，并使重金属元素滞留在土壤中，造成土壤的重金属污染。

其次，矿区重金属污染主要由采矿、冶炼中的废水、废气、废渣、尾矿及降尘所造成，尤其在生产过程中有毒元素的排放及泄漏、废弃物的任意堆放，使得废渣中的重金属物质淋溶下渗至土壤或挥发到大气造成污染。在矿区内，土壤中重金属的重要来源是废矿石淋溶水的迁入，废石颗粒因风吹扩散而降落于土壤，并长期在雨水、生物的综合作用下，引起重金属在一定距离内迁移与均质化。在矿山生产中，氧化、风蚀作用可使废的堆场、尾矿库形成一个周期性的尘暴源。矿山生产对大气的污染还有公路运输时的大量扬尘。废矿石堆放无序，浸沥出的污染水不能从矿山排水渠道流走，而且直接流入耕地，增加了土壤中重金属毒素。其次是矿山导水渠道淤塞、损坏，丰水期洪水将矿渣冲入耕地，都会使耕地水体受到严重污染。

最后，矿产资源的开采供给能给矿区经济的飞速发展以有力支撑，但同时，资源带动矿山经济发展的单一模式会造成发展瓶颈。特别是重金属污染的恶果，会给当地的农林牧渔行业造成沉重的打击，制约矿山可持续发展。主要表现为：① 经济负担沉重。矿产资源对矿业经济的发展是双刃剑，一旦造成严重的重金属污染事故，整治十分困难。目前的修复方法在实施过程易受局限性与可行性影响，且恢复治理资金庞大；② 破坏其他经济形式。重金属污染会通过食物链的循环，产生乘数效应，危害激增。可以想象，当水质恶劣、动植物不能食用、农田荒漠化成不毛之地，农林牧渔行业瘫痪之时，更不用说发展矿业经济了，这样的后果无疑是可怕的。重金属污染还会带来一系列社会问题，如居民生活质量差及生存的安全感缺乏保障等。近年"镉米""癌症村"等健康危机事件更是敲响了警钟，如此恶性发展将造成社会的不稳定。由于矿产资源开发的有限性，重金属污染对矿山经济发展的抑制，矿区收益也会遭受不同程度的损失。而矿业的技术更新、引进及推广离不开资金的充足支持，人才队伍的建设供应。

可见，矿业可持续发展系统的要素相互影响关联，牵一发而动全身，重金属污染更是制约发展的一大隐患。矿山环境的保护必须防治结合，从源头抓起，以免矿业陷入发展的死圈。

三、矿业生态可持续创新战略

根据矿业可持续发展测评指标体系，提出了矿产资源开发利用的生态创新战略，它指的是在经济和社会长期发展过程中，综合运用资源经济学原理和方法，采取分类经营，生态优先；科技治理，合理利用；建立保障体系，依法治理矿业生态，实现经济发展、矿产资源开发利用及生态环境之间的协调发展的目标。

矿业可持续发展战略模型主要由以下几点决定：

（1）战略原则。按照"在开发中保护，在保护中开发"的原则，以提高经济社会可持续发展的保障能力为目标，着力处理好经济发展与矿产资源开发利用的关系，突出资源节约、合理利用和保护，提高矿产资源综合利用水平，形成有序开发、有偿利用、供需平衡、结构优化、集约高效的矿产资源开发利用新格局。

（2）战略重点。毫不动摇地坚持发展可持续的现代矿业。改革矿业经营方式，大力提倡生态矿业，加快发展以生态技术为核心的高科技矿业。大力推进以矿业开发生态技术创新为重点的矿业内涵升级，实现由传统经验型矿业向现代科技型矿业转变，由外延粗放型增长方式向内涵集约型增长方式转变，由自给封闭低效矿业向市场开放高效矿业转变。

（3）战略阶段。生态创新战略具有阶段性，矿产资源开发利用的生态创新战略应分三步走：

第一阶段为打基础阶段。要奠定生态环境基础、基本建设基础和人力资源开发基础。我国生态环境脆弱已是不争的事实，生态环境一旦破坏，难以恢复，对人类生存环境将造成毁灭性灾难，应把生态环境治理与恢复放在首位，把生态创新战略作为基础战略，加强生态环境管理体系的建设。在制定生态创新战略时，应以矿产资源状况和生态环境条件为主要考虑因素，制定经济发展目标，确定矿业发展方向，调整矿业产业结构，经济发展与生态建设并重，推动经济社会可持续发展。因此，这一阶段生态创新战略不能将经济增长速度放在首位，应主要是科学规划，合理分类，因类、因地区采取不同措施保护生态环境。如扩大矿产资源保护区范围，限制或禁止民采等不法行为，对效益低下、污染严重、与大型企业争原料的"三小"企业要严格按有关规定关、停、并、转，污染严重的大企业要限期整改，达不到要求的要坚决关停。有条件的地区对脆弱生态环境逐渐恢复，必要时实行异地安置政策，遏制生态环境继续恶化的趋势，大力发展经济效益、社会效益、环境效益与生态效益相统一的绿色矿业。

第二阶段为经济和生态环境共建阶段。已经在 2020 年，经济达到较高的发展速度，以经济发展促进生态创新战略的实施。加强与东部兄弟省区和国外的联系，学习先进的管理经验和生产技术，结合矿业产业结构调整，实现矿业产业升级和跨越式发展。

第三阶段为社会、经济、生态环境和谐、持续阶段。到 2030 年以致更长时期是社会、经济、生态环境高效、和谐、持续发展时期，人民群众生活质量将得到明显提高，人们对生态环境要求也将会提高，这一时期，生态创新战略仍将以继续恢复和增强脆弱区生态系统可持续性为重要战略，大力推广以清洁生产技术、生态工程技术、生态设计和全过程控制为主要技术特征的环境技术，仍将以可持续设计、生命周期分析、系统分析和生态管理为重点，提高生态系统效率，增强生态环境的可持续性，力争使矿产资源开发利用的生态创新达到一个较高水平。根据目前矿业发展的现状，要实现矿业经济的腾飞，就必须走绿色发展之路，遵循经济规律和生态规律，建设生态矿业经济，谋求一条经济、资源与生态协调发展的新路子。在实践中做到，以生态环境为保证，以资源开发为手段，最终达到发展经济的目的。

四、重金属污染防治的可持续发展规划

（一）重金属污染防治的可持续发展趋势

当前，经济增长与资源相对紧缺的矛盾已成为经济发展面临的一个突出问题，资源供应不足已成为制约我国经济发展的重要因素之一。解决这一矛盾的出路就是紧紧围绕实现经济增长方式转变和可持续发展，以提高经济效益为中心，一手抓资源节约，降低消耗，减少废弃物的排放，另一手抓资源综合利用，尤其是矿产固体废弃物的综合利用。矿业固体废弃物综合利用是实现经济增长方式转变的需要。当前，矿业面临着来自三个方面的压力和三个方面的任务。三个方面的压力包括：一是来自环境保护呼声日益增强的压力；二是受国际矿产品市场的冲击；三是来自矿业自身的困难。我国矿业利用先进技术装备和达到一般机械化水平生产的矿石量只占总量的 40%，装备水平比发达国家落后 15～20 年，能耗高，效率低。为了实施可持续发展，对于矿业来说，须完成三个方面的任务：一是矿

业要为经济建设与社会发展持续提供矿产资源保障；二是矿业开发过程中要搞好环境保护；三是矿业自身要实现可持续发展与经济增长方式的转变。开展矿产固体废弃物综合利用，实现固体废物资源化，则是完成上述任务的必然选择。矿产固体废弃物的一个显著特点是矿物伴生成分多和未燃炭分含量多。如煤炭，除利用不合理外，还存在洗选设施跟不上、燃烧技术落后等原因，致使废弃物中包含的未燃炭分多。在开发矿物资源方面存在着"单打一""取主弃辅"等诸多问题，将许多伴生组分矿物作为废弃物弃置。矿产固体废弃物堆存，需要花费大量征地及管理费用，成为企业的巨大负担，仅尾矿库基建费用就占整个采选企业费用的 10％ 左右，最高达 40％。据统计，堆存 1 t 废渣的费用需 4 元。另外，由固体废弃物而引起的环境污染及其引起的直接经济损失和间接损失难以估量。大量事实证明，对矿产固体废弃物进行开发利用，可达到保护环境、提高资源的利用效率和企业的经济效益的多重目的，对可持续发展战略的实施，推进企业经济增长方式转变具有重要的长远意义和现实意义。

矿业固体废弃物综合利用是改善和提高生态环境质量的迫切需要。为加快国民经济发展步伐，扩大矿产资源开发势在必行，但在开发利用矿产资源的同时，必须重视由此引发的环境污染问题。随着矿产资源的开发利用，引发的环境污染成为不可忽视的重大问题。矿产资源开发利用过中产生的尾矿、煤矸石、粉煤灰和冶炼渣已成为我国排放量最大的工业固体废弃物，约占总量的 80％。大量矿产固体废弃物排放占用了宝贵的土地资源，造成生态环境恶化，同时也造成大量金属与非金属资源的流失，矿山排出的固体废弃物亟待治理回用。

矿业固体废弃物综合利用是节约土地资源的迫切需要。矿产资源的开发与利用占用了大量土地，其中主要用于堆放尾矿、渣（尘、泥）、煤矸石等固体废弃物。矿产固体废弃物占用大量土地给社会造成的压力和难题是久远的。因此，开展矿产固体废弃物综合利用，使之资源化对于节约土地具有重要的意义。

目前，有限的资源将承载着超负荷的人口，环境负担，仅靠拼资源，外延扩大再生产的经济增长是不可能持续的。结合固体废物利用现状及大量尾矿所带来的诸多问题，废弃物利用工作应当进一步引起有关部门、矿山企业的高度重视，应从政治、经济、法律、技术等方面采取切实可行的措施。为了实施矿业的可持续发展，研究地下矿山采矿无废料生产技术将是十分必要的。可以说，无废开采是未来矿业可持续发展的趋势。矿业固体废弃物综合利用是矿业可持续发展的必然要求，只有将矿业固体废弃物合理、综合利用了，做到"资源化、无害化、减量化"，环境保护和经济效益才能真正地同时走上正轨，经济效益、环境效益、社会效益和资源效益才能得到最佳统一。

（二）重金属污染防治工作总体部署

近年来重金属污染问题开始逐渐显露，重金属重特大污染事件呈高发态势，对生态环境和群众健康构成了严重威胁。党中央、国务院高度重视，对加强重金属污染防治工作做出了一系列重要部署。相继出台了《循环经济促进法》《清洁生产促进法》《固体废物污染环境防治法》等法律法规。

作为金属矿产资源储量丰富而经济相对落后的省市地区，部分地区重金属污染和环境恶化较严重，为切实抓好重金属污染防控和整治，保护人民群众身体健康，促进社会、经济可持续的快速发展，依据有关法律法规和文件要求，全国以及各省市自治区都相继编制实施了《重金属污染综合防治规划》（以下简称《规划》）。

各地出台的《规划》都以"治旧控新、削减存量"为基本思路，以"调结构、保安全、防风险"为着力点，立足于"源头预防、过程阻断、清洁生产、末端治理"的全过程综合防控理念，遵循"以人为本、统筹规划、突出重点、综合防治、落实责任"的原则，以"重点防控污染物、重点区域、重点行业、重点防控企业"为工作重点，明确重金属污染防治目标、任务和措施，转变发展方式，优化产业结构，推进技术进步，加强重金属污染源监管，有效解决污染严重、威胁人民群众健康的重金属污染问题，逐步建立起比较完善的重金属污染防治体系、事故应急体系、环境与健康风险评估体系。

一直以来重金属污染事件常有发生。我国曾发生多起严重的重金属污染事件，对群众身体健康造成严重威胁，造成较恶劣的社会影响。历史遗留问题突出。以有色金属为主的金属矿采选、冶炼业，长期以来是广西部分地区的主导产业。经济基础落后，造成一些地区的小化工、小皮革制品制造业曾得以存在。大量的含重金属的废渣和许多矿山损毁土地及尾矿库没有得到有效治理和修复，部分废弃的采矿坑道产生的含重金属的矿坑涌水也没有得到有效治理。由于污染持续时间长、治理技术落后、监督管理薄弱，重金属的不可降解性使部分地区水体底泥、场地和土壤中重金属污染物越积越多，潜在事故风险较高。人体健康和食品安全受到威胁。重金属元素具有较强的迁移、富集和隐藏性。一些重金属元素属于人体必需的微量元素，但含量超过一定的限度也会对人体健康造成危害。不少重金属经空气、水、食物链等途径进入人体，具有显著的生物毒性，往往引发慢性中毒（如汞污染引起水俣病、镉污染引起痛痛病等）、致癌作用（如六价铬等）、致畸作用（如汞和铅等）及致突变作用，并对免疫系统造成一定的影响。监测和研究结果表明，部分矿区、冶炼厂周边受重金属污染农田中产出的粮食重金属含量超过了国家粮食卫生标准，对当地人民群众的身体健康构成了较大的威胁。

（三）可持续发展规划主要政策措施

1. 切实转变发展方式，加大重点行业防控力度

（1）加大落后产能淘汰力度，减少重金属污染物产生

① 严格依法淘汰落后产能。坚持以调结构、促减排为手段，严格执行国家颁布施行的《有色金属产业调整和振兴规划》《产业结构指导目录》《国家产业技术政策》等相关的产业政策及相关行业调整振兴规划，制定和实施小矿山、小化工、小冶炼等重污染产业退出机制，并把淘汰退出工艺、设备、产品和企业任务要分解落实到具体企业，按期完成。改善土地利用计划调控，严格落实《禁止用地项目目录》，严格禁止向氯化汞触媒项目、有钙焙烧铬化合物生产装置、开口式普通铅酸蓄电池项目等办理用地相关手续。禁止将涉

重金属落后产能向农村和不发达地区转移。支持优势企业通过兼并、收购、重组落后产能企业，淘汰落后产能。

② 加强对淘汰落后产能工作的监督考核。定期向社会公告限期淘汰涉重金属落后产能的企业名单和各地执行情况。对没有按期完成淘汰落后产能的地区，暂停其新增重金属排放的建设项目环评审批；对未经环保部门审批以及治理无望、实施停产治理后仍不能达标排放的涉重金属污染企业，要依法予以关停。

③ 加大重点防控区落后产能淘汰力度。重金属污染较严重的重点防控区域，除依法强制淘汰落后产能，强制淘汰规模经济小、重金属污染严重、环境信誉差的企业外，对于合法合规存在，但是具有以下情形的涉重金属企业，应采取措施鼓励其加快退出市场：需要淘汰或者限制的严重污染或者破坏生态环境的落后工艺技术、装备和产品，在淘汰期限之前提前退出的，或者自愿退出的；采用或者生产"高污染、高环境风险"产品名录所列的工艺或者产品，自愿退出的；因土地利用总体规划、城乡规划调整后不再符合新规划要求，需要退出的；地方政府为减少重金属污染、降低重金属环境风险，保护和改善环境而退出的；规模较小、产品相似的有色金属采选、冶炼企业兼并、收购、重组的；生产规模等已不符合行业准入条件，自愿退出的。

（2）严格执行行业准入政策，严格限制涉重金属项目

① 优化产业布局，提升产业水平。做好区域产业发展规划，特别是各区域的有色金属产业的发展规划，大力推进重点防控区有色金属矿采选业和有色金属冶炼业产业结构、产业技术优化升级，促进产业健康协调发展。鼓励发展产污强度低、能耗低、清洁生产水平先进的生产能力。环境容量有限的地区要坚持新增产能与淘汰产能"等量置换"或"减量置换"的原则，条件成熟时，在非重点防控区范围内探索在符合产业政策基础上不同企业重金属排放量置换、交易工作试点，实施"以大带小""以新带老"，鼓励重金属排放企业兼并重组，实现区域内主要重金属污染物新增排放量零增长。

② 严格准入条件，限制涉重金属项目。严格执行《铅锌行业准入条件》或其他行业准入条件的相关规定。对涉重金属行业，严格环评、土地和安全生产许可审批。按照《外商投资产业指导目录》，严格限制排放重金属污染物的外资项目。新建或者改建的项目必须符合环保、节能、资源管理等方面的法律、法规，符合国家产业政策和规划要求，符合土地利用总体规划、土地供应政策和产业用地标准的规定，并依法办理相关手续。严禁向涉重金属行业落后产能和产能严重过剩行业建设项目提供土地。对重金属环境质量超标区域，要实施区域限批，禁止新建涉及重金属污染物产生的项目。完善环境影响评价制度，将环境与健康风险评价作为涉重金属建设项目环境影响评价的重要内容。建设重金属污染物排放项目时，要科学确定环境安全防护距离，保障周边群众健康。

重有色金属矿（含伴生矿）采选业的项目必须符合下列基本条件：新建铅锌矿山最低生产建设规模不得低于单体 3 万吨/年（100 t/d），服务年限必须 15 年以上，中型矿山单体矿生产建设规模应大于 30 万吨/年（1000 t/d）。采用浮选法选矿工艺的选矿企业处理矿

量必须在 1000 t/d 以上。露采区必须按照环保和水土资源保持要求完成矿区环境恢复。对废渣、废水要进行再利用，弃渣应进行固化、无害化处理，污水全部回收利用。地下开采采用充填采矿法，将采矿废石等固体废弃物、选矿尾砂回填采空区，控制地表塌陷，保护地表环境。采用充填采矿法的矿山不允许有地表位移现象采用其他采矿法的矿山，地表位移程度不得破坏地表植被、自然景观、建（构）筑物等。尾矿库必须采取有效的防渗漏措施。

重有色金属冶炼业的项目必须符合下列基本条件：严格执行准入条件。在饮用水水源保护区及其汇水区（直接补给区）、自然保护区、风景名胜区、生态功能保护区等需要特殊保护的地区，大中城市及其近郊，居民集中区、疗养地、医院、学校，以及食品、药品、电子等对环境质量要求高的企业周边的环境安全防护距离内，不得新建重有色金属冶炼企业及生产装备，不得扩建除节能环保改造外的重有色金属冶炼项目。已在上述区域内投产运营的重有色金属冶炼企业要通过搬迁、转停产等方式退出。新建重有色金属冶炼项目必须有完善的资源综合利用、余热回收、污染治理等设施。烟气制酸严禁采用热浓酸洗工艺。利用火法冶金工艺进行冶炼的，必须在密闭条件下进行，防止有害气体和粉尘逸出，实现有组织排放；必须设置尾气净化系统、报警系统和应急处理装置。利用湿法冶金工艺进行冶炼，必须有排放气体除湿净化装置。

2. 采用综合手段，严格污染源监管

（1）加大执法力度，促进污染源稳定达标排放

所有涉重金属企业应纳入重点污染源进行管理。企业生产、日常环境管理、清洁生产、治理设施运行情况、在线自动监测安装及联网情况、监测数据、污染事故、环境应急预案、环境执法及解决历史遗留问题等情况要列入数据库进行动态管理，实施综合分析、核查监管。

实施专项整治行动。将整治重金属违法排污企业作为整治违法排污企业保障群众健康环保专项行动的重点，每年开展一次联合执法。采取行政、法规等手段，切实规范矿业生产秩序。依法关闭并拆除饮用水水源保护区内的所有重金属排放企业。从严查处一批未经环评审批许可开工建设、未执行"三同时"和竣工环保验收、采用淘汰生产工艺、重金属污染物不经处理任意超标排放、没有按照重金属排污许可排放等环境安全隐患问题突出的高危企业，停止建设不满足行业准入条件、未采用清洁生产技术、没有依法执行环评审批和"三同时"的新建工程项目。

做好监督性监测和检查。实施重金属排放企业环境监督员制度，加强对涉重金属企业污染防治的监督和检查。建立重金属污染物排放企业的监督性监测和检查制度。各地应对重金属排放企业车间（或车间处理设施排放口）、企业排污口水质及厂界无组织排放情况，每两个月开展一次监督性监测。加大监督性检查力度，重点检查物料的管理、重金属污染物的处置以及对可能产生重金属污染的各类生产和消防安全事故所制定的针对重金属污染的环保处置预案及建设环保应急处置设施情况等，促进企业规范化管理。

（2）重视矿山法制管理与政策激励

提高矿权市场准入门槛，使新建矿企每一步都遵循法律法规和可持续发展原则。我国可充分吸收国际经验，施行环境税、矿地恢复保证金等税收制度规范矿业生产，利用对矿企的耗竭补贴，鼓励经营者积极勘探新资源或开发可替代资源，并通过资源税将企业的外部环境成本内部化，完善我国环境税收体系的建设，从而更好地防治重金属污染。

（3）健全体系，提高信息透明度

各级政府需逐步制定重金属污染防治体系、事故应急体系和环境与健康风险评估体系，加强项目管理和督促检查，有序推进防控、整治各项工作。此外政府及矿企还需及时、公正、准确、客观地向社会公布环境安全信息，提高公众的环境参与权、知情权，增加信息的透明度，使全社会一同督促与关注矿业的可持续发展，减少重金属污染的发生。

（4）加大科技投入，完整产业链

矿冶工业是国民经济发展的支柱产业。要使资源利用最大化，成本投入最小化，杜绝环境污染，必须加大先进科学技术的研发与投入力度，优化勘探、开采、选冶炼一系列环节，实现清洁生产、减少有毒废弃物的产生。并通过技术升级和改造，加强研发工作，提高产品的附加值，建设高新产业群带，建立从资源提取到深加工产品开发的完整产业链，实现从资源消耗型向低耗、高效益型的转变。

（5）构建矿冶工业生态系统

矿冶工业生态系统遵循循环经济的生产理念，通过废物交换、循环利用、清洁生产等手段，形成企业共生和代谢的生态网络，促进不同企业之间横向耦合和资源共享，物质、能量的多级利用、高效产出与持续利用。一方面从根源上减少废料产出，实现资源节约型、环境友好型生产，提高生产效率。另一方面将废料再次资源化，将矿山废料作为内部资源被重新循环利用，获取最大的经济效益。它有着传统矿冶生产模式无法比拟的优越性，能更大程度地解决矿山环境污染问题，一些重点循环工业试点示范工程取得的成就很好地说明了这一点，是矿业实现可持续发展的有效途径。

（6）规范日常环境管理，提高操作运行水平

规范企业日常管理。提高涉重企业人员的污染隐患意识和环境风险意识，进一步明确责任，克服麻痹大意思想。制定并逐步完善企业重金属污染环境应急预案，定期开展培训和演练。加强企业内部管理，抓好重金属污染物的日常监控，保证污染治理设施正常稳定运行，提升污染治理管理技术水平。切实规范涉重金属的物料堆放场、废渣场、排污口的建设。加强企业内部各工序的管理，减少重金属污染物的无组织排放。加强含重金属废弃物的管理，防止流失和扩散，禁止向没有重金属污染治理能力的单位销售或转移，杜绝二次污染。

实施台账管理。所有涉重金属企业应建立重金属污染物产生、排放详细台账，并纳入"厂务公示内容"，公布重金属污染物排放和环境管理情况。企业产量和生产原辅料发生变化时应及时向环保部门报告，实施动态管理。

加强涉重金属企业环境信息公开。没有安装重金属在线自动监测及联网的重金属排放企业要建立特征污染物日监测制度，每月向当地环保部门报告。同时，企业应建立环境信息披露制度，定期公开环境信息，每年向社会发布企业年度环境报告书，公布含重金属污染物排放和环境管理等情况，接受社会监督。环保部门应及时向有关部门通报执法监管等有关环境信息。

（7）鼓励公众和媒体参与监督

完善舆论和公众监督机制。强化新闻媒体和社会公众对重金属污染防治的知情权、参与权、监督权。对查处的重大事件按规定及时向社会公布。加大重金属健康危害、预防、控制、治疗和愈后防护知识的宣传力度，努力营造公共监督环境。

3．积极推进清洁生产，实施污染源综合防治

（1）推动涉重金属产业技术进步

重有色金属矿（含伴生矿）采选业。采用适合矿床开采技术条件的先进采矿方法，使用安全高效、能耗物耗低的新工艺、新技术，尽量采用大型设备，提高采矿成套机械设备的自动化水平。鼓励重有色金属矿采选企业进行技术改造，提高采矿回采率及选矿回收率，减少重金属在废石、尾矿中的含量。尽量采用湿式作业来减少粉尘的产生量；对溜井出矿系统、露天穿孔系统及选矿厂的破碎系统和皮带运输系统，采用密闭抽尘和净化措施相结合的方法来控制废气中颗粒物的含量。鼓励重有色金属矿选矿企业采用先进的废水分质治理分质回用等工艺技术，提高水循环利用率，并尽可能达到生产废水"零排放"。

重有色金属冶炼业。大力推行闪速熔炼、顶吹熔炼、诺兰达熔炼以及具有自主知识产权的白银炉熔炼、合成炉熔炼、底吹熔炼等生产效率高、工艺先进、能耗低、环保达标、资源综合利用效果好的富氧熔池或者富氧漂浮熔炼等炼铜工艺；改变传统的铅锌冶炼工艺，转变为铅锌联合冶炼循环经济产业模式；锡粗炼向强化熔炼发展，采用氧气顶吹炉或大型反射炉等先进工艺，锡火法精炼采用自动控温电热机械结晶机和真空炉工艺等先进工艺，锡湿法精炼采用电解等先进工艺，选用高效节能的整流设备；锑冶炼采用真空蒸馏技术处理锑汞矿、用湿法工艺处理锑金砷矿和锑铅矿等新技术新工艺。

（2）大力推进清洁生产

依法实施强制性清洁生产审核。积极开展涉重金属企业员工清洁生产培训，组织清洁生产审核评估验收。区环保厅会同区工信委等有关部门依法公布应当进行强制性清洁生产审核的重金属防控企业名单。全区所有有色金属冶炼企业每两年开展一次强制性清洁生产审核，其他行业的涉重金属企业每三年开展一次强制性清洁生产审核，并严格实施审核推荐的清洁生产方案。组织清洁生产审核评估验收，并公布结果。大力推广清洁生产工艺技术和示范工程。通过开展清洁生产审核，促使企业注重清洁生产工艺的开发，立足于在生产过程中减废，通过减少废物的产生量来减少重金属污染物的处理量重金属污染物产生和排放量。对于使用涉重金属原料进行生产或者在生产中排放重金属污染物，但不实施清洁生产审核或者虽经审核但不如实报告审核结果的企业，责令限期改正，对拒不改正的依法

从重处罚。

鼓励含砷及含其他重金属尾矿无害化资源化处理技术、冶炼烟尘环保治理及回收有价及稀贵金属技术等。大力开展具有先进性、典型性和代表性的清洁生产技术的示范推广工作。

建立推进清洁生产的激励机制，对通过实施清洁生产达到国内清洁生产先进水平的重点防控企业，应给予适当的经济奖励。涉重金属企业应结合清洁生产标准要求，实施清洁生产审核所推荐的方案，改造提升生产工艺，减少重金属污染产生量和排放量。各级政府应制订重金属污染企业清洁生产推广计划，设立引导奖励资金，明确鼓励措施和工作要求。

（3）加大污染源治理力度

① 实施废水深度治理，减少重金属排放。含重金属废水的处理，应贯彻清污分流、分质处理、以废治废、一水多用的原则。鼓励工业企业在稳定达标排放的基础上进行深度治理，鼓励企业集中建设污水深度处理设施，提高水资源的重复利用率，减少重金属的排放总量。废水处理推广高浓度泥浆法处理、电絮凝工艺、膜技术或者离子交换回用。含汞废水采用化学沉淀、还原、吸附、离子交换等多种处理工艺组合处理；含铬废水采用化学沉淀、铁氧体法、离子交换、电解、内电解、集成膜分离等一种或多种工艺组合治理。含镉废水采用化学沉淀、漂白粉氧化、离子交换、吸附、气浮、碱性氯化、电解、集成膜分离等方法组合处理。含砷废水采用化学沉淀、吸附、离子交换、膜法等方法处理。

② 加强固体废弃物资源化利用和安全处置。涉重金属企业产生的固体废弃物在经过危险废物鉴别后，对含重金属一般固体废物，按照资源化、无害化的要求，综合利用，安全储存，逐步消化。达到危险废物等级的含重金属废物，生产单位应按国家规定的要求进行处置，无法处置或处置不符合规定的，必须依法将危险废物送往有资质的处置单位集中处置。现有重金属选、冶企业必须提出并实施本企业所产生的尾矿、冶炼渣综合利用方案，优先考虑资源化回收再利用。对无法再利用、确属危险废物的，送交具有资质的单位进行无害化处理处置。落实含重金属危险废物管理计划、排污申报、危险废物经营许可证和转移联单等制度。坚决取缔无经营许可证企业从事含重金属危险废物利用处置经营活动。大力发展循环经济，推动含重金属废弃物的减量化和循环利用。涉重金属企业要改进生产工艺、管理方式，从源头上减少含重金属低品位矿渣、含重金属污染物的烟尘、含重金属污泥等废渣的产生量，并妥善堆存废渣。砷渣推荐采用氧化焙烧、还原焙烧和真空焙烧等火法回收白砷，鼓励采用"置换—氧化—还原"全湿法制取高质量三氧化二砷产品。

③ 加大废气重金属治理力度。所有冶炼企业应进行废气重金属监测，并根据监测结果制订废气重金属治理方案，加快、加强冶炼废气深度净化处理或对现有净化工艺升级改造，削减废气产生的重金属污染，特别是铅尘的污染。此外，对于无组织排放的含重金属废气要加大防护和治理力度。进行除尘器改造，提高铅尘捕集效率，铅烟采用化学吸收治理。含汞废气采用液体吸收、固体吸附、气相反应、冷却等二级以上净化过程联合净化；

含铬废气采用干、湿两级组合旋风除尘器治理；冶炼烟气推广洗涤废酸处理技术。

加强园区集中治理。鼓励有色金属冶炼业、皮革及其制品业、电镀等表面处理、电子废物回收利用等行业实施同类整合、园区化集中管理，强化集中治污、深度处理，建设区域性重金属污染防控设施。

（4）实施区域综合整治

① 各省、市、区、县根据重金属污染物产生和排放情况以及区域环境质量现状，严格产业功能分区，防止重金属污染的扩散；对存在重金属污染的区域进行分区分期治理和防控。组织编制重点防控区重金属污染防治规划，有针对性地提出防治对策和相关配套政策并组织实施。大力推进区域综合整治，结合区域内主要涉重金属行业、主要防控污染物制定不同的整治方案。

重点加强有色金属采选业和冶炼业铅、镉、砷污染的综合防治，切实加大落后产能淘汰力度，推进产业布局优化，提升企业污染治理技术水平，同时加大人力、财力投入，加强受重金属污染较严重的土壤、场地、地表水和河流底泥等的综合治理，逐步解决历史遗留的重金属污染环境问题；铅锌矿区重点解决历史遗留的重金属污染问题、县区重点防控有色金属冶炼产生的镉、铅、砷污染，重点开展以电镀产生的铬污染综合治理，推行电镀企业的圈区管理；对锰产业地区，重点开展以锰矿和电解锰行业为主要行业的锰污染控制，大力实施清洁生产和综合利用，继续推进区域整治。将本地特征重金属污染物作为重点监控和治理对象，将产生和排放重金属污染物的区域作为重点防控区域。

② 加快重点防控区域产业结构和布局调整，用循环经济理念指导区域发展和产业转型。启动市中心城区周边冶炼企业搬迁技改工作；加快以工业集中区和有色金属新材料工业园区等为基础的工业园区循环经济建设，促进企业在资源和废物综合利用等领域进行合作，实现资源的高效利用和循环使用；对新建产生重金属污染物数量较大的企业，逐步实施园区管理，集中治理重金属污染物，并尽可能形成企业内循环经济产业链。地方污染治理资金应优先支持涉重金属企业发展循环经济，推进资源综合利用。

③ 加强区域规划环境影响评价工作，促进区域、重点产业园在规划层面统筹布局，合理设计产业链。严格执行区域环保准入和区域产业准入条件。以环境保护优化经济增长，提高区域发展质量，增强区域发展后劲。

④ 对重点防控区实施重金属排放总量控制，针对砷、铅、镉等主要重金属污染物，禁止新建、改建、扩建增加重金属污染物排放的项目，加大综合防治力度，实现区域主要重金属污染物排放量明显下降，并作为约束性指标纳入各级政府国民经济和社会发展规划。

4. 强化重金属监管能力建设，提升监管水平

（1）加强重金属监察执法能力建设

加强现场监察执法能力。环保部门要配备必要的现场执法、应急重金属监测仪器和取证设备，加强快速反应能力建设，使环境执法人员能在第一时间内赶赴现场。加强基层环

保部门对涉重有色金属采选矿区的监控能力建设，配备相关应急执法车辆和取样快速检测设备。大力推进监察手段的现代化，逐步改变重金属污染监察手段单一、层次较低的现状，向自动化、网络化、智能化方向发展。

提高环境执法队伍业务素质。定期开展执法人员业务培训，尤其是重金属污染企业生产工艺及污染治理专业知识、政策法规、标准等方面的培训，使环境监察人员具备对重金属污染企业的现场监督执法能力；加强对执法人员工作过程的监督，严肃纪律、严格管理、强化监督；对不严格依法办事，不认真贯彻实施环保法律法规，对重金属污染企业的排污行为管理不力的有关人员要严肃处理。

（2）完善重金属监测体系

着重加强重金属污染环境监测能力建设。对重金属污染物产生和排放量较大的区县，配置采样与前处理设备、重金属专项实验室设备，以及空气、地表水环境质量自动监测仪。重金属污染重点防控区要建立定期监测和公告制度，加密监测水质断面、空气质量和土壤，对重点防控区的污染源及其周边水、气、土壤、农产品（水产品）、水生生物、食品要开展重金属长期跟踪监测，建立环境污染监测网络、农产品产地安全监测网络，加配ICP-MS等仪器设备，加大监测频次，严格监控重金属污染。逐步加大其他地市、区县环境监管能力建设力度。

逐步推行污染源自动监控。完善污染源自动监控系统建设，提高监控技术手段。在重点防控区选取重金属污染源开展重金属特征污染物自动监控试点工作，涉重金属废水企业安装主要重金属污染物在线监控设施，涉重金属废气企业优先安装汞、铅、镉尘（烟）等在线监控系统。重金属污染源要逐步安装在线监测装置并与环保部门联网。

（3）健全重金属污染预警应急体系

提高环境预警响应能力。要加强集中式饮用水水源地、边境河流重金属污染预警体系建设。县级环境监测机构重点配置现场采样、现场调查及定性与半定量的应急仪器设备，强化重金属污染监测机构应急能力建设。

建立突发性重金属污染应急响应机制。建立健全重金属环境风险源风险防控系统和企业环境应急预案体系，建设健全精干实用的环境应急处置队伍，构建环境应急物资储备网络，储备必要的应急药剂和活性炭等物料，建立统一、高效的环境应急信息平台。加强应急演练，最大限度做好风险防患工作。建立技术、物资（诊疗器械与药品）和人员保障系统，落实值班、报告、处理制度。

（4）建立健全重金属污染健康危害监测与诊疗系统

完善重点防控区重金属污染检测、健康体检和诊疗救治机构，加强能力建设。在确定定点医疗机构，根据当地重金属污染特征，配备必要的重金属检测设备，加强专业人员培训，保障相关工作经费，满足开展重金属污染生物检测、健康体检和医疗救治工作需要。完善重金属污染高风险人群健康监测网络和人体重金属污染报告制度，定期对重点防控区域内食品、生活饮用水进行重金属监测及对高风险人群进行生物监测，检测机构发现人体重金属超标应及时报告。

5. 加强产品安全管理，提升民生保障水平

（1）加强应急性民生保障

加强尚没有受到重金属污染的饮用水水源地保护，加强风险防范措施和风险监管。对保护区外的上游污染源可能导致饮用水源重金属超标的，要切实加强监管，实施深度治理和回用。加强备用水源建设，加强受污染区居民饮水安全保障。早在2015年，已经实现城镇集中饮用水水源地主要重金属水质基本达标。对因重金属污染导致的水不能饮用、地不能耕种、房屋不能居住，或是由于涉重金属产业开发导致生产生活基本条件丧失，且短期内难以根本改善的，应妥善安置好失地居民，做好安置、补偿、医疗保险和社会保障等工作，并实施必要的移民安置、避险安置，努力维护社会稳定。

（2）提升农产品安全保障水平

开展农田（耕地）土壤、大中城市周边土壤、矿区土壤重金属污染普查，加强重点区域农产品重金属污染状况评估。对主要农产品产地进行小比例尺加密普查，对农产品产地重点防控区域实施定点监测，建立农产品产地安全档案，为农产品产地禁止生产区划分提供决策依据。建立农产品产地重金属污染风险评价与预警体系。摸清各类产地安全质量状况，进行产地适宜性评估，完成农产品产地安全质量分类划分，实施农产品产地安全分级管理。严格灌溉用水水质监测和管理，确保灌溉用水符合农田灌溉水质标准要求。加强执法监管，依法禁止在受污染耕地上再种植食用作物。加强粮食蔬菜、肉禽蛋奶、水产品和饲料等重金属监测评估，并加强生产、流通、消费市场监管。

（3）减少涉重金属产品消费

鼓励绿色生产生活消费模式。减少含铅油漆、涂料、焊料的生产和使用。强化对农药、化肥、除草剂等农用化学品的环境管理。严禁使用砷类农药，严格控制在食品及饲料中添加重金属的添加剂。禁止出售、食用重金属污染过的食品。加强农村输出蔬菜、鱼类、粮食到城市的重金属污染监管。采取综合性调控措施，调整贸易结构，逐步抑制涉重金属产品的市场需求。

加强电器电子产品全过程管理。贯彻落实《废弃电器电子产品回收处理管理条例》，认真实施《电子信息产品污染控制管理办法》，加强电器电子产品中使用重金属的控制和管理。鼓励生产厂商建立回收网络，从消费角度入手加大产品重金属减量化进程。

完善政府绿色采购制度。剔除政府绿色采购目录中不符合环保要求的涉重企业及产品名单，利用市场机制对全社会的生产和消费行为进行引导，提高全社会的环境意识，推动企业技术进步。鼓励产品经营者选择绿色生产，引导绿色消费，促进和激励企业开发绿色技术，研发产品中的重金属替代技术，生产绿色产品。

6. 做好重点污染的治理工作

建立重金属污染综合防治项目数据库，逐步调整、充实项目，并根据实际情况分期分批实施。

（1）污染源综合治理项目

主要以减少重金属排放、减少污染事故发生、实现稳定达标排放和资源化利用为目标的项目。包括治污设施升级改造项目、涉重金属行业"提标升级"或深度治理项目、资源化回用项目、工业园区重金属"三废"集中处理处置项目等。通过项目实施使重点防控区工业废水处理能力、废气处理能力、废渣处理能力、生产工艺、技术获得较大的提升，可大幅减少重金属污染，确保重点区域环境质量达到规划的控制指标。

（2）产业淘汰退出项目

以控制涉重金属企业生产能力为主要目的，逐步淘汰不符合产业政策或符合产业政策但污染排放经治理后仍长期不达标的企业，关停落后产能和污染高排放集中区的小企业。

（3）技术示范项目

以工程示范带动技术研发和攻关，对清洁生产技术、污染源治理技术、污染修复技术开展示范、试点应用和成效分析，为重金属污染大规模环境修复奠定适用于实际情况的技术基础。

（4）基础能力建设项目

按照重金属污染特征和监测的实际需要，在各地原有能力建设、仪器装备水平基础上，分层次逐级配置重金属实验室监测仪器、在线监测仪器、应急监测仪器、重金属采样和前期处理设备以及监察执法设备。

（5）解决历史遗留问题试点项目

主要是为解决严重危害群众健康和生态环境且责任主体灭失的突出历史遗留重金属问题而开展的区域性治理试点工程。重点开展污染隐患严重的尾矿库、废弃物堆存场地、受重金属污染农田、矿区生态环境破坏等历史遗留问题的治理工程以及已关闭的砒霜生产企业遗留废渣的综合治理。

第七章　露天煤矿生态环境及区域水资源修复重建与保护

第一节　露天煤矿采矿工程对酷寒草原水资源的影响分析及评价

一、露天煤矿采矿工程对水资源循环及水资源量的影响分析

（一）露天煤矿采矿工程对水资源循环的影响

降雨、蒸发、入渗、径流是水资源循环的几个主要过程。露天煤矿开采前水循环处于自然状态，开采后由于矿坑疏干产生的地表裂隙、塌陷作用使得矿区水循环系统发生了变化，主要表现为以下几个方面。

1. 改变了水资源循环模式的关系

从水资源和水系统的角度分析，呼伦贝尔酷寒草原露天煤矿区地表水系以海拉尔河、莫勒格尔河等河流及其支流所构成的具有强烈季节性的水流系统为主，依据含水介质的空隙类型，地下水的补、径、排条件，含水层的富水性可将区内的含水层划分为两大含水岩组，即第四系孔隙含水岩组和白垩系下统大磨拐河组裂隙-孔隙含水岩组。白垩系下统大磨拐河组裂隙-孔隙含水岩组可划分5个相对独立的含水层。大气降水是地表水和地下水的主要补给来源，在自然条件下，"三水"的转化关系为：雨季，大气降水补给河水和地下水，河水同时通过下渗补给地下水；旱季，地下水以下降泉的形式补给河水。在煤矿开采前大气降水、地表水和地下水的"三水"转化补给关系较稳定。

随着酷寒草原区域内煤炭工业的快速发展，采矿活动改变了自然条件下的水资源系统循环模式。由于露天开采形成的矿坑成为地下水新的排泄区，地下水位形态及其动态变化规律发生改变，从而使得露天煤矿矿区"三水"的转化关系和转化量发生改变。矿坑排水后，地表水和地下水仍然接受大气降雨补给，但是地下水及地表水在局部的排泄形式发生一定改变，增加的采区成为矿坑新的排泄点。涌入矿坑的水分为两部分参与水循环：一部分矿坑排水由排水系统排到地面矿坑排水处理厂，经净化处理后复用，这部分水对水资源循环有影响；另一部分矿坑排水直排，全部排入河流参与整个水循环，这部分矿坑水对水资源循环基本没有影响。矿坑涌水参与了生产和生活活动，使得水资源循环有了人为活动的影响。

2. 改变了水资源循环速度

露天开采前受地下水储量的调节，地下水埋藏较浅且以水平向运动为主，运动速度较

慢，从补给到排泄时间较长，从而有利于蒸发。露天开采后地下水因不断被疏降而使水位降低，漏斗范围越来越大，浸润线比降越来越大，地下水埋深越来越大，运动速度加快且运动方向由天然状态下的水平向运动为主逐步改变为垂直向运动为主，特别是受地表裂隙塌陷的作用，不仅地表水向地下水的转化加强，而且降雨入渗的速度也使得蒸发减少。因此，加速了降雨和地表水的入渗速度，同时减少了蒸发量。

3. 改变了水资源循环水量的比例

水资源循环中地表水和地下水的水量由于露天开采活动而发生变化，因此矿坑水的来源主要为含水层地下水侧向径流，大量的矿坑排水加速了地表水的下渗及地下水的径流速度，且排出的矿坑水部分又渗漏补给地下水，从而改变了流域内地表径流与地下水潜流的相对比例，使区域水资源循环量的比例发生了变化。

（二）露天煤矿采矿工程对水资源总量的影响

所谓水资源量是指可以逐年恢复或更新的淡水量。由于露天开采改变了水循环系统，区域水资源补给量和可利用量产生了相应的变化。从目前的研究情况看，定量评价露天开采对水资源总量的影响尚有困难，只能就其作定性的趋势预测和分析。

1. 露天开采导致地表塌陷，减少了地表水的蒸发量

呼伦贝尔草原矿区原有的井工矿及小煤窑开采过程中形成的采空区，导致地表土层向下沉降，形成导水通道，使得地表水体沿着导水通道渗漏到采区内，从表面上看使得地表水量减少，实质是将地表水的贮存空间进行了变换，让地表水转换为地下水而被贮存起来。从水资源量的角度来看，整个呼伦贝尔酷寒草原露天煤矿矿区的水资源总量不变。对比以前的水资源总量，因为减少了蒸发量，相当于变相增加了区域水资源总量。

2. 露天开采导致地下水位下降，减少了浅层地下水蒸发量

呼伦贝尔酷寒草原区域属大陆性亚寒带气候，春秋季风多、风力大，冬季严寒，夏季温凉，气候干燥，多年平均降雨量 315 mm，平均蒸发量 1344.8 mm，降雨多集中于每年的 7～9 月，地下水的补给多集中于每年的 7～9 月和 4～5 月的春汛，地区蒸发量是降水量 4～5 倍，天然状态下地下水位埋藏太浅，在雨季渗到地下而贮存下来的地下水将会蒸发到大气中去，从而使得区域的水资源量大大减少。

相关研究资料表明：在呼伦贝尔酷寒草原矿区这一特定的地质条件下，一般最大有限蒸发深度是 0.8 m，当地下水位低于 0.8 m 埋深时，蒸发便受到限制。由于松散沙土层具有极强的渗水性，当大气降水渗到 0.8 m 以下的深度，其蒸发量就受到了极大的限制。因此，当露天开采导致地下水位下降低于 0.8 m 埋藏深度时，地下水向大气中蒸发的量就会大大减少，水资源总量同以前相比，减少了蒸发量，相当于变相增加了区域水资源总量。

3. 露天开采导致地下水位下降，减少了湿地排泄量

湿地是地下水的一种排泄方式。地下水在地表出露后形成湿地，从而直接暴露于大气中，致使本来不被蒸发的地下水被大量蒸发，使得地下水资源总量有了一定程度的减少。以呼伦贝尔酷寒草原中的某矿区为例，该矿区西北部原有湿地存在，近年随着区域内降雨量减少和水位的大幅下降，已基本退化。地下水位下降后，减少了湿地排泄量和向大气中

蒸发的量，相当于增加了整个区域的水资源总量。

4. 露天开采导致地下水位下降，增加了对外流域水资源的袭夺量

露天开采后产生的地表裂隙及塌陷加快了地表水向地下水的转化和降水入渗速度，故地表水和降水入渗量均加大，特别是丰水期的入渗量增大，减少了地表径流向区域外的排泄量，如开采初期第四系潜水含水层对Ⅰ号含水层的"天窗"补给。另外，矿坑排水降低了地下水位、加大了对外流域的袭夺量，减少了向流域外的潜流量及地下水蒸发量，使得区域水资源的补给量有一定增加，增加了整个呼伦贝尔草原区域的水资源总量。

二、露天煤矿采矿工程对地下水的影响分析

露天煤矿采矿工程对地下水影响的实质是形成了一个巨大的人工排泄区，纵深数百米的露天矿坑贯通若干个含水层和隔水层，尤其是对隔水层的破坏使得地下水下漏，并且由于地下水运动以系统的形式在一个巨大的面积上相互关联，所以一个露天矿坑可能会影响到远远大于矿坑面积的一个巨大区域的地下水。如呼伦贝尔酷寒草原陈旗煤田就区域而言有两个含水层，一是裂隙含水层，岩性为龙山组的碎屑岩；二是裂隙-孔隙承压含水层，岩性为第四系的冲积砂、砂砾层、卵石。由于露天矿面积小，因而水文地质单元内只有上述两个含水层。

第四系孔隙潜水含水层，厚度为 $7 \sim 40$ m，水位标高一般为 600 m，天然水力坡度 $0.1‰ \sim 0.5‰$，单位涌水量 $0.025 \sim 0.197$ L/（s·m），渗透系数为 $4.41 \sim 21.05$ m/d，矿化度一般小于 0.5 g/L，水化学类型以 HCO_3-Ca-Mg 型水为主。径流总趋势为由北东向南西。总体上为承压水，其水头高度由北东向南西逐渐增高。补给来源主要为大气降水，在采场南部远距离地段接受莫勒格尔河的侧向补给，水位埋深一般不大于 30 m。径流和蒸发是其主要排泄方式。矿区范围内第四系地层直接覆盖于白垩系地层之上，易于形成两者之间的水力联系，但由于第四系底部普遍沉积了一套冰碛泥砾，而煤系地层顶部泥岩、粉砂岩及细砂岩又相对发育，形成了较稳定的隔水层，在总体上反映了第四系含水层与煤层含水层无水力联系。但在部分矿区由于缺失了含水层之上的泥岩、黏土岩隔水层，致使第四系含水层直接覆盖在含水层之上，而使该地段两大含水岩组发生了水力联系，构成含水层接受第四孔隙水补给的"天窗"。所以在露天矿的开采前期，"天窗"补给将是不可忽视的矿坑充水水源。由于开采的推进和开采技术的改善，第四系孔隙水补给含水层的"天窗"已不起作用，因此该区域的矿坑排水没有第四系孔隙潜水含水层的水。

裂隙-孔隙含水层，主要发育于大磨拐河组含煤段，是对露天矿影响较大的含水层。其下伏的泥岩段构成该含水岩组的隔水底板。该含水层分布于整个矿田，连续性好，为裂隙-孔隙含水岩组的主要含水层。其岩性主要以褐煤为主，包括部分煤层顶、底板中的中砂岩、粗砂岩及砂砾岩，厚度为 $10 \sim 60$ m，总体上呈现东西厚、北部厚、南部薄的变化趋势。各含水层之间水力联系不明显，煤层是其主要含水介质。开采初期主要接受"天窗"越流补给和侧向补给，水量较丰富，单位涌水量为 $0.3 \sim 0.5$ L/（s·m），导水系数为 $1000 \sim 2000$ m²/d，水力坡度极缓，为 $0.001\% \sim 0.03\%$，矿化度较低，小于 1 g/L。水化

学类以 HCO_3-$Cl \cdot Na \cdot Ca$ 或 HCO_3-$Cl \cdot Na$ 型水为主。其中主要为 I、III 号含水层,地下水类型多为承压水,径流方向由东向西。

由于现阶段第四系潜水含水层的"天窗"无补给作用,因此露天开采过程中对地下水的影响主要有以下几方面。

（一）露天开采过程对地下水水位的影响

在露天开采过程中,由于开采而引起的地层破碎甚至相对位移导致裂隙发育,贯穿了隔水层,发生水力联系,甚至局部裂隙直接贯通地表,引起隔水层上部的地下水下漏,致使地下水水位下降。由于含水层与大气降水无直接联系,侧向径流是其主要补给源,受矿区内煤矿疏干的影响,含水层水位标高已下降,水位动态呈典型的消耗型,已形成大范围的降压漏斗,受矿区疏干排水的影响,矿井附近含水层处于疏干或半疏干状态,因此矿区地下水水位下降,导致该地区地下水取水困难。但应当指出,由于该区域第四系潜水含水层与承压含水层之间没有水力联系,地下水位的下降对地表含水层的水位几乎没有影响,因此,对于典型草原群落吸水深度为 $10 \sim 15$ cm 的植物需水量不会产生影响。

（二）露天开采过程对地下水水质的影响

露天开采导致含水层和隔水层遭到破坏,使采区内的地下水水质类型发生了改变。露天开采导致地下水水质类型发生改变的同时,也使一些其他成分含量超标。研究区内矿坑排水基本属于高悬浮物矿井水,有机物超标,有时矿坑排水中氮磷含量超标。呼伦贝尔草原内的矿区处于草原地带,水资源非常缺乏,第四系水和地表水是本区主要的水源,地表水又多为间歇性河流,枯、洪水季节流量相当悬殊,常年流量稀释能力差。矿坑排水若不处理直接排入河谷,会造成本区水资源污染,大量的排泄会对人们的生命安全造成威胁,同时造成水资源的大量浪费,无法实现循环经济的目标。

因此,针对矿坑排水某些成分含量超标问题,呼伦贝尔草原内的矿区应将排到地面的矿坑水进行有针对性的多级处理,达到回用水要求,以实现零排放。

三、露天煤矿采矿工程对地表水环境影响分析与评价

（一）露天煤矿采矿工程对地表水系的影响

露天煤矿采矿工程对地表水产生影响的主要为矿井初期的涌水、施工产生的废水和生活废水。施工废水主要有配料溢流、建筑材料及设备冲洗水等,废水中含有一定量的油污和泥沙,其中油污消解时间长,且有一定的渗透能力,若直接排放,会对附近水体及土壤造成污染;生活污水的主要污染物是悬浮物和化学需氧量。此外,煤矿开采过程中产生的地表塌陷将对地表水环境造成一定影响,表现在两个方面:一方面是煤层开采后上部岩层被破坏,产生的裂隙带到达地表就会使地表水与井下连通,引起地表水渗漏至井下;另一方面是地下含水层的破坏将造成矿井水的增加,形成以煤矿采区为中心的降落漏斗,该范围内的地表水、地下水将会由原有的水平流动变为垂直流动,使得地表水量减少,浅层地下水位下降。虽然煤矿开采对区域地表水有一定的影响,但不是直接影响区域内河流水量的直接原因。最近几年呼伦贝尔草原内的河水流量逐年减少,甚至有时出现断流现象,导致河流发生断流的主要原因是干旱,而非采矿造成的。

（二）露天煤矿矿坑排水水质特征

近年来，随着工农业生产的迅速发展和城市化进程的不断加快，人类对水资源的需求量越来越大，相应地，地下水资源开发利用的规模也越来越大，相伴而来的便是愈演愈烈的不合理地下水开发导致的一系列严重的生态环境问题。此外，在煤矿开采过程中排放的地下水会溶解一些矿物质，改变水质特性。呼伦贝尔酷寒草原内的露天煤矿区的矿坑排水主要来自大气降雨和第四系孔隙潜水含水层、裂隙-孔隙承压含水层，是很好的淡水资源，但在采煤、开拓生产过程中，这些水在矿坑输、排水渠中流动时溶解混杂了一些矿物质、煤粉、岩粉及其他杂物，水质被污染，成了浑浊的黑水被排到地面。

（三）露天煤矿矿坑排水水质评价

矿坑排水水质评价是对矿坑排水品质的优劣给以定量或定性的描述。可以根据矿坑排水的主要物质成分和给定的水质标准分析矿坑排水水质的时空分布状况，为矿坑排水资源的开发利用、规划和管理提供科学的依据。水质评价是人们认识水环境质量、找出水环境质量存在的主要问题所必不可少的手段和工具，矿坑排水水质评价有利于矿坑排水的治理和回用。

对矿坑排水水质评价可以应用地下水水质评价方法，水质评价常用的方法有综合指数法、模糊综合评价法、灰色聚类法与神经网络法等。灰色聚类法计算量庞大，神经网络法在理论和方法上还不成熟，而模糊综合评价法较其他方法具有一定优势，恰好能够适应水环境系统中各因素间的不确定性、随机性和模糊性。因此，为得到合理的水环境质量评价结果，引入模糊数学的概念符合水质评价的客观要求。

第二节　露天煤矿区域生态环境修复与重建建议

一、总体原则

在进行矿区生态环境修复与重建的过程中，应依托采区的生态系统，构建湿地生态系统、草原生态系统、森林生态系统为一体的生态修复体系，形成人工恢复的近自然生态系统，与区域内其他生态斑块一起共同构成稳定的区域生态大格局。

二、总体思想

当前，生态文明建设已被提升至国家发展战略层面，受到国家、地方、集团、公司等各级领导的普遍重视。将露天开采浩大的工程过程与生态文明建设有机结合的具体实践就是露天开采生态文明建设系统工程。在进行矿区生态环境重建的过程中，应注重自然环境各要素间的内在关系，按照系统工程的指导思想，以水为"源"，以土为"本"，以草原生态空间演变机理为研究对象，构建"露天开采生态文明建设系统工程"，逐步、有序地开展各项生态修复工作。

（一）以水为"源"

在与人类有关的自然环境中，水是最为重要的环节，一方面水是生物（含人类）赖以生存的必要条件，是生物生存的无机环境；另一方面水是人类进行生产活动的重要资源。可以说水是各项生态环保工作的源头，是各项生态环保措施之间联系的纽带。因此，在实施露天开采生态文明建设系统工程，减少露天开采对生态环境的影响时要注重复垦区域水源的合理布设、对超前疏干水和矿坑排水的存储和保护，提升污水处理能力，在公司各项产业内部建立水循环联系，实现公司内部水资源的循环利用。

（二）以土为"本"

酷寒草原采区的土层厚度很浅，一般在 10～50 cm，表土层一旦遭到破坏，沉积沙层就会裸露，造成土地沙化，在风力作用下，加速扩展。同时草原生态系统较为脆弱，肥力的积累是非常缓慢的，草原每形成 1 cm 厚的腐殖质大约需要 300～400 年的积累过程。破坏容易恢复难，次生植被恢复须 20～30 年，若想恢复草原原生的植被景观，没有二三百年是不行的，可以说保土是各项生态环保工作之本。在剥离过程中，对剥离区地表约 0.5 m 厚的腐殖土单独剥离、单独存放的做法非常合理，在此基础上，还应加强腐殖土的存储管理和保护恢复工作，加强复垦区域的林木保护，根据实际情况对排土场的土壤进行重构，适度进行地貌重塑，根据地区农牧情况进行土地复垦和生态恢复，切实保护生态环境。

（三）以草原生态空间演变机理为研究对象

千百年来，草原地区的生态环境状况在地球演变的过程中经历过百般变化。露天开采的大规模工程过程对地区生态环境改变较大，使草原生态空间的演变融入了人类利用和改造自然的因素。露天煤矿采矿工程对区域生态环境的影响变化需以草原生态空间演变机理为研究对象，持续进行数据收集、调查研究，并从自然因素和人为因素等角度分析演变机理和演变过程，为合理地恢复、改善生态环境提供科学依据。

（四）生态文明建设系统工程

生态文明建设系统工程强调生态环境内部的逻辑联系、生态环保措施实施的先后关系以及人对自然环境的正面影响。露天开采生态文明建设系统工程在实施过程中还应合理地估算草原生态系统的实际承载能力、适度向草原生态系统输入必要的补充营养物质、考虑矿区人文环境和设施的建设，同时结合露天矿生产特点和自身产业结构布局，将现有环保设施与洁净煤技术、褐煤提质技术等有机结合，走富有露天开采特色的区域生态环境系统恢复与重建之路。

三、短期规划

以内、外排土场为中心，形成集复垦绿化、工业观光、绿色农业产业为一体的矿区生态恢复示范区。

四、建议

① 利用矿区内的土地权属明晰、园区内的所有土地无产权争议的优势，科学规划，统筹安排，建立"高寒草原区采矿—生态修复—复垦绿化—工业观光"一体化的绿色工业示范园区。

② 针对矿区生态系统脆弱、对环境变化较敏感、抗风险性较低等特点，采取分区规划的方法，根据不同的地形地貌，建立不同的生态恢复示范区。利用现有的各种生态恢复治理技术，主要以植被恢复为主，对现有扰动较大的排土场区域进行植物群落重建和恢复。并参照研究区原有生态景观种类，打造集水域景观、草原景观、湿地景观、人工景观和沙地景观于一体的矿区多样生态景观系统。

③ 以实现矿区污水零排放为目标，进行矿坑排水综合利用规划设计。

④ 规划建设集采摘园、有机蔬菜种植园、花卉种植园为一体的绿色农业产业区。

⑤ 采用添加有机物或土壤调节剂、增加植被、增加枯枝落叶等物理技术，人工添加有机物，种植耐贫瘠植物、固氮植物、木本植物固定养分，增加植被和微生物多样性等生物技术改良表层土壤理化性质，通过人工处理方法增加表层腐殖土量。

⑥ 针对矿区内蒸发量远大于降水量，外排土场地下水埋深较深，林灌木立地条件差的特点，考虑在外排土场建立灌溉系统进行节水灌溉。

⑦ 以矿区的社区居民点、机关单位、公路和街道为框架，建设森林绿化带。道路两侧可采用"2乔2灌"或"2乔1灌"式，选择抗性强、枝叶量大、叶面粗糙、常绿树种作为大气净化林树种。工业场地由于大气污染严重，可根据造林用地情况，选择"10行屋脊型""3行1带半屋脊型""3行2带连续半屋脊型"或"2乔加绿篱型"树种。

⑧ 采取坡顶修筑挡水埂（阻止平台径流直接汇入边坡，杜绝切沟和冲沟情况的发生）、在岩石与砾岩等坚硬岩石混排易出现滑坡的坡面打锚杆（防止坡面整体下滑）、坡脚堆砌大石块或构建人工挡墙、按一定间隔沿长度方向预留泻水孔（拦截坡面下移泥沙，保护坡脚排水系统）等措施对排土场斜坡进行整形处理。

⑨ 在排土场排水系统配置方面，可参考如下方式：在排土场平盘上布设两级渠道，距坡脚1.5m处沿坡脚线布设排水渠。选择平盘适当地点，增设垂直于台阶的主排水渠，坡脚排水渠相连，使平盘上的洪水可由主排水渠经设置在斜坡上的排水渠排入下一平盘。在面积较大的平盘内设置排水渠网，地面径流先归渠网，然后进入主排水渠排出。

⑩ 在固土护坡方面可采用反坡水平阶整地方法，将排土场岩土混合边坡或土质边坡做成内低外高的反坡式台阶，利用反坡形成的空间拦蓄坡面径流。每节长3m，中间留一宽0.3m的横档，防止水流乱流，促进台阶内植物的生长。在护坡植物选择方面可按乔、灌、草相结合的原则，在排土场斜坡面水平阶内混交种植根系固土固氮能力较强的沙棘、胡枝子等多年生乔灌木，阶间坡面沿等高线人工撒播沙打旺、草木樨、紫花苜蓿牧草等。

⑪ 加大在矿山复垦环保绿化中的投资力度，进行科学复垦实验，综合气候、土质、植物、疏干水灌溉等建立一套科学的复垦、绿化方法，同时完善监理、监测的长效机制，提高绿化植被的成活率。

第三节　提高区域环境承载力实施方案

一、露天煤矿采矿工程对区域环境承载力的影响分析

环境承载力是指某一时期、某种环境状态下，某一区域环境对人类社会经济活动支持能力的阈值。环境承载力体现了环境与人类社会经济活动之间的联系。区域环境作为一个开放系统，通过与外界交换物质、能量、信息而保持其自身结构与功能的相对稳定性，即在一定时期内，区域环境系统在结构、功能方面不会发生质的变化。一旦环境系统结构发生变化（这种变化一方面与环境系统自身的运动变化有关，另一方面更主要的是与人类对环境所施加的作用有关）反映到环境承载力上，就是环境承载力在质和量这两种规定性上的变动。这种变动性在很大程度上是可以由人类活动加以控制的。人类在掌握环境系统运动变化规律和经济与环境辩证关系的基础上，根据生产和生活实际的需要，可以对环境进行有目的的改造，从而可以使环境承载力在质和量两方面朝人类预定的目标变化。

二、提高区域环境承载力实施方案

露天开采过程对采矿区内的大气、土壤、水资源等生态环境要素影响的范围不同，受相关生态环境统计数据缺乏的限制，无法通过建立环境承载力指标体系形成系统的定量评价结果，但可在不同时期人为施加正向的改造工程以提高区域环境承载力。

（一）提高区域环境承载力相关措施实施情况

鉴于露天开采对区域生态环境的影响，近年来矿区开采者为提高区域环境承载力，实施了一系列的正向改造工程，主要包括：优化产业结构、调整开采作业方式、排土场绿化治理、生态景观林建设、生态公园建设、植物保护坡建设、污水处理等。

1. 绿色矿山总体发展规划

煤矿开采企业提出了"打造绿色生态矿山，把露天矿建设成为世界一流绿色生态露天煤矿"的目标，制定了《绿色生态示范矿总体规划》等系列文件，科学合理地确定了提高区域环境承载力的方向和战略。

2. 行业产业结构和开采方式调整

近年来，煤炭行业通过淘汰小煤井生产、萎缩井工矿、发展露天矿的方针，重点推进露天矿集约规模化大生产，实现井工开采到露天开采的转型升级，先后关闭了多座生产方式落后、能耗指标高、安全系数低的井工生产矿，同时购进大型运输车辆、建设封闭运行的煤炭地面生产系统。这些产业结构和开采方式上的调整在利用环境系统所包含的矿产资源为人类的社会经济活动提供物质基础的同时，从源头上为改造区域生态环境、提高环境承载力创造了条件。

3. 降尘措施

煤炭开采企业利用现代化大型洒水车 24 小时进行洒水降尘，控制采场和道路的扬尘污染；建设钢筋混凝土和蓝色彩钢板组成的防风抑尘网、屏蔽墙和相应的绿化带，使煤炭

开采与周边草原得到有效隔离。

4. 矿区污水处理

煤炭开采企业在采矿区附近投资建设水处理厂，包含生活污水处理站、矿坑内排水处理站、清水池、原水池和沉泥池等，主要用于处理矿区生活及采矿过程产生的废水，减少对水体的污染，同时实现水资源的循环利用。

5. 排土场绿化整治

煤炭开采企业在露天煤矿采矿工程中采取了一系列排土场绿化整治的方案。如，在土方剥离工程招标中，规定没有环保设施的队伍不得竞标；在与外委施工队伍签订安全生产协议中，明确规定腐殖土剥离、存放事项，剥离过程中，将剥离区地表约0.5 m厚的腐殖土单独剥离、单独存放；邀请土地复垦与生态重建研究所教授和土地复垦学博士对露天矿排土场进行总体规划设计，实现采矿与复垦一体化，做到边开采边恢复；成立土地复垦绿化公司，确定每年土地复垦绿化任务，选派人员外出参观学习其他企业复垦先进经验，举办培训班，对施工人员进行岗前培训，全力组织人力物力，投入到土地复垦绿化工作中。

① 排土场整形。按照"层层递进、因势就势"的方式，利用液压挖掘机、铲车等设备对高大的排土场进行造型，形成35°的层层阶梯式形状，并进行平整，降低了排土场的高度，使排土场更加美观、整齐。

② 排土场绿化。在经过整形的排土场上均匀覆盖提前剥离储存的腐殖土，组织人员种植草籽，进行植被恢复。种植油菜花等植物，建立种植示范区，取得了良好的植被恢复效果。

③ 护坡改造及生态景观林建设。针对排土场的边坡进行了重点改造，先后采用分块整形、植被搭配、生态袋、生态毯等多种现代化生态修复技术手段进行边坡生态修复。此外，在造型好的排土场和通往排土场各平盘的道路两侧，采取"乔灌混交"的方式进行植树，先后在排土场栽种樟子松、云杉、丁香等多个树种近万棵，建设生态景观林。

（二）区域环境承载力变化情况评价

由于近年来"采矿—复垦一体化生产方式"的全面实施和生态环境修复重建工作的不断加强，采矿工程区域生态环境的影响已趋于稳定并逐渐呈现下降趋势，矿区环境承载力则呈现稳中有升的变化趋势。

第四节　露天煤矿区域水资源保护实施方案

一、露天煤矿开采过程中的水资源保护实施方案

1. 超前疏干、排供结合

充分利用宝贵的地下水资源，使其不至于因采空塌陷的破坏而失去可供利用的机会。采区超前疏干，或称先采水后采煤、排供结合的方式不失为保水采煤的一种途径。为了避免地下水污染，将处理后的水提供给附近电厂或用于复垦浇灌，从而节约大量的水资源和相关费用，对区域水资源的保护起到积极作用。

2. 合理设计排水强度

排水强度不应导致现有的或设计的地下水取水地区的地下水开发量枯竭，否则，疏干系统的设计应有人工补给地下水量的措施。设计疏干排水强度远小于区域地下水可开采强度，使疏干排水方案设计合理，可有效地保护地下水资源。但应注意，随着采区的推进、排水量的减少，可将疏干强度降低，以减少对地下水的抽排。

3. 设置防洪堤坝和导流渠

根据采场地形及地貌特征，在采场设置防洪堤坝和排水导流沟渠，引至矿区的低凹处，避免雨水、洪水进入坑内造成污染。

4. 综合利用矿坑排水

利用矿坑排水处理厂对矿坑排水进行处理，实现分质供水和矿区水资源的综合利用，并增加对矿坑排水水质、水量变化预测的研究工作，以保障矿坑排水处理厂的平稳运行。

二、露天煤矿排土场的水资源保护

露天矿内排作业实际上是重新做出地层，这些人工形成的地层是该地区未来的地层地质结构，将对当地的地质环境产生深远的影响。从保护水资源的角度分析，排土场形成的新地层应该有和周边地层匹配的隔水层、含水层，这样当露天矿闭坑之后，当地环境才有可能恢复到开采活动前的状态。因此有利于地下水系统恢复的地层重构，应该是在合适的位置形成人工隔水层和含水层。

三、露天煤矿雨季防治水措施

根据《煤矿安全规程》及《煤矿防治水规定》，为了保证露天煤矿在雨季生产安全不受水害威胁，露天煤矿根据矿井实际状况制定了雨季防治水措施。

（一）进行雨季水情、水害分析

露天煤矿矿区含水层含水贫弱，地下水流动滞缓，地下水以静储量为主，矿井重要补给水源为大气降水。矿区地表无水体，仅在雨季有短暂地表径流。矿井开采方式为露天开采与井工开采。由于露采坑遍及井工矿井周边，煤层露头隔水煤柱大多被回采，露采坑破坏了地表行洪通道，增大了矿井渗漏面积，再加上井工开采采动裂隙、采空区积水等因素，尽管矿区降水量较小，但由于降雨集中，一旦洪水进入露采坑、矿井，有也许威胁矿井生产安全。

（二）雨季防治水措施

为了避免露天煤矿顺利度过汛期，根据煤矿实际状况制定如下措施进行雨季水害防治：

1. 露天开采防治水措施

（1）疏通泄洪通道

雨季来临前组织人员对露采坑周边及上游泄洪通道进行巡逻，发现通道阻塞及时进行疏通，在也许发生阻塞地段进行加坝引流。

（2）构筑拦水坝

为了避免雨季大气降水沿露采坑周边直接进入采坑，沉没露采工作面，威胁露采坑生产安全、加大露采坑排水承当，根据矿井实际状况，沿露采坑周边构筑拦水坝，坝高不低于 1.5 m，坝宽不低于 2 m，坝体材料为露采剥离物，坝体外部覆黄土。

（3）进行露采坑、排土场边坡稳定观测

雨季必须加强露采坑、排土场边坡稳定性观测，避免由于降雨诱发滑坡灾害。

（4）建立雨季预警机制

为了避免雨季露采坑发生事故，及时掌握暴雨与洪水预警信息，在暴雨预警信息发布后应立即组织撤出人员及设备。

（5）完善露采坑排水系统

雨季来临前对露采坑排水设备进行检修，保证雨季排水工作正常。

2. 井工开采防治水措施

（1）地面防治水措施

① 加坝引流、疏通地表排泄通道

在露采坑防治措施旳基本上加坝引流，保证雨季降水沿地表顺利排泄至矿井以外，减小大气降水渗入补给井下。

② 填漏堵缝

安排人员对地表裂缝及塌陷进行填埋，特别在雨季来临前，对地表裂缝、塌陷进行彻底检查，对达不到规定的地段重新进行填埋。

③ 封闭废旧井口

雨季来临前，对井田范畴内所有废旧井口填埋状况进行检查，发现填埋质量达不到规定及也许导水旳井口，必须重新进行封闭。

④ 抽排露采坑、低洼积水区积水

对露采坑、低洼积水区积水及时设泵抽排，避免渗入补给井下。

（2）井下防治水措施

① 健全完善排水系统

水泵、水管、配电设备、供电系统、泵房等重要排水设备在雨季来临迈进行一次全面检修，并进行一次联合试运转，保证运营正常。矿井水仓在雨季来临前必须进行一次彻底清仓，保证雨季正常使用。

② 严格执行探放水制度

坚持"预测预报、有疑必探、先探后掘、先治后采"旳探放水原则。

③ 加强矿井涌水量观测

加强矿井涌水量观测，特别是矿井每次降大到暴雨时和降雨后，要及时观测矿井涌水量变化状况，发现水量变化异常，必须及时撤出人员进行处置。

④ 严格执行雨季 24 h 巡逻制度

在暴雨灾害期间，要严格实行 24 h 不间断巡视。当暴雨洪水也许引起淹井等事故灾害紧急状况下及时撤出井下人员，发现暴雨洪水灾害严重、也许引起淹井时，必须立即撤人，保证安全。

⑤ 编制防洪预案、应急救援预案

编制防洪预案、应急救援预案，对预案进行学习并组织演习。加强对职工防备暴雨洪水知识旳教育培训，提高职工互救、自救能力。

⑥成立应急救援抢险队伍

成立应急救援抢险队伍，相应急救援抢险队伍进行系统培训，保证抢险队伍在灾害发生时可以发挥作用。

⑦储藏应急救援抢险物资

储藏雨季防洪应急救援抢险物资，保障供应。

第八章　城市废弃工矿区土地工程修复技术

第一节　城郊生态农业型塌陷地复垦技术

一、城郊生态农业的内涵界定及其功能

（一）生态农业的内涵

1. 生态农业

生态农业是按照生态学和生态经济学原理，应用系统工程方法，把传统农业技术和现代农业技术相结合，充分利用当地自然和社会资源优势，因地制宜地规划和组织实施的综合农业生产体系。它以发展农业为出发点，按照整体、协调的原则，实行农、林、水、牧、副、渔统筹规划，协调发展，并使各业互相支持，相得益彰，促进农业生态系统物质、能量的多层次利用和良性循环，实现经济、生态和社会效益的统一。

2. 生态农业的基本内涵

按照生态学原理和生态经济规律，因地制宜地设计，组装、调整和管理农业生产和农村经济的系统工程体系。它要求把发展粮食与多种经济作物生产，发展大田种植与林、牧、副、渔业，发展大农业与第二、三产业结合起来，利用传统农业精华和现代科技成果，通过人工设计生态工程，协调发展与环境之间、资源利用与环境保护之间的矛盾，形成生态与经济两个良性循环，经济、生态、社会三大效益的统一。

3. 生态农业的特点

（1）综合性

生态农业强调发挥农业生态系统的整体功能，以大农业为出发点，按照"整体、协调、循环、再生"的原则，全面规划，调整和优化农业结构，使农、林、牧、副、渔各业和农村第一、第二、第三产业综合发展，并使各业之间互相支持，相得益彰，提高综合生产能力。

（2）多样性

生态农业充分吸收我国传统农业精华，结合现代科学技术，以多种生态模式、生态工程和丰富多彩的技术类型装备农业生产，使各区域扬长避短，充分发挥区位优势，各产业者可根据社会需要与当地实际协调发展。

（3）高效性

生态农业通过物质循环和能量多层次综合利用以及系列化深加工，实现经济增值，实行废弃物资源化利用，降低农业成本，提高效益，为农村大量剩余劳动力创造农业内部就

业机会，保护农民从事农业的积极性。

（4）持续性

发展生态农业能够保护和改善生态环境，防治污染，维护生态平衡，提高农产品的安全性，变农业和农村经济的常规发展为持续发展，把环境建设同经济发展紧密结合起来，在最大限度地满足人们对农产品日益增长的需求的同时，提高生态系统的稳定性和持续性，增强农业发展后劲。

（二）城郊生态农业的内涵

1. 城郊生态农业

所谓城郊生态农业是依据我国城郊所特有的生态环境，应用生态农业的原理与技术，在城郊区域力求形成结构有序、功能完善、效益最佳、良性循环、持续发展的生态农业系统。

城郊生态农业又称都市生态农业，是一种大都市周边与间隙地带的农业发展类型，具有依托城市、服务城市、与城市共融互动的显著特点，是一种具有经济，生态，社会，示范等多种功能的新型农业形态。城郊生态农业是以生态绿色农业、观光休闲农业，市场创汇农业，高科技现代农业为标志，以农业高科技武装的园艺化、设施化、工厂化生产为主要手段，以大都市市场需求为导向，融生产性、生活性和生态性于一体，高质高效和可持续发展相结合的现代农业。

2. 城郊生态农业的功能

（1）生产和经济功能

发展城郊生态型农业一方面要满足城市居民生产、生活的需要，为城市、城市居民服务，另一方面还要满足城郊农民增加收入的需要，为实现全面小康服务。城郊生态型农业可生产高附加值的农副产品，通过产业链的延伸和农业产业集群的发展，增强农业竞争力，提升农业的经济地位和功能。

（2）生态景观功能

一是可为市民提供开敞休闲的娱乐空间；二是良好的生态环境可调节城郊地区的小气候，降低城市热岛效应；三是绿化美化城市周边环境，使城市更适宜居住，从而为城市发展构筑生态屏障。

（3）社会文化功能

将农业的功能从第一产业延伸至第三产业，使农田既是生产的园地，又是休闲游憩的场所，赋予城郊农业以文化内涵，使城郊农业成为集农产品生产与农村观光、休闲、度假于一体的新型产业。城郊生态农业可以实现对农业文化的传承，是城市青少年接受农业科学知识教育，了解农业文明，培养珍惜食物意识的重要渠道；市民通过参与农业耕种、采摘，参观田园风光，享受自然气息而忘却都市的喧嚣紧张，放松身心，回归平静和美好的心绪，增加对生命、生活和生态环境的热爱。

（4）示范辐射功能

城郊生态农业由于经济区位优势，便于利用都市的科技成果、多方位的信息，便利的物质设施和高水平的人力资源，优先发展前沿性；科技型的农业产业、农业服务业及关联产业，率先应用最新的农业发展理念，进行农业试验或革新，引领农业发展前沿，对其他区域农业发展起到导向和示范作用。

因此，都市农业在城市的经济、生态、社会文化发展中起着重要的不可替代的作用。

二、城郊废弃工矿区生态复垦模式

城郊生态农业塌陷地复垦依据生态学和生态经济学原理，应用土地复垦技术和生态工程技术，对采矿破坏土地进行整治和利用，在破坏土地的复垦利用过程中发展生态农业，可建立一种多层次、多结构、多功能集约经营管理的综合农业生产体系。

随着社会经济的发展，通过生态措施重建矿区废弃地生态环境，对城市与郊区的可持续发展、区域生态安全具有十分重要的意义。目前，城郊废弃工矿区（以采煤塌陷地为主）生态复垦模式主要有以下几种方式：

（一）以水产养殖为主的综合养殖模式

选择无污染的塌陷水域进行立体水产养殖，在附近建造禽畜养殖场，在水面种植饲料类水生植物。这种模式适用于塌陷后形成积水的采煤塌陷区，它充分利用了塌陷地形成的水资源，复垦成本低，投资回收期短，经济效益显著。此外，还可以给当地农民提供就业机会。

（二）煤矸石回填造林模式

对塌陷地用煤矸石进行回填，然后在回填地上营造材林，经济林等生产基地。附近有回填的煤矸石的地方，都可以运用这种模式。煤炭开采后形成的煤矸石"变废为宝"，营造的林木绿地可以改善城市空气。但考虑到林木的生长周期长，经济效益会体现得慢一些，而且存在地下水二次污染的危险。

（三）矸石地灌浆复土发展农业模式

煤矸石回填塌陷区后，进行灌浆复土，同样能起到消灭矸石山、美化环境的作用，而且恢复了塌陷地本来的利用方式，有效补充了耕地面积，减轻了企业赔偿压力。但是，复土后受土源限制，所复土层的厚度有限，煤矸石的土质和土壤肥力不会太好，复垦后土壤的适耕性较差，农作物产量较低。

（四）粉煤灰充填复土造林模式

将燃煤发电厂燃烧粉煤后产生的粉煤灰通过排灰管道排入塌陷区，待粉煤灰沉淀后复土造林。适用条件是采煤塌陷地应离矿区电厂距离较近，一般为 $10\sim15$ km 之内。优点是工艺流程简单，便于推广，而且复垦材料来源广泛，成本低，生态效益明显。缺点是粉煤灰在灰场中沉淀的时间较长，需要好几个月。

（五）简单平整为农地模式

对塌陷地进行简单的平整后，进行农作物耕种。适用于塌陷程度不大，土层并未发生较大改变，土壤养分变化不大的塌陷区。这种模式复垦简单、工程量小，复垦成本较低，而且增加了耕地面积，可以缓解矿区日益突出的人地矛盾。

（六）疏排法复垦为农林地模式

通过合理规划地面排水系统，排除采煤塌陷地的积水，使得塌陷地适合再耕种。对于塌陷深度很大的区域可以采用布置泵站强排水，对于塌陷深度不大、积水较浅的，可以通过修整渠、灌设施，使水自流畅通。

（七）大水面、深水体，优水质塌陷区发展旅游业模式

在面积较大，水体深、水质好的塌陷区水域，兴建游乐设施，发展旅游业，不仅可以改善矿区的生态环境质量，还可以为居民提供良好的休闲场所，同时带动餐饮，娱乐等产业的发展。然而，这种模式风险较高，如果景点缺乏特色或者管理不善，门庭冷落、游客稀少，很难收回投资。

（八）煤矸石充填营建建设用地模式

利用发热量较低的煤矸石作填料，直接填充塌陷地造地。这种模式适用于附近有煤矸石，并且已经稳定、不再继续下沉的塌陷地，对于人口密度较大，建设用地矛盾突出的地方，具有重要的现实意义。但是，目前这种模式在技术上还存在一定缺陷，而且复垦后地基的稳定性、承载力较常规地差，有的地方需采取抗变形技术。

（九）基塘式生态农业复垦模式

采用挖深垫浅法，对塌陷较深的区域运用挖掘机或泥浆泵继续挖深，使其形成适合放养鱼虾的水产养殖基地，周围修建禽畜饲养基地，同时将挖出的土方垫在塌陷较浅的区域，用来耕种农作物或种植林木，形成一个以食物链为纽带的小型生态系统。这种模式把塌陷前的单纯种植型农业，变成种、养结合的生态农业，经济效益和生态环境兼顾。然而，挖深垫浅会使土壤的结构、土层受到破坏，土壤的肥力下降。

（十）生态农庄复垦模式

利用塌陷区特有的自然优势和当地特色农业优势，建设具有生产、观光、休闲度假、娱乐，承办会议等综合功能的经营性生态农庄。这种模式风险较大，适用于区位条件好的塌陷区。随着生态旅游的不断兴起，各地生态农庄层出不穷，如何科学地规划和管理，培养自己的竞争力，成为生态农庄经营的关键。

三、城郊生态农业型塌陷地复垦技术

（一）充填复垦技术

1. 表土剥离与保存技术

表土（特别是耕作层）中含有农作物生长需要的主要养分，是植物赖以生存的基础。如果直接将煤矸石、粉煤灰或生活垃圾等直接充填到塌陷地，则会造成复垦土地不能满足耕地要求，需要覆盖表土，也就产生了表土剥离与保存问题。

表土剥离量要达到两个要求：一是剥离表土量能满足充填复垦覆土量要求；二是剥离表土的养分能够满足耕作层要求。为防止表土特别是耕作层养分降低，在剥离过程中尽量采用分层剥离的方式，即首层一般不超过30 cm（耕作层厚度一般在30 cm左右）。剥离的表土堆放在表土使用区附近区域，尽量减少运输的次数。对于剥离表土用于覆盖异地塌陷

充填区的形式，将耕作层暂时保存，在底层土覆盖之后再覆盖耕作层土。对于超前剥离表土的形式，将耕作层土和底层土分离保存。底层土可用池状方式保存，即在闲置土地上堆放，尽量少占地和防止水土流失。耕作层土保存在邻近耕地上，堆放厚度不要超过 10 cm，作为耕作层使用，既防止水土流失，又为以后剥离使用做好准备。

2. 矸石充填技术

塌陷地充填治理及复垦根据土地用途不同，其充填流程不同。如作为耕地利用，要进行表土覆盖，达到作物生长要求；如作为建筑利用，要加强地基处理，满足地基的承载力。由于塌陷深度不同，矸石充填厚度也不同，进而矸石充填工艺不同。根据矸石充填过程的碾压状况分全厚充填和分层充填两种形式。

（1）全厚充填

全厚充填是一次将塌陷地用矸石回填至设计高程。这种方法治理及复垦的土地可用于农林种植，或稍作地基处理可建低层建筑。

（2）分层充填

分层充填是为了达到预期充填效果，以一定的充填厚度逐次将塌陷地回填至设计高程。该方法一般适用于塌陷较深或复垦建设利用的复垦工程，其压实程度与机械的类型、规格、压实趟数、颗粒组成以及含水率有关。

3. 表土覆盖技术

利用煤矸石或粉煤灰充填后，根据是否覆土分为覆土种植形式与不覆土种植形式两类；依据覆土厚度分为薄覆土、厚覆土、覆土加隔离层和覆土不加隔离层这四种样式。一般对于充填复垦作为农作物生产的塌陷地采用厚覆土形式，覆土厚度一般为 50～80 cm；作为根系发达的树木种植使用时，一般采用薄覆土，覆土厚度为 10～20 cm，可以加速充填煤矸石的分解。淮南矿区为高潜水位矿区，地下水资源比较丰富，一般不使用加隔离层的覆土方式。

4. 土壤培肥技术

土壤是成千上万年累积形成的，在农业生产中具有非常重要的作用。土壤为陆生植物生长发育提供场所，为植物提供养分，土壤含有营养元素，其带负电荷的微粒能够吸附可交换营养物质，提供植物吸收；土壤可还原有机质，将许多人类潜在病原体无害化；土壤可将有机质还原成简单无机物，最终作为营养物返回植物，为植物提供营养物。所以，在矿区塌陷地农业治理及复垦时要加强土壤改良。

（1）轮作倒茬、用养结合

不同作物残留的茎叶，根系及根系分泌物，对土壤物质的积累和分解影响不同；不同作物的根际微生物对土壤养分、水分要求不同，根系深度、利用养分、水分的层次也有差异。实行作物轮作，具有协调土壤养分的效果。

（2）深翻改土、创造活性

深耕可改善土壤孔隙状况，加深活土层，提高保摘能力，增强通气性，促进微生物活动，提高土壤有效养分，促进作物根系伸展，减少病虫害。特别是粉煤灰具有混凝土成分属性，长期碾压容易板结，更加需要深耕。

（3）增施有机肥料、提高土壤肥力

无论是煤矸石还是粉煤灰，其可供作物吸收的养分都比较低，所以，对于充填复垦的耕地要以施用有机肥料为主，有机肥料和无机肥料配合施用，增加土壤有机质和养分，改良土壤性质，提高土壤肥力。

（4）客土改良、调剂土质

黏重土壤土质硬，保水保肥好，但土性凉，通气差，耕作不便；砂质土壤土质疏松，耕性好，通气性强，但保水、保肥性差。采取客土改良办法，黏砂相掺，取长补短，把过砂过黏土壤调剂为黏砂适宜的壤质土，能有效协调耕层土壤的水、肥、气热状况。

5. 植被绿化技术

植被绿化对于正在发展的退化土地，其上植被、土壤等变化尚处于初期发展阶段，可采取自然恢复的过程，最终使生态系统趋于一种动态平衡状态。对于强烈和严重发展的退化土地，由于地表割切破碎、植被在劣地发育，需配以适当的人工措施，达到控制土地退化、水土保持的目的。

（二）超前复垦技术

由于矿业权和土地权的分离、矿产资源和土地资源的独立管理，矿区塌陷地长期处于"先破坏、后治理、再破坏、再治理"的恶性循环状态。为实现矿区土地资源与矿产资源一体化管理，提高矿产资源的采出率和土地资源的保护程度，按照资源开采的破坏机理，采用超前复垦模式或技术，可促进资源开采优化决策和矿区可持续发展。

超前复垦技术又称动态复垦技术，主要方法有动态沉降复垦技术、村庄建筑物采动损害设防技术及煤矸石井下充填减沉技术三种。

1. 动态沉降复垦技术

动态沉降复垦是在地表塌陷过程中，地面未积水前，通过地表塌陷预计和土地复垦规划，对即将形成的塌陷地进行一步到位的治理及复垦。在地表下沉速度快，活跃期短的矿区，比较容易进行动态沉降复垦。对高潜水位易积水矿区，应开展动态沉降复垦新技术研究。动态沉降复垦主要有两种方式：

（1）预挖深垫浅动态复垦模式

根据塌陷预计和复垦规划结果，将即将塌陷土地的表土取出，堆放到预回填区，待预回填区基本稳沉后进行平整，恢复到设计高程。该方法减少了土方开挖和回填的难度和工程量，能够治理及复垦更多数量的土地。

（2）煤矸石充填预复垦塌陷地模式

新矸石不再运往矸石山，选择离矿井较近的塌陷地，先将表土层有计划地分区域剥离堆放，结合矸石排放，用煤矸石充填预复垦塌陷地，直接排入动态塌陷地，达到设计高程后覆土造地。

同时，动态沉降复垦也存在两个方面的问题：

① 井下地质条件千变万化，实际开采范围与开采计划往往存在一定差别。生产矿井

尽可能提供确切的采区范围，使开采计划与实际开采范围一致；同时，根据井下回采情况，及时对回填高度进行调整。

② 开采塌陷预计准确度不够，即实际地表下沉量和下沉范围与塌陷预计有所差别。

2. 村庄建筑物采动损害设防技术

开采塌陷引起的地表变形达到一定值以后，将会引起建（构）筑物破坏，建（构）筑物受开采影响的损坏程度取决于地表变形值的大小和建（构）筑物抵抗采动变形的能力。《建筑物、水体、铁路及主要井巷煤柱留设与压煤开采规程》指出长度或变形缝区段内长度小于 20 m 的砖混结构建筑物的损坏等级划分标准。利用地表塌陷预测公式计算各方向的变形量，根据确定的模式和参数，对建筑物进行动态维护和加固。

3. 煤矸石井下充填减沉技术

矿业走资源开发与环境保护协调的"绿色之路"，必须对矿山开采产生的各种废弃物合理处理与利用。煤蔍石井下处理是源头控制之举，通过煤矸石井下处理可以减少煤矸石出井对地面环境造成的负面影响，也可减小地面塌陷，保护地表设施。

煤矸石井下处理，一是要从设计、施工环节尽量做到不产出煤矸石和少产煤矸石；二是井下处理煤矸石必须有足够处理空间，即有合适的存矸地点和足够的贮矸空间。在贮矸空间布置上，一方面考虑由采掘活动形成的采空区和废弃巷道；另一方面是新建专门的存矸空间，即在矸石生成的附近或其他地点的煤体内，根据矸石存放体积，在不影响采煤正常生产的情况下，采出或提前采出部分煤炭，形成一定的空间进行存矸，也即采空区矸和新建贮矸空间贮矸。

（1）采空区贮矸

煤炭开采形成地下空间，上覆顶板或岩层垮落可能引起地表塌陷，从而造成地下、地上的一系列破坏，形成煤炭开采与环境、经济之间的矛盾。采空区贮矸是指利用采煤后留下的空间，将煤矸石预置其中。一方面减少蔍石向地表的排放量，保护环境；另一方面尽可能降低因煤炭开采造成的地面下沉。其主要形式有长壁式回采中采空区贮矸和房柱式回采法中采空区贮矸。

长壁式回采是我国应用多年的主导开采体系，多以较为经济的风力充填作为主要充填方式。在填入煤矸石前，先做好准备工作，保证最大生产安全和控制下沉。通常是与工作面平行方向筑一道屏壁，挡住矸石，使其与工作面隔开。

房柱式回采法采空区贮矸首先用连续回采或采煤机开采 40%～60% 的煤，留下一系列采空矿房和煤柱，这些煤柱支护着压在矿顶上面的岩石层，防止顶板塌陷。从距井口最远的地方起，逐排回采煤柱。在煤柱采去后，可以让顶板塌陷在操作面后面。矸石泥浆在数日之内就可以变硬，可以在后退式回采法中用来帮助回收煤柱。其工艺步骤：首先，在采去第一排煤柱之前，将煤矸石泥浆压注到采空区（矿房内），使其结硬。然后，采去第一排煤柱。接着，再用煤矸石浆充填第一排煤柱采去后留下的空隙和第二排煤柱之间的采空区，并使其结硬。接着，采去第二排煤柱，直至采完矿房、矿柱为止。

（2）新建贮矸空间

新建贮矸空间包括在沿空留巷垒砌矸石带和在宽护巷煤柱、村庄或工业广场保护煤柱中预掘巷作为贮矸空间。

　　宽巷掘进广泛用于薄煤层采准巷道。在煤—岩巷掘进时，开挖宽度大于巷道宽度。巷道掘出的煤矸石，由人工或机械充填于巷道一侧或两侧被挖空的煤层空间中和支架壁后。这不仅煤岩分掘，而且煤矸石不出井就地处理。根据采煤巷道布置设计，宽巷掘进可以单巷，也可以双巷。在英国、德国等煤矿中的前进式采煤采后成巷中，用挑顶或卧底的煤矸石，人工或机械构筑巷和支架壁后充填。这样不仅加强了巷道维护，也避免了这部分矸石混入煤中。

　　预掘贮矸空间是利用工业广场或村下保护煤柱中及宽护巷煤柱预采矿房作为贮矸空间。首先按照待掘巷道预计矸石采出量，然后按总体规划方案的矿房位置进行预采，形成等量的贮矸空间。

　　在宽巷煤柱中，每隔 5 m 沿底掘宽为 3～5 m，高为 2 m 的空间，贮矸空间的深度则以护巷煤柱的尺寸定。掘贮空间所出煤，用区段平巷胶带输送机运出。贮矸空间刷至合理宽度与深度后，将浮煤清理干净，以合适的支护方式进行支护，用一定的方式将矸石充填入内。

（三）非充填复垦技术

1. 煤矿区复垦的人工水循环调控理念

　　煤矿区与小流域之间的水资源调控是根据煤矿区水资源破坏状况提出的，其调节与控制原理来源于跨流域调水思想，目的在于满足土地复垦的需水要求。煤矿区人工水循环的调控内容和复垦工程同步规划、同步进行，修复的重要内容包括煤矿区沉陷土地的回填抬高、坡耕地的整治、积水区的疏排和水资源体系的调控等，可通过土地的土方挖填整治，规划相应的水资源的水量调控体系，促进水资源的分布供给和土地利用的需水要求动态平衡，调整自然生态环境系统中功能的不足，同时满足煤矿区复垦后社会经济活动的需水要求。

2. 水土资源的供需平衡方案及结构

　　除了自然、生态耗水外，决定其用水结构的主要是土地利用结构和产业结构，在考虑复垦区土地利用结构时确定水资源的分配结构，煤矿区水土资源的调控主要研究土地功能区的划分产业结构需水和水资源的供给之间协调关系。

　　水土资源功能区的方案划分一般为三种类型。方案一：以土地需求确定水资源调控。即复垦后的土地根据生态环境恢复和社会经济发展划分土地利用结构，根据土地利用结构情况计算需水量，进行水资源调控、供给和分配。方案二：以供水能力确定土地利用结构。即先考虑煤矿区复垦的可利用水量问题，根据可用水量有计划、有目的的调整土地利用结构，使复垦区域的发展在供水能力的框架下进行。方案三：水土资源功能区同时划定。即复垦规划时，土地功能区的农业区、工业区、生态恢复区、居民区等需水与供水条件同时平衡，形成相对合理的分配方案。

　　方案一主要是针对在水资源充足的煤矿区。在进行煤矿区复垦和土地功能区的划分时可利用该方案，简单可行。方案二主要是针对干旱煤矿区，水资源供给条件受到限制，供水跟不上，土地功能区的划分要根据水资源的供给能力综合考虑。方案三则是突出了综合考虑水土资源优化配置思想，也是重点研究的水土资源的多目标配置方法。产业结构是由土地利用结构决定的，而土地利用结构在复垦规划时充分考虑了水土资源的生产条件，在水土资源综合考虑的基础之上，建立的土地利用结构和产业结构才会是相对科学、合理的。

3. 水土协调非充填复垦模式

矿区塌陷地水土资源中观调控区域土地功能划分和水资源之间协调关系，由于地形、地貌和水资源赋存条件变化，复垦后土地功能区需要重新划分。根据土地功能区划分需水特点和调度，在塌陷地水土功能区划分和区域水资源宏观调控基础上，针对土地利用结构和区域产业结构动态调节水资源。

（1）工程型水土耦合复垦技术

矿区塌陷地的地形地貌、水热循环，物质能量交换等条件受人为扰动，资源之间的时空匹配遭到破坏，如平原高潜水位采煤塌陷地由于原水土资源配置的相对平衡发生改变，致使土地生产力降低，生态和经济效益严重衰减。引入系统耦合理论，根据采煤塌陷地水土资源赋存条件的变化，针对"采煤塌陷地时空生态经济系统耦合—系统相嗓—新系统耦合"过程，实现采煤塌陷低生态经济系统耦合和水土资源时空分布差异调控，推进塌陷地高效复垦。

（2）水系统的梯级调控模式

排水系统划分田内（毛沟、腰沟、丰产沟）和田外（农沟，斗沟、大沟）六级沟配套，主要降低地下水位和缩短排涝周期。根据地势条件，对于骨干排水沟按照一定级差进行梯级控制规划，拦涝截蓄，为塌陷土地复垦有效调控和配置水资源奠定基础。区域排水系统的沟深、沟距对地下水位的埋深影响很大，沟的深浅（沟内水位的高低）影响地下水升降幅度和速度，沟距相同的情况下沟底深（沟水位低）的农田地下潜水位会相对深一些；同样在沟底（沟水位低）相同的情况下，地下潜水位的降落与沟距成反比。降水期间汇集区域地表径流、壤中流和部分地下渗流通过沟网排除涝水；汛期降水集中土壤含水量趋于饱和，田间的沟溆可继续汇集壤中流和地下渗流，排除作物根层土壤渍水，改善农田土壤水环境。沟深网密的排水沟系统可改变田外沟之间的地下水浸润曲线（面），加大地下水溢出量和地下水位比降，缩短地下水流周期。排水系统发挥排除土壤水分降渍作用，保持农田土壤通透。

骨干排水沟通过煤矿区的疏排体系将积水汇集至承泄区，一般连接承泄区的骨干排水沟按照垂直煤矿区等高线进行规划，承泄区与煤矿区外河的水资源的"输入—输出"也需要骨干排水沟来实现。复垦后的煤矿区由于受到填充物、工程投资和一些自然条件的限制，复垦后地表高程仍存在较大的差异，特别是煤矿区的大量坡耕地，再加上年内、年际降水时序分布不均衡，极易造成洼地积水致涝和高亢地干旱缺水并存，导致空间分布的水量与区域土地生产的所需水量相悖。

（3）构筑煤矿区相对封闭挡水堤

由于煤矿区地形、地貌和资源赋存结构的破坏，采煤沉陷区不仅仅是导致洼地积水，煤矿区外周围高亢区径流会漫流进入煤矿区，周围环境向煤矿区的水资源输入呈无序、零乱状态，加重煤矿区洼地的积水压力，而周围高亢区客水进入煤矿区是一种紊乱失控的状态，水资源得不到有效的控制和配置利用。

调节煤矿区外的客水串流需要沿煤矿区沉陷边缘修筑一定高程的相对封闭堤防，作为煤矿区低洼土地的防洪屏障，使煤矿区周围高处径流串排得以控制，减小煤矿区内的积水压力。煤矿区和小流域之间的水资源的调度通过连接煤矿区和小流域之间的骨干沟河进行，并在两者之间设立梯级控制的节制闸，调节两个区域的水量平衡，煤矿区与小流域之间水资源的无序漫流变成有目的控制下的人工水循环，水量的调度根据煤矿区产业用水情况和水资源的丰枯条件进行。沉陷区形成一个相对封闭的灌溉排涝体系后，煤矿区与小流域之间的水资源调度关系得到了合理控制，沉陷区封闭堤防可有效消除外河水向洼地倒灌的隐患，封闭挡水堤顶高程根据外河防洪水位进行确定。

第二节　城市废弃塌陷地建设再利用复垦技术

在开采扰动下，岩土体结构发生明显变化，在岩层中出现离层裂隙，断裂等，土层中的流沙层可能出现滑移，浅部土层也会出现裂缝等。这些结构的共同存在导致开采沉陷区建筑的适应性较差。特别是当浅部不充分开采情况下，废弃采空区内顶板垮落、煤柱破碎、或煤柱压入较软弱底板，由此造成的岩层移动和地表下沉、破坏通常在开采完成后几十所乃至几百年后发生，沉陷量和出现时间通常难以预测，其变形对建筑物的危害常是突发性的，破坏非常剧烈。

开采沉陷区建筑物常用的安全技术措施分为三个方面：对地基的处理、对采空区残余空间的处理和对地面建筑物的处理。在进行开采沉陷区建筑物建设时，可根据实际情况采取其中的一种或者多种处理方法，做到建筑物可承受的变形能力大于实际能产生的变形量。

一、城市废弃塌陷地建设再利用地基处理技术

（一）重锤夯实法

强夯是松软地基的一种有效的加固方法，利用夯锤自由落下的巨大冲击能和所产生冲击波反复夯击地基土，将夯面以下一定深度的土层夯实，以提高地基的承载力和土体的稳定性，降低压缩性，消除地基的湿陷性和砂土的振动液化。由于夯击能量大，加固深度也大，最大加固深度可达 40 m，夯击能量为 $(100\sim800)\times10$ kN，甚至达 $(1000\sim2000)\times10$ kN，锤重 $8\sim40$ t，落距 $7\sim40$ m。

强夯法不仅可以用于对开采扰动地基的不均匀性进行处理，提高地基的承载能力，也可诱导浅部采空区内残余空间在建设之前提前发生，减小建设后采空区对建筑物的影响程度，增强老采空区上方建筑的可靠性。

（二）换土垫层法

受井下开采扰动后，浅部的土层物理力学性质可能发生变化，不能满足建筑物地基持力的要求，这时，换土垫层法是一种常用的地基处理方法。

当建筑物基础下的持力层为较软弱或为湿陷性土层，不能满足上部荷载对地基强度或变形的要求时，常采用换土垫层来处理地基。先将基础下的软弱土，湿陷性黄土，杂填土或膨胀性土等的一部分或全部挖除，然后换填密度大或水稳性好的土或灰土、砂石、矿渣等材料，并分层夯实或辗压使其密实。过去认为换土垫层只适用于荷载不大，基础砌深较浅的建筑物，但这几年的实践证明，一些重大建构筑物，如高层建筑，大型博物馆，发电机厂房等也可使用，开挖深度有的已达十余米，甚至更深，但要注意边坡的稳定性，有时还要采取加固或锚固边坡的措施。垫层的厚度有的达到 3 m 以上，地基处理效果一般都较好，而处理费用则远比桩基要低。

垫层主要作用：① 提高持力层的承载能力；② 减少地基变形量；③ 砂石垫层还有加速地基的排水固结作用，而灰土垫层则能促使其下土层含水量均衡转移的功能，从而减少土性的差异。

（三）化学加固和热加固法

1. 硅化加固法

硅化加固法分单液硅化和双液硅化两种。

单液硅化是用硅酸钠溶液以 0.5～2 个大气压力压入土中，故又称压力单液硅化。当溶液和含有大量水溶性盐类的土相互作用时，产生硅胶将土颗粒胶结，提高土的水稳性，消除黄土的湿陷性，并提高了土的强度，起到加固的作用。如果同时送入气体 CO_2，则加固效果更好。

双液硅化是用硅酸钠和氯化钙两种溶液压入土中加固。双液硅划分为电动双液硅化和压力双液硅化两种：压力双液硅化是用压力轮换将两种溶液压入土中，当两者相互接触时即产生硅胶，将土颗粒胶结一起，产生较高的强度和不透水性。电动双液硅化是由于软黏性土的孔隙较小，且孔隙的一部分为不参与渗透的双电层的水分所占据，溶液通过的断面太小，因此仅靠压力将溶液压入土中的可能性不大，必须在压入溶液的同时通以直流电流，借助压力和电渗作用使溶液进入土中。电动双液硅化是在电渗排水和硅化法相结合的基础发展起来的。

2. 热加固法

热加固法是借助于空压机或特制油泵，将压缩空气和煤气或易燃油压入孔中，使其燃烧，由燃烧产生的高温改变土的物理力学性质，以提高土的承载能力。钻孔加固的有效范围一般为 1.5～2.0 m。

（四）挤密桩法

为了加固较大深度内的地基土，提高地基的承载能力，常采用挤密桩法。它是通过冲击或振动先往土中打入一尖端封闭的桩管成孔，将桩管周围的土挤密，拔出桩管后向孔中填入土或其他材料并分层捣实而成桩。其作用是将周围松散土挤密外，还使桩和挤密后的地基土共同组成基础下的复合地基，从而提高地基的强度和减小地基变形。挤密桩按所填充的材料分为砂桩，灰土桩及土桩，按成孔方式分为打入或振入挤密桩和爆破挤密桩。

（五）振冲法和推载预压法

1. 振冲法

利用振动和水冲加固土体的方法叫振冲法，最初用于振密松砂地基，以后又应用于黏性地基，即在黏性土地基中制造出一群以砾石为材料的桩体，这些桩与原地基土一起构成复合地基，使承载力提高，地基变形减小，故又名"振冲碎石桩法"。

2. 堆载预压法

预压法又称预固结法，是在工程建造之前用比基底压力大或相等的填土荷载等，促使地基提前固结沉降，以提高地基的强度，诱导采空区释放出残余的可压缩空间，当强度指标达到要求数值后，卸除荷载修建构筑物，这样可以安全的进行构筑物的施工，而且构筑物建成后基本不再产生过大的固结沉降。

（六）地基处理方法的选择

地基设计时，应最大限度发挥天然地基的潜在能力，尽可能采用天然地基方案。当采用简易的处理措施或通过加强上部结构的整体刚度措施后，仍难以满足建筑工程要求时，再考虑采用地基处理方案。

在选择地基处理方案时，要结合当地环境和经济技术条件、材料来源，地基土层埋藏条件和土特性指标和处理目的工程造价、工程进度等多方面因素综合考虑。

换土垫层法适用条件广泛，造价低廉，施工简便，材料来源充裕。换土垫层处理深度要根据建筑物要求和开挖的可能性决定。由于机械开挖，施工周期较短，也比较安全。

挤密桩可用于挤密较大深度范围的砂土。松散杂填土，湿陷性黄土地基等，但对于饱和度过大的黏性土地基就不一定适用，挤密砂桩适用于一般黏性土，但对于某些地区的软弱饱和土，其效果并不好。

振冲碎石桩最适用于粉土和松散砂土地基的加固，特别是在防止地基液化方面更为有效，但在用于提高特别松软的高湿度黄土（包括饱和黄土在内，下同）和软黏性土的承载力方面，其技术经济效果就很值得研究。

强夯法对湿陷性黄土效果明显，但对高湿度黄土，由于土中的孔隙水压力难以迅速消散，其效果也不理想。

地基处理方法的选择，还应考虑上部结构的特点，在需进行大面积填方的工程，应在建筑物施工前完成填方工作，使地基得到预压，在建筑物施工后进行填方，会使建筑物产生不均匀和较大的附加沉降。

建筑物的上部结构和地基是共同工作面而又互相影响，因此，当地基不能满足设计要求时，不要只限于考虑地基加固，有的可通过加强上部结构的措施而得到解决，或者两者兼施。

二、城市废弃塌陷地建设再利用采空区处理技术

地基处理技术主要目的是提高受开采扰动后的浅部土体的承载能力，使地基满足正常

建设的需要。一般情况下不会涉及对老采空区内和岩体内因开采引起的残余空洞的处理。这些残余空间在地下水、空气、地面荷载、地震等力作用下，可能会出现进一步压实，导致地面产生移动和变形，影响到建筑物。因此，在老采空区上建筑时，有时仅采用地面各种保护措施难以保证地面建筑物的安全，必须对老采空区处理，特别是在浅部的部分开采条件下，废弃采空区顶板跨落、煤柱破碎，或煤柱压入较软的底板，造成上覆岩层移动破坏，地面沉陷常常在开采滞后几十年甚至上百年后都可能发生，沉陷量和沉陷时间难以准确预测。这类开采老采空区的移动变形常常表现为非连续、突然的抽冒，对地面的建筑危害极大，无法采取结构措施保证其安全或采取结构措施的费用过高；这种情况下，在施工前采取全部充填采空区支撑覆岩、注浆加固和强化采空区围岩结构，增强其稳定性、局部支撑覆岩、采取措施控制老采空区的沉降潜力和在地面利用前全部释放空间地基处理措施，预防或控制部分开采老采空区地表沉陷。

（一）充填法

充填法主要适用于条带开采，柱式开采等部分开采的浅部老采空区。由于煤柱的支撑作用，在这些采空区内存在较大空洞，如果煤柱达不到设计的要求出现垮落，则地面可能出现漏斗状塌陷坑，对建筑物形成破坏性的危害。

由于部分开采的采空区位置易确定，充填区域和充填工作量较容易，在合理设计和实施后能达到很好的效果。因此，老采空区充填是一种较好的老采空区处理方法。

老采空区充填处理方式是采用填料和浆液将采空区内空洞全部回填，以防止老采空区沉陷。主要目的是直接充填采空区空洞，给煤柱以侧向支撑。根据充填材料和施工方式不同，充填的方法可分为注浆充填、水力充填和风力充填等。

1. 充填工艺

将膏状的高固低水浆液在地面制备后，用管道输送到井下工作面，在工作面推进过程中同时充填采空区。通常在工作面后方 $15\sim25$ m 的采空区中，顶板垮落碎岩尚未压实，形成了充填浆液所必需的维持骨架，可使黏稠的浆液马上堆积起来而不致流出，随后，浆液又将多余的水分析出并固化。

2. 充填用材料

电厂粉煤灰、选煤厂浮选矸石或经破碎过筛的尾矿以及煅烧厂废料、石膏等工业废料。采用液压管道输送系统，在泵压为 120 Pa 的情况下其最大运料能力为 100 m³/h；采用技术措施使浆液"驻留"，解决了物料离析与堵塞管路的问题。工作面采煤与采空区充填平行作业是其一大特点，充填工艺不改变工作面支护设计，也不改变工作面的顶板管理。

（二）注浆加固法及局部支撑法

对于采深相对较大、煤柱稳定性较好的采空区，可采用注浆加固采空区上部破碎带和弯曲带岩体措施，使之形成一个刚度大、整体性好的岩板结构，有效抵抗老采空区塌陷的向上发展，使地表只产生相对均衡的沉降，保证建筑物安全。注浆通过地面钻孔开展，注浆材料采用水泥浆材为主。

局部支撑覆岩或地面建筑即在采空区局部充填或支护，减小采空区空间跨度，防止顶板的跨落。常用方法包括注浆柱、井下砌墩柱和大直径钻孔桩柱等；或直接采用桩基法，即将建筑物的基础桩穿越老采空区，位于稳定的岩层内，使建筑物不受老采空区"活化"的影响，常用的处理方法包括条带注浆、注浆柱、井下砌墩柱和大直径钻孔桩等。

条带注浆加固方法采用条带开采的相关理论对加固的尺寸、加固的密度进行了核算，必须满足以下条件：

① 注浆结石体的强度足够支撑上覆岩体的质量，在覆岩应力作用下能保持长期稳定。由于注浆结石体的强度高于煤层的强度，因此，按条带煤柱设计的方法评价其强度是偏安全的。

② 注浆结石体形成条带后产生的地表残余移动变形小于建筑物的临界变形，保证地面建筑物不损坏。

（三）老采空区破碎岩体注浆加固效果的影响因素

影响老采空区破碎岩体注浆充填或加固效果的主要因素有岩体结构、注浆材料及其性能、注浆参数以及注浆工艺等。

1. 老采空区岩体结构面特征对注浆效果的影响

岩体结构面尤其是次生结构面和采动裂隙的大小和分布，对注浆参数确定、注浆效果有极大的影响。

2. 凝胶时间对注浆效果的影响

凝胶时间对注浆效果的影响主要表现为浆液的凝胶时间长，有利于浆液均匀扩散、渗透和分布，注浆加固整体性较好；但凝胶时间过长，将导致浆液扩散、流动范围增大，增大浆液的流失量；在有地下水作用时，长凝胶时间的水泥浆液易被地下水冲蚀，降低注浆效果。

针对老采空区地基注浆处理的目的不同，选用不同的控制凝胶时间措施。在老采空区全充填注浆加固时，应选用长凝胶时间水泥浆液，以使浆液能充分注入和充填垮落带碎块结构和松散结构岩体孔隙。在进行断裂带注浆加固时，注浆初期应采取措施缩短凝胶时间，控制浆液的扩散范围，避免大量浆液流入下部的垮落带岩体中，造成浆液损失。

3. 水泥浆液的结石体强度

注浆加固后的断裂带岩体整体强度和承载能力是采空区破裂岩体和水泥结石体共同相互作用效应的结果，因此，水泥结石体强度越大，注浆效果越好。水泥结石体强度主要受水灰比、搅拌时间、压力等因素影响。一般来讲，水灰比越小，结石体强度越高；浆液搅拌时间过短，影响水泥颗粒与水的均匀混合，降低浆液的可注性和结石强度，搅拌时间过长，可能破坏水泥浆液中已开始形成的水化结构，从而降低结石体强度；一般比较适宜的搅拌时间为 5～30 min。注浆压力的增加可以提高结石体的密实性，有利于结石体强度的提高；但过大的压力可能会改变注浆的性质，如从充填注浆转变为劈裂注浆。一般老采空区和断裂带注浆加固采用无压力或低压力注浆即可满足要求。

4. 水泥浆液的改善措施

为提高注浆效果和降低浆液损失，应调整水泥浆液的性能以满足不同情况下的工程需要。

（1）选取适宜的浆液水灰比

浆液水灰比过小，浆液黏度大，流动性和可注性差，不利于提高注浆效果；浆液水灰比过大，浆液析水率高、凝胶时间长和结石体强度低，亦不利于提高注浆效果。根据调查研究和有关工程经验，进行老采空区上方断裂带充填和固结注浆宜采用的浆液水灰比为 $0.7:1\sim1.3:1$；对于老采空区垮落带充填固结注浆，为降低成本可采用粉煤灰—水泥浆液，其中粉煤灰与水泥的比率（重量比）为 $7:1\sim11:1$，水固比为 $0.4:1\sim0.6:1$。

（2）掺入添加剂改善水泥浆液性能

根据老采空区注浆加固工程的需要，可通过在水泥浆液中掺入添加剂改善浆液的性能。常用的添加剂有：

速凝剂：其目的是缩短水泥浆液的凝胶时间，其品种主要有水玻璃、氯化钙、"711"型速凝剂、红星一型、阳泉一型、碳酸钾和硫酸钠等。

速凝早强剂：其目的是缩短水泥浆液凝胶时间和提高结石体早期强度。主要品种有三乙醇胺、氯化钠、BR-CA 增强防水剂、三异丙醇胺、硫酸钙等。

悬浮剂：其目的是分散水泥颗粒在浆液中的分布，使水泥颗粒能长时间悬浮于水，降低浆液的析水率，增加浆液的稳定性。常用的悬浮剂有膨润土，高塑黏土等。

塑化剂：其目的是降低水泥浆液黏度，提高浆液流动性和可注性。常用的塑化剂有亚硫酸盐纸浆废液、食糖、硫化钠等。

选择添加剂时必须注意一种添加剂可以改善水泥浆液某些性能的同时，降低了浆液其他性能。

第三节　城市规划区裸岩矿山修复技术

一、城市裸岩矿山存在的原因与现状

随着经济社会的持续发展，各地房地产、城镇基础设施建设、高速公路、铁路建设规模不断扩大，石材的需求量急剧增加，因此产生了大量采石裸岩矿山，其普遍存在不合理的开山采石取土方式，并由此形成了一个个废弃采石场。这些采石矿山由于城市的扩张已经全部进入到城区的范围，它们的存在对城市的发展产生严重的负面影响，治理与否关系到人类生活质量的提高，关系到经济发展与环境保护的协调。

我国主要城市都面临着城区裸岩矿山的生态修复问题。然而，废弃采石场特别是石壁的生态恢复一直是世界性的难题，是一项复杂的生态系统工程，涉及采矿学，生态学、景观生态学、地貌学，植物学等多种学科。在过去数十年里，国内外生态专家与工程技术人员为采石场复绿开展了深入系统的研究，并创造了各种各样的生态恢复技术。但由于资金不足等原因治理复绿工作滞后，废弃采石场复绿日益仍然是社会普遍关注的问题之一。

二、裸岩矿山边坡安全评价

采石矿山由于长期的爆破、挖掘，形成了开采的迹地和宕面组合，很多开采宕面是修复难度极大的陡峭崖壁，坡度大、高度大而且岩体松动。是需要放坡处理，还是直接复绿，除考虑资金、景观等方面的需要外，需要对边坡的安全性进行论证。

（一）边坡安全的调查与观测

边坡安全评价以边坡安全的观测为基础，应用观测数据进行综合分析评价。而变形等观测往往是通过多次观测对比进行的，这种长期行为难以在矿山生态恢复治理中采用，安全性评价只能通过调查和部分静态观测数据来进行。

采石矿山边坡安全的调查主要任务：① 了解工程开挖、爆破等因素对稳定性的影响，判断稳定性变化趋势，为边坡治理与检查治理效果提供可靠的信息；② 在生态恢复工程荷载或其他因素作用下，边坡的状态，以保证边坡长期稳定。

需要调查和重点考察的主要内容可分为：① 地质条件，了解岩石类型、岩层构造、地下水条件等。② 边坡最高断面的位置、最大坡度、蕴藏潜在滑体的断面位置、断层和裂隙发育强烈程度、密度等。局部软弱带、不稳定块体、松弛带和材料参数较低的部位，双面临空的部位以及对层内错动带密集发育部位，表部松弛带等。③ 边坡处理后，还需要对布置在边坡上的加固措施，通过锚索及锚杆上的应力变化过程来了解锚固的效果和边坡的状态。

对调查和测定的资料，通过定性分析，定量分析与定性分析相结合的方法，结合力学、地质等学科知识评定边坡安全稳定状态。

（二）边坡安全的评价

1．综合评价体系的建立

对前面调查和观测资料进行分析，主要是根据单项物理量的观测资料，在定性分析的基础上，应用数学力学方法，进行监控模型建立、监控指标拟定安全系数求解等方面的研究，目的是了解边坡的安全稳定性。但岩质边坡是一种复杂的自然地质体，一方面边坡的工程性质随空间位置不同而有所差异，即使是同一位置在不同时期的稳定性也不相同；另一方面影响和制约边坡稳定的因素是多方面的，影响程度也各不相同。这就造成了边坡性质及稳定性的界限实际上不是很清楚，具有很大的模糊性。因此根据单项观测量的观测资料分析或边坡的极限状态分析都无法完全反映对象真实的安全度和可靠性，都存在一定的局限，最终还需要对各种资料从变形和强度等多角度经过综合分析，才能全面认识边坡的稳定状态，并对安全性进行合理的定量评价。

综合评价和决策首先需要确定总的评价目标，然后收集与目标相关的各种资料，通过建立综合决策网络体系来反映各种资料同评判目标之间的关系，然后凭借专家经验或分析，运用归纳、演绎中的逻辑思维和非逻辑思维方式，经过层层递进推理，得到对总目标的评判结果。总的评价目标是边坡的安全稳定性，围绕这个评判目标可以建立边坡的综合评判体系，然后对边坡进行综合评判。考虑到影响边坡因素的不确定性和边坡性质的模糊性，在边坡稳定的综合评判中需要用到数学方法，以更科学的描述各评价指标的性质，更全面地反映边坡的安全稳定性。

建立综合评价体系的目的是全面收集反映边坡安全稳定的资料信息，从系统分析的角度确定体系结构，选取合适的评价指标，通过对各层指标的合理评价来评价边坡安全稳定性。具体来说体系的建立包括以下几部分：评价指标的选定、结构体系的建立、评价指标的标准化。

2. 评价指标的选定

评价指标是能体现边坡安全状态的特征因素，不同的评价指标代表着边坡状态的不同内容。评价指标选择的是否合理，直接关系到最终的评价结果是否真实可信。在选择评价指标时应遵循典型性、独立性、层次性、可靠性、可量化的原则。

① 典型性：评价指标应概念明确，能够度量和反映边坡某一个方面的性质特征。

② 独立性：不同的评价指标反映的边坡特征信息应该是不相同的，各评价指标如果相互兼容则应考虑将意义相同的指标进行合并。一个指标的评价应不受到其他指标的影响。

③ 层次性：将边坡稳定评价分成若干个层次来进行考虑，根据具体诊断指标合理的确定下层评价指标，形成结构体系。

④ 可靠性：评价指标必须能真实反映边坡的状况，通过各评价指标判别出的边坡状态应与实际情况相符。

⑤ 可量化：要想对目标进行客观的分析评价，必须通过定量的方法，因此评价指标应该选择那些能够根据某种原则进行量化的指标。尽量不要选择定性的评价指标，即使选择后也应将其转化为可定量的指标。

边坡稳定是一个复杂的系统问题，影响边坡稳定的因素众多，但在选择评价指标时不可能将所有方面的因素都加以考虑，只能结合实际情况选择最能说明问题的指标。最关心的是边坡的状态的演化过程，但由于认识的局限性目前对这一过程还不是十分了解，即边坡状态的演化处于一个"灰色"过程。所以在认识有限的情况下综合评价边坡的稳定性，应该尽量根据那些最直接反映边坡稳定状态变化的信息来进行，尤其是现场观测数据。由于观测时间长度的限制，指标主要以强度指标为主。

3. 综合评价结构体系

综合评价结构体系由目标层、准则层、指标层组成。综合评价体系中目标层为边坡的安全状态，它由中间各信息层（准则层）组成，指标层为局部区域的观测信息。上、下层指标密切相关，下层指标信息是上层信息的来源，上层指标的评价结果是下层指标评价信息的综合。实际观测中的观测项目不一定能够进行量化，使用时可根据具体情况进行修改。

4. 评价指标标准化

由于在综合评价中各单指标的量纲不统一，且各指标的准则也不一致。目前常见的指标类型有：效益型、成本型、固定型、区间型、偏离型。效益型指标是指指标值越大越好的指标；成本型指标是指指标值越小越好的指标；固定型指标是指指标值越接近某个固定值效果越好的指标；区间型指标是指指标值越接近某个区间效果越好的指标；偏离型指标是指指标值偏离某个固定值越远效果越好的指标。

三、裸岩矿山边坡安全处理技术

采石场开采留下的石壁经过了采石爆破，陡峻的山岩上，呈现凸凹不平的形状，并存在各种危石、松散岩体、碎石等，要进行工作面的清理。清理时从高到低，逐级清除，对于不能清除和不便清除的危石，通过植入钢筋、挂设钢筋网，灌注混凝土等方法进行锚固。对于破碎不稳的高坡需要削坡减载。

边坡安全处理需要与后期复绿结合，为植被生长，基质铺设创造条件。边坡处理核心技术是在高边坡稳定的基础上，结合水土保持、景观等要求，进行边坡坡面生态恢复和景观综合整治。处理技术方案采用坡体锚杆支护、坡脚格构＋挡墙支护、上下游截排地表径流、马道水平集排坡面汇水，岩面裂隙水导排的立体防护体系对边坡进行加固。通过锚杆加固后，可确保边坡整体稳定；在此基础上，在边坡面覆盖网材，固定孤石，防止坠石和小范围泻溜，同时为坡面生态基质层的建立提供结构层；同时，在边坡周边和马道配套立体和水平截排系统，确保边坡排水顺畅。

（一）边坡加固
对于边坡，根据地质条件分类处理。

1. 一类区
边坡覆盖范围较大，开挖坡面岩体较完整，稳定性较好，加固方式为在整个坡面上施打系统锚杆，锚杆间距 4.5～6.3 m 不等，通过一定手段，使得系统锚杆与生物护坡工程有机结合，在整个坡面上形成一个整体网状结构体，确保整体稳定。

2. 二类区
区域贯穿性裂隙发育。尽管裂隙不存在大规模楔体滑动组合，但因结构面影响范围较大，最大可达 10 m 以上，因此需对结构面影响范围内进行加固处理。工程采用系统锚杆加密方式处理，锚杆间距 2.25～3 m，即在原来整体系统锚杆基础上增加密度和长度布置。

3. 三类区
区域坡脚存在开挖基坑，基坑深度 20 m，该处坡高虽然相对较低，只有 30 m 左右，但因基坑采用明挖，无支护手段，因此上部整体稳定性对基坑边坡的稳定性有着很大的影响，据分析结果显示，该处整体稳定性尚好，但其拉应力范围加深，因此采用系统锚杆进行加固处理，但将锚杆深度加大，坡下基坑部分采用长度 10 m 左右的系统锚杆。

4. 四类区
边坡顶部区域。边坡顶部岩性为强风化层，部分卸荷裂隙风化裂隙较强，用在施打系统锚杆的基础上，根据各开挖面破碎情况，采取随机锚杆及局部砼或砂浆置换加强支护，确保坡体稳定。

5. 五类区

分布在第一级马道以下，根据边坡稳定性分析，第一级马道以理，格构内采用生物护坡绿化，同时，在坡脚设置重力式浆砌块石挡墙。

6. 马道外缘

在边坡施工过程中，各级马道受到不同程度的破坏，局部马道岩体破碎松动，经清撬后已明显不足 3 m。在各级马道外侧松动处采用垂直随机锚杆支护，局部严重破碎处喷混凝土加固处理。

（二）边坡截排水

为了减少径流对坡面的冲刷，针对边坡实际情况，设置相应的截排水系统，大致可以分为三部分：

1. 截水沟

在边坡顶部设置了水平截水沟系统，引排上游地表径流，并通过纵向急流槽与坡脚排水沟相连。

2. 泄水孔和排水沟

在坡面布置泄水孔，马道内侧和坡脚修筑排水沟，以防止地表水与地下水渗入而降低边坡稳定性，并引排坡面径流。

3. 急流槽

通过泄水孔排出的岩面裂隙水和坡面地表水通过排水沟汇集后引入急流槽，通过急流槽排入地面排水系统。

四、裸岩矿山植被修复技术

裸岩根据地形条件分成平坦石质迹地、低岩坡、高岩坡，其植被修复的思路和方法不同。在景观设计的基础上，平坦迹地的植被修复主要采用客土法构建土层恢复植被，低岩坡采用植被遮挡、下攀上垂的方法复绿，高岩坡难度大，多采用挂网喷播法、燕窝法等恢复植被或创造人工景观等方法。

（一）常用方法技术

石壁治理应根据采石场的岩性、石壁坡度和石壁表面粗糙程度等采取相应的措施，其核心是植被恢复，并在此基础上达到系统的自我维持，实现生态系统的良性循环与健康。石壁裸露，表面温差大，陡峭无土壤，难以保水保肥，对植物生存生长极为不利，生态恢复非常困难，是整治的难点。目前国内外采取的石壁植被恢复方式主要有以下几种。

1. 直接挂网喷草技术

具体的做法是，首先将石壁表面整平，然后将各种织物的网（如土工网、麻网、铁丝网等）固定到石壁上（可以按一定的间距，在石壁上锚钉或用混凝土固定），再向网内喷一定厚度的植物生长基，生长基包括可分解的胶结物、有机和无机肥料、保水剂等。最后将草籽与一定浓度的黏土液混合后，喷射到生长基上。这种方法较适用于坡度在 40 ℃以下的石壁的治理。

2. 喷混植生技术

坡度在 40 ℃以上的石壁，直接挂网喷草的方法已难以实施，而采用喷混植生技术。具体做法是：首先将草籽与一定抗拉强度的钢丝网用锚钉固定到石壁上，然后在网下喷一层厚度为 5～10 cm 厚的混凝土作为填层，再将草籽、肥料、黏合剂等的混合物均匀地喷射到填层上。

3. 人工植生盆法

利用坡面凹凸地形，在微凹外口开拓平台，用砖或碎石砌筑植物盆，回填营养土种植藤本，灌木或小乔木。这种方法不适用于坡度较大、坡面平整的石壁。

4. 石壁挂笼法

由于相当部分石壁坡度过于陡峭，无法进行爆破或筑植生盆，采用安装钢筋笼挂于石壁上的方法。该笼可制作成行李箱般大小，笼内装载土壤、有机质等植物生长物质，以确保笼内植物在石壁上的有效支撑。

5. 板槽法

具体的操作方法是，按等高线以一定的角度安装水泥预制板，板与石壁之间形成种植槽；在种植槽内装填具有一定土壤肥力的种植土，在种植土内种植灌、藤、草等植物。

6. 平台法

指在开采石的过程中，采取一定的方法，使开采后的石壁呈梯形台阶，然后在台阶上回填土，采取一定的工程措施保持土壤，并在其上种植乔木，灌木或攀援藤本的方式。一般要求台阶有 5 m 以上的宽度，土层厚度达 1 m 以上，台阶高度 10 m 以下。严格意义上说，这不是一种石场复绿技术，而是一种石场开采与植被恢复的综合措施。

7. 景观再造法

对于距离交通干线或者旅游点较近，且可视面积较大的石壁，可以结合城市规划或旅游区建设，考虑对石壁进行景观再造，建设成为运动用或观赏用的景点，如攀岩区，水景区等。

（二）基质保水技术

植物生长离不开土壤基质，基质不仅起到固定植物的作用，更重要的是为植物生长提供营养和水分。由于基质来源和成本的限制，复绿中使用的基质数量较少，需要重点解决基质的养分尤其是水分的保持问题。保水剂种类多，效果好，价格便宜，用法简单，在崖壁绿化基质构建中大量使用，已经成为必不可少的物料成分之一。其主要原理是干燥时收缩防止水分大量蒸发，降水时微孔膨胀允许水分进入基质。

在大面积的采场迹地重构土壤中，依照土壤剖面重构方法开展，同时还需要仔细设计剖面层次结构、配比各层的物料组成，能在一定程度上起到增强保水性能的作用。根据废弃矿山待复绿区的地形确定防渗层的底部标高，按照地形设计要求确定种植土层的顶部标高，根据待种植被类型确定种植土层和保水层厚度。按照从下至上的顺序依次充填固体废弃物地基，刚性防渗层，塑性防渗层、保水层，种植土层。由于采用了保水层设计，可以在植被成活后减少甚至完全不用灌溉就能保证植物对水分的需要，保证生态恢复的长期效果。由于塑性防渗层的存在，充填固体废弃物地基充分沉稳与否，不影响保水的效果，为施工争取了时间。这种回填土层的保水技术效果有四个方面：一是能减少水分蒸发和渗漏，可以减少植被成活后的长期人工灌溉维护，在植被成活后可以不需灌溉维护，能保证矿山生态复绿的长期效果；二是可以大大降低种植土用量。由于有保水层的存在，种植土层的持水功能可以降低，只需起到固定植被和提供短期水分的作用；三是对于深度较大采坑或塌陷区，可以大大缩短甚至不需充填地基沉稳时间，达到快速施工效果；四是其方法简单，易施工，具有广泛的实用性。

（三）植物选取与后期维持

1. 植被调查与试验

树种选择是采石场绿化是否成功的关键。为选择好合适的树种，先进行树种调查，选择采石场及其周围用样地记录法调查生长的自然植被，对其生境进行分析，寻找适合在废弃采石场种植的植物，并研究其种植技术。

根据采石场生态恢复应遵循"科学规划，分类指导，因地制宜"的原则，依废弃采石场的不同立地条件、不同类型及周边的植物种类等，进行不同的试验。用工程措施和生物措施相结合的方法，按采石场的属性、破坏特征、规模、地理位置的不同，对采石场进行自然生态环境调查、评价与分类—立地条件分析与边坡稳定性评价—地貌重塑与植被恢复的基质再造—植物品种的选择与种植—养护。试验的结果作为当地裸岩矿山恢复植被模式的参考依据。

2. 植被选取与维护

采石场绿化，重要的是生态重建，恢复被毁山体的生态环境。因此，在植物品种选择上，考虑长短结合，生物多样性和植物群落稳定性等；从生态系统的角度上，考虑对采石场区域生态系统的稳定性和长久性及与邻近地区景观协调的一致性；从土地利用上，考虑最大限度恢复植被生产力。

按照植被恢复的方式和植被用途来进行植被的选择，不同的植被后期的维持不同。在石壁藤本垂直绿化中，选择爬壁能力强、能耐干旱、适宜性强、景观效果好的植物，常以爬山虎作为先锋植物，凌霄、常春油麻藤等作为后续的景观植物效果较好。爬山虎、凌霄以扦插育苗为主，常春油麻藤以种子播种育苗为主。扦插育苗于初春或秋季选择当年生半木质化的枝条，在营养钵中进行扦插，并进行日常管理，培育合格的营养钵苗木。常春油麻藤种子采收后及时处理，进行沙藏。并于翌年春季进行浸种催芽，然后放入较大的营养钵中进行营养钵育苗，并加强日常管理，及时修剪，控制一定长度，培育多头，根系粗壮的苗木。水平种植带内，以春季3～4月或秋季9～10月种植为宜，配置方式以爬山虎、凌霄、常春油麻藤混交种植，混交方式以株间混交为宜。适当密植，密度以（40～50）cm×（40～50）cm为宜。生长期内要及时除草、浇水，追施速效肥，先期藤本植物要进行人工牵引导向，引向目的石壁，促进植物向石壁生长。

在构筑种植巢的裸岩绿化中，植物选择与配置选择爬山虎、凌霄，常春油麻藤、山荞麦、葛藤等藤本植物。配置方式上以混交为主，爬山虎、凌霄、常春油麻藤、山荞麦可相互混交。葛藤仅适宜在大型采石场的中间部位，以避免其恶性生长影响其他植物生长。藤本苗木的培育以培育合格的营养钵苗木为主。要加强日常的肥水管理，薄肥勤施，促进幼苗健康生长，并进行定向牵引。

对于利用废弃采石场周围自然植被的种子飞籽天然更新和人工创造条件促进快速生态恢复的绿化，选择有自然恢复条件的废弃采石场周围自然植被保存完好，有天然飞籽的母树林，这是前提条件。地形整治中要注意保留自然植被的幼苗。乡土树种选择选择耐干旱瘠薄适应性强的乡土树种——马尾松、青冈、枫香、乌冈、冬青等树种，用营养钵育苗、造林，以提高成活率。再将马尾松种子经过浸种，用黄泥，过磷酸钙，保水剂的混合浆进行拌种，人工撒点播在经过处理后的整个坡面上，以增加坡面的植物生长密度。

对于恢复林地生产力为主的废弃采石场，一般要求为坡度在 25°以下的缓坡、堆渣场、进场废弃道路等。将废弃采石场进行坡面清理，将废渣填于低洼处，平整土地。由于废弃采石场基本无土壤，需要加客土，土壤厚度要达到 40 cm 以上。种植绿肥植物印度木豆，以改良土壤。由于印度木豆，耐干旱瘠薄，生物量大，是改良土壤的优良植物，恢复土壤肥力，然后发展经济林、用材林等。

第九章　基于绿色基础设施的
废弃矿区再生设计方法

　　由于大部分废弃矿区位于城市边缘地带或乡村地区等绿色基础设施密集区，因此，改造后的废弃矿区可作为绿色基础设施的重要来源，且极易纳入绿色基础设施体系。通过再生设计，可使废弃矿区重新焕发活力，发挥其作为绿色基础设施的生态平衡、涵养水源、防护隔离、产业经济和运动休闲等功能。

　　绿色基础设施是国家自然生命支持系统，不仅是一种理念同时也是一种设计方法。基于设计学的视角，立足绿色基础设施场地尺度，研究废弃矿区再生设计方法。废弃矿区再生应挖掘自然过程之美，尊重自然发展和生态演替过程，促进生态系统的健康发展；将大量位于城市边缘区的废弃矿区纳入绿色基础设施体系中，使其成为城市的"海绵体"，即可储存过剩的雨水，增强城市排涝能力，也可补充城市园林灌溉和消防用水等，使废弃矿区成为城市市政系统的补充；地域文化的延续通常能唤起人们共同的情感和记忆，地域文化传承是矿区再生设计之魂。废弃矿区见证了人类的矿业开采活动，具有一定的遗产价值，在再生设计中应予以充分挖掘，保护和合理利用，使矿区废而不弃，降低改造成本；自然生态环境被工业化和人类其他活动破坏的场地是进行大地艺术创作的理想场所，通过艺术手段使受损的环境和看似毫无价值的工业遗迹重新焕发了活力，为废弃矿区再生提供了新方法；矿区村镇是矿区的重要组成部分，运用生态设计的方法，从村镇风貌、公共空间和植物等方面入手，使衰落的矿区村镇重新焕发活力，成为矿区再生的引擎。

第一节　自然过程导向下的设计方法

　　《辞海》对自然的定义，"即自然界，广义指具有无穷多样性的一切存在物，狭义指与人类社会相区别的物质世界，通常分为生命系统和非生命系统"。对于自然过程，辩证唯物主义认为自然是不依赖于意识而存在的统一的客观物质世界，处在永恒运动、变化和发展的过程中，世间万物一直处于不断运动和发展过程，"自然过程"就是指这些运动和发展所历经的程序。从狭义角度来看，自然过程是指物质世界中，天然或是自然中有形的和无形的力，包括重力、风、水等，对环境产生作用所形成的发展和变化状态。

　　景观也处于一个动态过程中，构成景观的要素如植被、水体、土壤等都是富有生命的，它们不是一成不变的，而是会随着季节、时间、气候的变化而产生形态、结构及质量等的变化。影响景观的基本自然过程可分为两个部分：生物过程和非生物过程。生物过程包括动物、植物、微生物的生长及自然演替等各种生命过程；非生物过程指各种自然界有形或无形力，如阳光、水、风、重力、火、氧化等。这些自然过程对景观的影响是随处可见的，景观中的生命需要雨水的滋养，雨水汇集所产生的径流会侵蚀土壤，土壤养分的流失会不利于景观植物的生长，植物的光合作用利用水和阳光制造有机质，是生物界赖以生存的基础。

因此，在景观规划设计当中，应意识到自然过程的重要性。在景观规划设计之前，认识到水、土壤、风、生物等的自然规律，在尊重自然规律的基础之上，对自然过程进行合理的引导和利用，营造生态的、可持续的景观。废弃矿区是由于人类的开采活动破坏了原有自然环境后所形成的废弃地。发达国家在废弃矿区再生中十分注重尊重自然规律，使得再生后的矿区与自然环境和谐共生。如美国环境法要求采矿破坏的土地必须修复到原来的地形地貌，英国对于露天矿采用内排法，边采边回填再复垦，复垦时注意与原有地形、地貌的协调，形成一个完美的整体。

一、自然过程引入景观规划设计的研究

（一）现代景观与自然

19 世纪中后期，随着工业化和城市化的发展，环境污染问题日益显著，并威胁着人类的生存，以奥姆斯特德为首的美国景观规划设计流派异军突起，在英国景观规划设计的基础之上奠定了现代景观规划设计的基石。奥姆斯特德极为推崇自然，并从生态的高度将自然引入城市中。他开展的一系列风景园林、城市规划、公共广场等规划和设计，推动了美国全国性城市公园的设计和建设的发展。他的著名作品——纽约中央公园，成为现景观规划设计史上里程碑式的作品[①]。

19 世纪 60 年代，以伊恩·伦诺克斯·麦克哈格为首的学者率先发出"设计结合自然"的倡议，呼吁人们正确认识和处理人与自然的关系。他出版的《设计结合自然》一书，唤起了景观规划设计师们对自然和生态的关注，因此他被誉为"生态设计之父"。麦克哈格提出在规划和设计中，应充分尊重自然的演变和进化过程，尊重自然规律，合理利用土地等各种自然资源[②]。设计结合自然的内涵主要体现在三个方面，即协调好人与自然的关系、协调社会与环境的关系、协调好设计与场地的关系。他的这种生态设计思潮在世界范围内产生了广泛的影响，推动了现代景观规划设计中革命性的变革。

（二）风景过程主义

20 世纪 70 年代，在生态设计思潮席卷美国大地的时候，美国著名的景观规划设计大师乔治·哈格里夫斯并没有随波逐流，他坚持将艺术放在景观规划设计的首位，认为艺术是其灵魂，积极探索艺术与科学在景观中的融合，为景观规划设计提供了一种新的思路。

美国的评论家曾评价哈格里夫斯是"风景过程的诗人"。虽然他的作品不多，但其艺

---

① 曹庄，林雨庄，焦自美，等. 奥姆斯特德的规划理念：对公园设计和风景园林规划的超越 [J]. 中国园林，2005，21（08）：37-42.

② 李伟. 关于《设计结合自然》的历史叙事：从历史的角度看伊恩·麦克哈格与景观设计学 [J]. 新建筑，2005（05）：64-67.

术的原创性和强烈的艺术感染力受到广泛的好评和认可，如烛点台文化公园、拜斯比公园、2000 年悉尼奥运会公共区域设计、广场公园等。

哈格里夫斯的作品注重营造大自然的动力性和神秘感，让人们感受到场地特定的人与水、风等自然要素的互动，以及历史和文化因素的变迁。与欧洲园林"如画般""封闭式"的传统式构图所不同的是，他认为开放式的构图更为重要。他致力于探索和挖掘文化和生态两方面的联系，从基地的特点出发，寻求风景过程的内涵，搭建与人相关的框架，并将这种方法誉为"你建立过程，但不控制最终产品"。他在自然的物质性与人的内心世界搭建起一座桥梁，让人们对景观规划设计的艺术精神有更加深刻的认识。

二、自然过程引入废弃矿区景观再生设计

自然过程下的动态景观设计蕴含着生命的暂时性以及自身转化的可能性，展现出一种新的美学，即过程之美，这种新的美学思想可以用来解决废弃地的问题、城市多重空间的利用问题。废弃矿区中蕴含着这种自然过程之美，矿区历经繁荣到衰退，资源丰富到枯竭，生态系统由健康到损害等一系列动态过程，体现出地方工业文明衰败后一种独特的荒凉之感。在废弃矿区景观再生设计中，合理引入自然过程，能更好地营造一种自然、荒凉、沧桑之美，延续矿区及周边地区的历史文化脉络。

（一）价值与意义

1. 遵循自然规律

在矿区景观再生设计中引入自然过程并发挥作用，是一种遵循自然规律、与生态过程相协调的设计方式。这种设计方式尊重了自然发展和生态演替的过程，顺应了自然进程的发展；能够发展和维护矿区生物多样性，维持植物的生境和动物的栖息地，有利于生态系统的健康发展。

2. 经济价值

自然过程中蕴含着巨大的力量，能取得靠人类自身的力量难以实现的效果，如尼罗河三角洲，就是由尼罗河携带的泥沙冲积而成，土壤肥沃，河网纵横。三角洲集中了埃及 2/3 的耕地，灌溉农业发达，由此孕育了灿烂的埃及文明。在当时的技术条件下，仅靠人力来创造这么一块肥沃的平原几乎是不可能实现的。我国的黄河三角洲也是黄河携带的泥沙在入海口不断堆积、不断填海造陆而成，为黄河三角洲地区发展提供土地资源。因此在废弃矿区景观再生设计过程中，合理引入自然过程，可以用少量的人工干预产生较高的社会、经济和生态价值。

3. 维护成本低

自然资源是有限的，在营造景观过程中，应尽可能地节省水、生物、土地、植被等资源的投入。传统的造园活动，为了维持一种稳定的景观，往往耗费大量的人力、物力资源去维护，这些养护工作不仅耗时耗力，还浪费了大量的资源。设计遵从自然规律，可以大大减少能源和资源的耗费。在矿区景观再生设计中，合理引入水、风、光等自然元素，可以降低维护成本，节约物力和财力。如在矿区植被修复上，可以选择使用乡土植被，减少

外来引入的树种，可以提高成活率，降低养护成本。

4. 环境教育价值

把自然过程引入废弃矿区的景观再生设计中，可以在人与自然之间架起一座桥梁，增强人类与自然的情感联系。现代社会在城市中生活的居民，正与自然渐行渐远，人们只知道自来水从管道中来，却不知水从何处来，又将排放到哪里去。大自然中的青山流水、鸟语花香、飞禽走兽，已越来越远离人们的生活，人们只能从电视上、动物园或是自然保护区中见到。改造后的废弃矿区可以成为绿色基础设施的重要组成部分，成为人们感知自然的场所，使人们明白人是自然的一部分，更加尊重自然、保护自然，起到环境教育的作用。

(二) 方法

1. 土壤污染的处理

矿产资源的开采促进了经济的发展，但同时也对地区及周边的环境造成了严重污染。矿井废水中含有的大量悬浮物和有毒物质，直接排放到环境中会污染水质和土壤；露天堆放的废弃物中含有大量的有毒元素，会随着雨水冲刷和地表径流渗入地下，造成土壤的污染和退化，影响植物的生长。矿山废弃地土壤原有的良好结构遭到破坏，有机质含量降低，植物生长所需要的养分流失，重金属含量增高，土壤 pH 降低或是盐碱化程度增高等问题，会破坏生态系统，影响动植物的生长，造成生物多样性生物下降。

土壤污染的处理是废弃矿区景观再生需要解决的重要内容，在治理矿区土壤污染之前，要对矿区土壤的种类、结构及形成过程进行科学客观的分析，掌握土壤形成和演变的自然规律。

对基质的改良也同样重要，根据矿区土壤的状况，采用改良或是覆盖新土。在选取土壤改良材料上，可采取"以废治废"的方式，选用动物粪便、生活污水、污泥等，因为它们里面含有大量有机质，可以缓慢释放以缓解金属离子的毒性，并在一定程度上提升土壤持水保肥能力。此外，还可以用固氮植物或是菌根植物来改良矿区土壤，以便实现良好的生态和经济效益。

2. 植被的恢复

矿产资源的露天开采剥离表层土壤，破坏地被，导致采矿区原生生境被破坏，大型的植被斑块不断破碎化，影响了物种的迁移和信息传递。乡土植物群落被严重干扰和破坏，植被急剧向下演替，这会对矿区内部物种的数量和结构造成破坏，最后造成矿区物种生物多样性的下降。

矿区植被生态系统的恢复可以通过生态演替实现，在自然状态下，植被会缓慢地向上演替；在不利人工干扰下，植被会快速地向下演替。一般来说，通过自然演替达到良好的植被覆盖效果需要 50～100 年的时间，所需要耗费的时间比较漫长，如果停止人为干扰并封山育林，植被会进行缓慢地、长期的向上演替过程。

在植被种类选取上，应优先采用乡土植物来恢复植物群落。在废弃矿区上生长的植被具备极强的耐性和可塑性，能够适应矿区恶劣的条件，可以与栽培植物组成多层次的植物群落。

3. 地形的重塑

矿产资源开采剧烈地改变了原有的地形，其再生设计的一项重要工作就是重塑地形，运用流域地貌理论、景观生态理论、3S技术和设计学方法在对矿区区域环境和自然地理环境调查基础上，将破坏严重的地形重建为与水系、土壤、植被等自然环境要素和人工要素相互耦合的有机整体。废弃矿区的地形重塑是一种基于自然系统的自我有机更新能力的再生设计，在尊重自然过程与自然格局的基础上，注重安全，突出可持续发展，利用自然本身的自我更新、再生和生产能力，辅以人工手段，使重建的景观地貌更加接近于原自然地貌景观形态，能够与邻近未扰动的景观相协调。

露天开采和地下开采都会对地表的景观造成破坏，露天开采剥离表土，地下开采会造成采空区，引起地面塌陷，造成较大的安全隐患。土地面貌变得支离破碎，会影响景观的环境服务功能。本节以露天矿坑地形重塑为例进行分析。露天矿坑地域地表，形成凹陷的矿坑，通常由开采边坡、开采平台与坑底三部分组成。露天矿坑具有多样变化的地形，而且在矿坑内部视线较为封闭，有利于营造相对安静的环境，通过景观设计的方法可以营造功能和趣味兼备的空间。

露天矿坑边坡主要修复方法如下，一是岩面垂直绿化技术。该技术以普通垂直绿化技术为基础，针对台地状高边坡坡度大、岩石表面坑洼、裸露等特征设计。在坑洼部位设置藤蔓攀援植物的容器苗，结合工程措施按照星形等布局模式在坑洼部位栽植藤蔓植物进行垂直绿化。二是岩质边坡植生基材生态防护技术。该技术将铁丝合成网与活性植物材料结合，利用喷射装置将植生基质均匀播撒到岩质边坡，形成一个自主生长的植被系统，进而实现对边坡的复绿。三是生态棒防护技术。生态棒具有柔性的特点，由不可降解材料制成，棒体内填满植生基质材料。在岩质边坡上按照一定距离布置，起到稳定植生基质和促进边坡植物生长的作用。四是植被垫防护技术。该技术与生态棒配合使用，铺设在生态棒防护框内，植被垫可以将所需水分保持在岩面坑洼内，也可以排出植生基质多余的水分。利于植物根系生长和基材层的稳定。五是生态袋防护技术。生态袋适用于台地岩质修复，由高强度合成材料制成，具有保土、透水的作用，袋内放置种植土，有利于植物根系的穿透，且与平台基础贴服良好，利于成规模敷设。

第二节　"海绵体"理念导向下的设计方法

城市建设初期，为了满足城市建设与发展的需求，城市边缘区往往分布大量的矿区，为城市提供物质与能源，而随着城市的发展，矿区的资源趋于枯竭，为城市服务的职能逐渐消失，最终矿区大多被废弃。与此同时，破败的废弃矿区不仅影响了城市景观，还遗留了诸多的安全隐患。因此，城市边缘区废弃矿区的再生设计刻不容缓。

废弃矿区失去了为城市提供资源的功能，但由于其特殊的区位、地形、地貌等条件，可以在其他方面继续发挥为城市服务的职能。城市周边废弃的矿区，尤其是露天的煤矿、铁矿、采石场等，由于低洼的地势，在丰水季节，通常会大量积水，可视为天然的"海绵体"，基于此，海绵城市理念应用到废弃矿区再生设计中，着力将城市周边的若干单个矿区纳入绿色基础设施体系中，使之成为城市绿色基础设施的重要组成部分，让废弃矿区成为城市的"海绵体"，解决日益严重的城市内涝问题。

海绵城市理念的应用，从宏观上看，一方面可以让废弃矿区在暴雨季节储存城市过剩的雨水，降低城市的排洪压力；另一方面在干旱时节还可以将雨水释放，以补充城市园林灌溉、消防用水、工厂中水等城市用水之需。从微观上看，可以让矿区内部减少洪涝之灾，自身形成良好的生态环境，让开发后的水文循环尽量恢复到开发前的状态，实现矿区的可持续发展。

一、"海绵体"理念与废弃采石场相结合的可行性

第一，我国对废弃采石场环境恢复治理的问题越来越重视，环保部多次下达治理的相关文件，国内学者也借鉴国外相关资料开展研究。

第二，理念方面，"海绵体"理念是新兴的研究学科，发达国家已建立较为成熟的低影响开发理论及方法体系，具备了较强的理论基础。

从某种意义上讲，虽然"海绵体"是新兴的理念，但是由于这个理念是以低影响开发和绿色基础设施为基础而完善提出的，所以具有坚实的理论基础。废弃采石场所面临的环境问题、生态修复问题，也急需更专业、更生态的理论指导。"海绵体"是在保持场地功能的前提下，研究适宜采石场的布局模式、植物种类以及周边环境等，再引入低影响开发技术，能够大大提高场地的雨水管控能力，从而提高废弃采石场的经济、社会、人文价值。

第三，效益方面，"海绵体"理念强调的是让场地"弹性适应"环境变化与自然灾害。它改变了传统铺设大量的灰色排水管网、经济成本高且容易破坏场地的生态结构的技术方法，将原先的人工管道换成雨水设施，既保护了自然环境，又提升了场地的观赏价值，在各个方面实现了生态、经济、人文等效益多重化。

第四，技术方面，一些国家已发展并完善了一套比较完整的"海绵体"理论体系及相关技术，而且能够很好地应用到景观设计和城市建设中。在我国，近几年来也一直致力于研究海绵城市建设技术和方法，北京等一线城市也开始进行城市雨水管理方面的研究与试点工作，并取得了较为理想的成绩。

二、适用于"海绵体"理念的采石场特征研究

（一）废弃地类型

废弃地种类繁多，按性质可分为金属废弃地、非金属废弃地、能源废弃地三种主要类型。金属废弃地是指对黑色金属（如铁、锰等）、有色金属（如铜、锌、铝等）和贵重金属（如金、银等）开采后形成的废弃地。金属废弃地多分布于我国的丘陵地区，其地质条件复杂，岩层坚硬，容易因为矿山坡边失稳诱发地质灾害，此外，大量矿渣和尾矿不合理

地堆放破坏土地，排放的废物中的重金属污染物污染水土环境，容易引发泥石流。非金属废弃地主要是指开采非金属化工原料形成的废弃地、开采非金属建材原料形成的废弃地以及开采非金属冶金辅助原料形成的废弃地。这些非金属废弃地大多采用爆破开采的方式，容易造成山体被破坏，植被大量减少，水土流失加剧，从而导致山体崩塌、滑坡等地质灾害；而且此类废弃地一般经过大量的开采，严重破坏了山体结构，遗留下大量的矿坑，使岩体裸露，当地生态环境遭到严重的破坏。能源废弃地主要分为油气类废弃地和煤矿废弃地。油气开采活动容易造成区域地面沉降、地下水层被破坏、原油污染土壤和浅层地下水、矿口附近植被遭到破坏。煤矿开采中的露天开采方式则使山体和植被遭到破坏，造成水土流失问题；而井工开采则会将山体挖空，容易引起地面塌陷等问题。

经过分析可知，金属废弃地和能源废弃地受到的环境污染程度大，同时开采后的地质条件不稳定，存在极大的安全隐患，水土流失和环境污染较为严重，生态恢复难度大、成本高，且容易被地质灾害所破坏，运用"海绵体"理念进行景观再生成本高。非金属废弃地环境污染、水土流失程度较轻，不易发生地质灾害，虽然非金属废弃地的山体土方受破坏较严重，土壤贫瘠，但这些问题可以经过生态修复的手段进行恢复，较适合运用"海绵体"理念进行生态修复。

（二）地理位置

废弃采石场的地理位置不同，其进行转型时的功能定位也不同。采石场根据其所处地理位置的不同一般分为"无依托采石场"和"有依托采石场"。"无依托采石场"是指在远离城市的地区进行开采的采石场；"有依托采石场"是指在城市附近进行开采活动而形成的采石场。

无依托采石场大多远离城市，要对这些采石场进行改造，则面临强度大、成本高的困境。一般来说，无依托采石场因为地理位置偏僻、利用率低、重点改造的意义不大，因此重塑远离城市的废弃采石场通常采用低成本的单一边坡复绿技术。

有依托采石场的产业转型相较于无依托采石场而言，经济成本较低，景观再生力度较小。并且，靠近城市的废弃采石场的重塑可利用的资源丰富，如附近城市的人文环境、自然环境、历史文化、工业遗迹等，通过结合场地资源，使得这些采石场转型后利用率高。在有依托采石场的地理位置优势进行重点开发和景观再生的同时，也需要注重提升采石场周边区域的环境质量，建立区域绿色海绵系统，打造城市的"后花园"。

（三）规模

并不是所有的废弃采石场都能在生态转型过程中能成功地融入"海绵体"理念的措施，可进行转型的采石场应具备以下条件：首先，采石场所在区域规模不宜过小，要有足够的空间布置"海绵体"理念下的各项低影响开发措施；其次，不宜在水资源短缺、远离河流湖泊的地方选址，否则许多低影响开发设施将无法布设；最后，采石场内还应有与附近城市或河流湖泊相连接的水流通道，以保证其能发挥调节雨洪的功能。另外，废弃采石场进行景观再生设计之后，很有可能作为公园、休闲娱乐等场所，要推动区域经济的发展，应有便利的交通条件，且政府要对该项工程有高度的重视和支持，群众对生态修复工作具有积极性，有利于社会宣传和示范推广作用。

（四）功能定位

废弃采石场转型的功能定位是根据其所在地理位置而确定的。有些采石场位于农村，其中大部分为有依托采石场，且数量最多，这类采石场在被开采之前一般是耕地或者林地，所以在转型过程中，应以发展观光农业园为方向进行功能定位。有部分废弃采石场位于城郊，这类采石场大多面临着水土流失、植被破坏、环境污染等一系列生态问题，容易引发城市"热岛效应"等问题，对这些废弃采石场首先要恢复其生态功能，然后结合场地历史文化和地理位置，对其进行场地规划和功能定位，如作为城市扩张的备用空间，也可以将其设计成休闲公园、旅游景点等。除了乡村和城郊废弃采石场，还有一部分采石场地处城市内部，其具有较高的地块价值，可以将其改建成房地产项目、休闲公园、生态示范园、工业文化博物馆等。

三、低影响开发

（一）概念

低影响开发（Low Impact Development，LID）是国外针对城市雨水管理问题而提出的新模式，是一种创新的雨水管理方法。它具有以下四个基本特征：

一是 LID 旨在实现雨水的资源化。该理念认为雨水也是一种资源，而不是负担和灾害，城市内涝问题出现的根源不是雨水，而是对雨水的不合理利用。它主张通过布置合理的生态设施从源头上对雨水进行开发利用，使整个区域开发建设后的水循环尽量接近开发前自然的水文循环状态。

二是优化设施布局。LID 采用各种分散的、均匀分布的、小规模的生态设施，主要包括屋顶花园、雨水花园、植被浅沟、透水铺装等软性设施，实现对雨水的渗透、拦截、滞留和净化，从而实现区域水文的可持续发展。

三是系统化。LID 的系统化主要包含两个方面，一方面，LID 内部设施的系统化。内部单项设施之间并不是孤立的，而是相互连接，共同形成一个系统。另一方面，LID 作为一种柔性的雨水管理方式，与雨水管道系统及超标雨水径流排放系统等刚性措施是相互统一的，共同构成雨水管理的巨系统。

四是提倡"微循环"。LID 与其他的雨水管理方式最大的区别在于，它提倡在区域内部实现雨水的微循环，通过区域内部的生态设施将雨水资源化，就地解决洪涝问题。区别于其他的雨水管理方式，如通过管道及其他工程措施，把雨水输送出去，将雨水压力转嫁到其他地区。

（二）功能及设施

LID 作为一种新型的雨水管理模式，主要目标是实现径流总量控制、径流峰值控制、径流污染控制、雨水资源化，从而降低城市的内涝风险，实现城市的可持续发展。同时，其还具备渗透、调节、储存、净化雨水的功能，这四大主要功能之间相互协调，为实现对雨水的控制而共同发挥作用。为了达到这些目标和实现对雨水的管理，LID 设计了许多具体的生态化设施，主要包括屋顶绿化、雨水花园、植被浅沟、透水铺装、雨水湿地、蓄水池、景观水体、生态树池等，这些设施可以单独运用，也可以组合成体系共同发挥作用。

（三）应用情况

LID 作为一种成功的、新型的、生态的雨水管理模式和方法，在国内外以及不同空间尺度得到了广泛的应用。从应用尺度上看，LID 尺度适用性广泛，虽然是针对城市雨水管理提出，仍然适用于其他空间尺度，大到一个区域、城市，小至广场、社区、公园以及其他特殊场地等，但是目前 LID 在废弃矿区再生应用的较少，没有形成完整的体系。

四、海绵城市

（一）概念

海绵城市，顾名思义是指城市能够像海绵一样，在适应环境变化和应对自然灾害等方面具有良好的"弹性"，下雨时吸水、蓄水、渗水、净水，需要时将蓄存的水"释放"并加以利用。海绵城市具有如下四个方面的深层次含义：

第一，海绵城市理念与国外的 LID 雨水管理理念一脉相承，它是中国化的 LID。因□ LID 的许多技术手段都可以运用到海绵城市建设的过程中。

□二，海绵城市从本质上要剔除传统城市粗放式的建设方式，旨在实现城市发展和环□护的协调，建设生态型城市，从而实现城市的可持续发展。

第三，海绵城市充分尊重自然规律，在管理城市雨水时，遵循三个"自然"原则，即□积存、自然渗透、自然净化，主张在城市建设过程中，维持水文原有的自循环。

第四，实现绿色基础设施和灰色基础设施的有效衔接。海绵城市建设并不是完全只要□绿"，而摒弃传统的"灰"，它是基于我国国情提出的，就必须考虑到我国正处于快速城镇化阶段，纯粹依靠"绿"来解决城市雨水问题是理想化的。

（二）建设途径

海绵城市是生态城市建设的重要组成部分，为实现城市的"海绵体"效应，能够弹性地应对城市雨水问题，建设过程中主要包括三大途径。首先，没有人类活动介入的自然界本身就是一个巨大的循环系统，遵循着物质能量守恒定律。而伴随着人类对自然的影响越发严重，当务之急就是要保护原有的生态环境，发挥河流、湖泊、沟渠、湿地、坑塘等自然水体调蓄雨洪的作用。其次，在城市化快速推进和传统粗放式的建设模式影响下，许多区域的生态环境已遭到严重的破坏，在这些区域最迫切的要求就是要采取生态措施和工程措施实现生态恢复与修复。最后，在当今城市建设过程中，要遵循低影响开发的理念，努力实现开发前与开发后城市水文特征基本接近的目标，尽量维持自然的水文循环系统。

（三）设计方法

海绵城市理念导向下的废弃矿区再生设计，首先必须明确其出发点不仅仅是解决矿区内部的雨水问题，对于城市周边露天开采的废弃矿区而言，更重要的是要将矿区纳入整个海绵城市体系建设中，既要接纳城市过剩雨水，也要在城市缺水时实现再利用价值。基于此，在设计过程中，就必须从宏观和微观两方面进行综合考虑，结合海绵城市建设的要求、途径、技术等，这里主要从废弃矿区的绿化、水体、建筑和道路四方面进行设计。考虑到水体和绿化的低影响开发设计对雨水的收集、储存、净化能力更强，这两者的设计目标更强调发挥为城市服务的功能，而建筑和道路的设计更多的是解决矿区内部的雨水问题。

1. 绿化设计

废弃矿区的绿化设计旨在实现土地资源的多功能利用和绿地功能的扩展。首先，废弃矿区植被破坏严重，以复绿的形式可以达到保持水土、涵养水源、减少灾害的目的。其次，在通常情况下，绿地景观可发挥观赏、游憩、休闲、娱乐等功能，营造良好的矿区环境和城市周边环境。最后，也是更重要的是，暴雨时节，通过低影响开发设施与城市雨水管道的衔接，矿区绿地能够发挥调蓄功能。废弃矿区绿化设计内容主要包括植物选择、竖向设计、生物滞留设施。

① 植物选择。废弃矿区绿化植物选择上，出发点是要通过植物的合理搭配，实现雨水的自然净化，同时兼顾观赏性。首先，要选择适应性强的本地植物，以水生植物为主，一方面可以保证存活率，减少维护成本；另一方面，可以体现地域特色。其次，考虑场地存在塌陷、滑坡、泥石流等隐患，需要选择根系发达、具有较强土壤黏聚力的植物，土壤，为灾害防治增效。同时，矿区填埋了大量的尾矿，需要选择能够适应土壤贫瘠、旱、抗寒、抗病虫，对填埋物化过程所产生的不良毒物和气体具有强烈抗性和净化能绿化树种。

② 竖向设计。竖向设计即地形设计，这里主要是指用于绿化的地形设计，目前数设计中，绿化用地和周围建设用地高度一致，这导致建设用地产生的径流由于坡度原不能很好地传输到绿地中，从而不能通过绿地渗透、储存和净化。在废弃矿区设计中，分利用现有高低不平的地形，在低洼处设计绿地，凭借雨水的自流，引导硬化地面的径流流入绿地、水体等。

③ 生物滞留设施。生物滞留设施是指在低洼地区利用植物、土壤、微生物等自然要素，实现对小范围内雨水的收集、储存、净化，常见的有下沉式绿地、雨水花园和植草沟三大类。

废弃矿区由于长时间的开采，地面通常凹凸不平，可以充分利用凹面设计下沉式绿地，同时矿区开采面积大，凹凸面间隔分布，正好可以布局自然的无规则的小规模绿地，形成一道独特的风景。下沉式绿地是指高程低于周围硬化地面高程 5～25 cm 的绿地系统，主要包括渗透花池和生态树池两类，并在其底部设置排水管和雨水排放系统相衔接。

废弃矿区一般具有规模大、地形起伏明显等特征，采矿场、加工区、洗涤区和废弃物堆场等区域地形相对平坦开阔，适合在此处通过对地形、土壤和植物的设计布局雨水花园，尤其是矿区周边的聚落空间，可以通过雨水花园美化环境、减少污染。雨水花园是一种小规模的花园，相对其他 LID 设施，一般布局在地形平坦的开阔区域，通过设计和植物的种植来储存、净化雨水，它是许多 LID 设施的集合体。

矿区在开采过程中以及后期受滑坡、泥石流等自然灾害的影响，往往会形成许多沟渠和低洼地等；同时，矿区内部遗留大量的废渣、碎石等材料，可以充分利用这些有利条件设计植草沟，尤其是在道路两侧，从而达到减少道路径流的作用。植草沟是种有植被的沟渠，是一种特殊的景观性地表沟渠排水系统，主要用来解决面源污染。其一般分布在道路两侧和绿地内，具有减少径流、补充地下水、净化水质、输送雨水等功能，通常与雨水管网联合运行。按照是否常年保持一定的水面依据，又可以划分为干式植草沟和湿式植草沟。

2. 水景设计

矿区在开采时期，由于对地形、地貌、地下水等自然系统破坏严重，因此废弃矿区水体景观的设计要充分考虑现状地形以及遗留场地的特性，最大限度地利用开采后产生的蓄水空间，如塌陷地、矿井、矿坑、沟渠等，以此为依托合理布局景观水体、蓄水池、湿地公园等具有雨水调蓄功能的低影响开发设施。

① 塌陷地。许多矿区，尤其是地下采矿如煤矿等，由于长时间的挖掘，采空区上方的原始平衡被破坏，地表出现沉降现象，加之废弃后受降雨的影响，往往形成近似椭圆形盆地的塌陷地。塌陷地具有多种危害，包括对国土面貌和生态环境的破坏、耕地锐减、人民的生产生活被打乱等；同时，塌陷地治理成本高，复垦难度大。

从景观设计的角度出发，结合海绵城市理念，充分利用塌陷地形，将其打造成为湿地公园，能够实现经济效益和环境效益的双赢。唐山南湖公园就是将采煤塌陷区改造为湿地公园的成功案例，原本塌陷区生态环境和自然景观遭到了严重破坏，人迹罕至。后综合设计采用多种改造方法，保留和整合沉降区的水景，贯穿于各个水坑，利用场地内的垃圾对局部进行回填，在未来可能塌陷积水的区域种植耐水植物，形成生态环境良好、风景优美的湖区景观。该地块目前已成为一座市民休闲娱乐的场所、集游憩观赏和水上活动于一体的大型生态公园。

城市周边废弃矿区改造成为大型湿地公园，具有多方面的积极意义。首先，直观地改善了城市周边的景观，改变了"青山露白骨"的窘状，既改善了矿区的环境也提升了城市的整体环境质量。其次，从雨水调控的角度看，湿地公园可以成为城市的"海绵体"。丰水季节，吸纳城市雨水降低内涝频率；干旱季节，释放雨水补充城市用水。最后，从气候角度分析，城市周边废弃矿区打造多个湿地公园，可以在一定程度上缓解城市热岛效应。

② 矿坑。废弃的矿坑是采矿区常见的一类矿业遗迹，矿坑是露天开采在地面留下的直观景观。在传统观念里，采矿后形成的矿坑、矿井等遗迹是不可抹去的"地球疤痕"。但是随着人们观念的转变，逐渐对废弃矿坑进行二次开发利用，目前针对废弃矿坑的改造方式主要有两类，一是原状保留；二是覆土种植。

海绵城市理念的提出，为城市周边的废弃矿坑再开发提供了一种新的改造思路，即利用自然水景或因采矿而形成的水体，结合地形条件人工构造水体，营造主题环境，利用水景的流动性串联贯通整个矿区水环境系统。

结合海绵城市理念，充分利用矿坑低洼的地势，存在自然积水或具备引水条件的矿坑，可以通过利用水资源优势将其建设成为湿地公园和雨水花园，这相对是一种生态化、低成本的改造，能够实现环境效益、社会效益和经济效益的统一。

③ 沟渠。矿区开采时，由于洗涤用水和工业用水的需要，往往会形成许多人工的、自然的、小型的沟渠。从微观角度来看，矿区被废弃后，降雨引发的泥石流、滑坡等自然灾害，也会形成诸多的冲沟。这些沟渠和冲沟，正好是雨水汇聚的通道，通过合理地整治、疏通、引导，让其成为雨水排放的通道，发挥输送、储存、净化雨水的作用；从宏观的角度来看，采取工程措施和生态措施，将矿区内部的沟渠、冲沟与周边自然的河道、池塘、沟壑、溪流相连接，让其成为自然水循环系统的组成部分，使得矿区内部的水循环与周边城市的水循环组合成一个大的水循环系统。

3. 建筑设计

废弃矿区建筑主要包括遗留的生产型建筑和矿区周边聚落的生活型建筑。在海绵城市建设理念指导下，建筑一般通过控制坡度、断接、建筑材料等，采取立面绿化和屋顶绿化的方式来收集、存储、净化雨水。目前，墙面绿化、屋顶花园等形式在商业建筑、公共建筑、城市小区等建筑中应用广泛并取得了良好的成效，而在乡村建筑和工业建筑中应用较少。因此，可以尝试将该技术运用到工业建筑中，如福特公司在美国工业区工厂建立了世界上最大面积的绿色屋顶。需要注意的一点是，考虑到采矿对矿区生产型建筑和生活型建筑造成不同程度的破坏和污染，在设计过程中需要因地制宜地采取不同的设计策略。

① 生产型建筑。矿区生产型建筑一般距离采矿区较近，包括办公建筑、材料储存建筑、工人居住建筑等类型，受矿区开采影响大。由于距离矿区较近，不仅污染较严重，而且许多墙面和屋顶都出现了裂痕。因此，在工程措施修复的基础上，可以结合海绵城市理念的绿色屋顶和墙面的设计，一方面可以对其外立面形成保护层且具有艺术感；另一方面，也可以收集雨水，减少径流。生产型建筑收集的雨水，存在一定程度的污染，可以引导其流入建筑周边的雨水花园、植草沟等绿色设施内，经过植物初步净化，渗透到土壤，进而补充地下水。

② 生活型建筑。矿区生活型建筑是指矿区周边的村镇聚落，一般这些聚落建筑连片、集中分布，规模和分布密度较大，并且这些建筑或多或少地受到了矿区开采的影响。矿区废弃后，为了保证这些建筑能够继续安全使用，需对其安全性和美观性进行再设计。在工程措施加固保证其安全性的前提下，可以类比生产型建筑，对墙体和屋顶进行绿化，降低雨水的冲刷力度。与生产型建筑不同的是，生活型建筑与绿地连接，收集的雨水流入绿地内的植草沟、雨水花园、下沉式绿地等设施，并在这些设施周边设计雨水桶和雨水池等，将雨水收集后再利用。从生活型建筑收集的雨水主要有两个用途：一是家用，如牲畜用水、清洁用水等，减少对自来水的依赖；二是农用，可以在枯水季节缓解农林牧渔对雨水的需求。

4. 道路设计

矿区原本是一个小系统，内部拥有完整的交通体系。矿区废弃后，一方面可以在原有交通线路的基础上进行改造设计，建立联系交差的立体交通，创造丰富的游览体验；另一方面充分利用矿区废弃的碎石、碎渣等资源，结合低影响开发的设施，打造绿色交通网络。废弃矿区道路设计内容包括机动车道、人行道和停车场，其中，停车场主要的服务对象为矿区周边聚落的村民和外来游客。

① 机动车道。许多矿区被废弃后，逐渐成为区域交通系统的重要节点。在矿区机动车道的设计时要改变被动的雨水处理方式，充分利用原有的运输线路、地形，打造能够净化、利用、存储雨水的道路系统。具体来说，第一点，选择透水材料，如沥青、混凝土等，充分利用矿区的碎石、尾矿等建设路基，打造透水沥青路面或透水水泥混凝土路面。第二点，道路两侧布局标高要低于路面的绿化带，如下沉式绿地、植草沟等，以便在雨水季节将道路径流引入低影响开发设施进行净化、过滤、收集。第三点，在绿化带底部空间，安装排水管道，设置雨水调蓄系统。

② 人行道。矿区人行道可以采取阶梯式、景观桥式和悬梯式的设计方式，一方面丰富矿区的竖向交通形式和避免雨水的淤积，另一方面，可以为行人和游客提供独特的欣赏视角。在矿区人行道设计中具体考虑以下四个方面：一是铺装材料选择上，尽可能多地使用可渗透材料，考虑到安全性因素，最好以紧密透水砖为主。二是打造立体交通和保留原有的道路轨迹，尤其是矿业遗迹，如运输原材料的铁轨等，使人们在行走时能够感受到一种艺术氛围。三是人行道两侧的绿化设计，在路边设置生态树池等设施，起到蓄水、去污、美化环境的作用。四是由于矿区存在滑坡、泥石流等安全隐患，需要在人行道周边采取边坡防护措施。

第三节　矿区地域文化传承与设计方法

废弃矿区再生是一项系统工程，不仅涉及物质空间重构，也涉及文化层面传承。当前，大量城市公园设计的方法被运用到矿区再生设计中，造成了景观同质化和场所精神的丧失，削弱了废弃矿区作为一种特殊类型景观的价值。废弃矿区作为一种工业遗迹，见证了工业文明的历史。矿区遗迹中包含的生产和生活性建筑、场地肌理、历史记忆等都属于地域文化。这种文化内涵已经融入地方居民的生活与记忆中，当矿区再生时，地域文化应该被尊重和唤起。

一、地域文化与景观设计

地域文化有两个主要特征，即动态性和差异性。地域文化的发展是一个动态演进的过程，地域文化随着人类发展和社会进步而不断地进化，在不同的历史阶段表现出不同的内涵和外在特征；随着文化的交流、碰撞使得地域的边界具有动态和模糊性的特点，在不同的空间领域，地理景观和地域文化具有差异性。地域文化是景观设计的创作源泉，运用设计方法可将地域文化包含的民俗习惯、风土人情等以物质载体的形式予以表现，就景观设计而言，地域文化不单指场景等物质空间，也包括透过物质空间所反映的价值观、审美意识和文化心理等。

二、废弃矿区景观再生设计中地域文化的传承与融合方法研究

(一) 多样统一

关于多样统一设计方法的解读可参考我国遗产保护的演变历程。我国遗产保护通常有三种方法：

第一种是修旧如新，即修复后的面貌展现的是刚建成的状态。修旧如新中的"新"是指用新材料置换原有的材料，同时整饬外观，使之焕然一新。这种做法在获得崭新的面貌的同时，却破坏了历史信息的原真性。随着我国逐步引入西方历史遗迹修复思想，保持全部层面历史信息的修复观念为更多人所接受。

第二种是"修旧如旧"，这是新增的语汇，采用"做旧"的方法与原语汇协调统一，从外观上好像没有修补一样。该方法正是《中华人民共和国文物保护法》所规定的"不改变文物原状"原则的体现。"原状"不仅指文物外貌，还包括文物蕴含的历史信息。"修旧如旧"需要在保护遗产价值的前提下，保护文物的原真性。

第三种方法则是"新旧共生"，即修补的部分采用与原来不同的形式，如颜色、材料、肌理等不同，使得修补的部分遵循可识别的原则，与原有部分很容易区别开。"共生"不是新语汇对旧语汇的简单延伸，而是融合了原有的内涵、要素，进而对其改进和优化。黑川纪章的"新共生思想"是具有代表性的理论，该理论从空间、文化和环境出发，提倡"部分为整体共生、内部与外部共生、不同文化的共生、历史与现实共生"的思想。

(二) 有限触碰

有些废弃矿区的场地和遗留物极具特色，应充分解读场地环境与文化，发挥艺术创造力去激发场地活力。新的设计语汇应对场地有限触碰，尽可能地保存场地原有遗存，从自然环境和历史文化中提取特征并加以强化，这种推波助澜的创作思想可保持矿区地貌的鲜明特色。废弃矿区再生是一个缓慢的过程，特别是生态系统的恢复需要时间，在这个过程中，设计对于场地应该是有限触碰。

(三) 语汇转换

这里，语汇指的是设计语汇，与语言类似，设计语汇也包含"语素""语法"和"章法"，类似于文章的起始、尾声、过渡、高潮等。设计作品的过程也是用设计语言"讲述"一个空间主题的过程，其语汇包括了空间中各种自然和人工的要素。通过设计语法将其组织成多维的空间结构，就像写出一篇优美的文章一样。

原有语汇景观效果不佳或格局混乱，运用多样统一和有限触碰的方法，增加新语汇则会放大缺陷，这时就需要运用设计方法转换原有语汇，生成新的设计逻辑。语汇的转换不同于再造，而是在创造新语汇的同时，充分尊重原有语汇，通过转换延续地域文脉。

(四) 区域共生

地理环境是地域文化的主要物质载体，其通过影响地域人类活动，对文化施加作用。地域独特的地理环境形成的空间限制性，产生了异质性的地域文化。废弃矿区场所和文化是区域地理环境与文化的组成部分，是局部与整体的关系，其景观设计中地域文化的传承

不仅要考虑矿区本身，场所的外围环境也是影响设计的重要因素。要综合协调矿区内外环境，从城市乃至区域角度着眼，综合统筹经济、社会、环境、文化等因素，通过再生设计后的新语汇协调矿区内外矛盾和内外环境的逻辑结构，使矿区要素与区域环境共生为有机整体。

第四节　大地艺术方法运用与废弃矿区再生设计

废弃矿区是人类过度攫取矿产资源，对生态环境造成严重破坏后，弃置不用的区域。由于过度开发，废弃矿区的生态和人居环境破坏严重，生态失衡、地质灾害频发、污染严重、景观资源受损，进行环境再生设计迫在眉睫。废弃矿区景观再生设计是一项系统工程，除了涉及环境科学和工程等学科外，艺术学科的重要性也逐渐凸显。废弃矿区有一种荒凉、凄美、神秘的原始感觉，较易塑造艺术个性。大地艺术在大自然中创造出来，能够增强环境的感染力，提升矿区景观质量，在矿区场所精神的挖掘、矿业遗迹再利用、受损地表修复等方面作用明显，是废弃矿区景观再生设计的有效手段。大地艺术形式多样，有些大地艺术注重凸显艺术作品本身，忽视与自然环境的融合；另外一些作品则遵循自然的演进规律，以最小的场地扰动展现场所精神。后者与废弃矿区再生设计理念一脉相承，是本书强调的再生设计的重要方法。

一、大地艺术的概念

大地艺术（Land Art 或 Earth Art）是艺术家们以大地上的平原、丘陵、山体、水体、沙漠、森林等自然景观以及日月星辰、风雨雷电等自然环境为背景，对地表自然物质和人工痕迹进行创作的艺术形式。大地艺术家受极简主义、观念艺术、行为艺术等影响，突破了在室内进行艺术创作的传统模式，在广袤的大地上，以简单质朴的方式，创造超大尺度的艺术作品，同时诠释场所精神和艺术感悟。

二、大地艺术表现手段

大地艺术表现形式主要分为两种。一种是"自然式"。创作时，多采用自然界本身的材料，融合自然与艺术，使人与自然的沟通更加直接。大地艺术作品在大自然中创作出来，观赏者也要到大自然中去体验艺术作品与自然融合的魅力。"自然式"大地艺术作品注重与自然环境的融合，实现对环境的最小扰动，人的创作仅是大地艺术的一小部分，更多的创作是由大自然遵循自然规律来完成。另一种是"人工式"，这类作品由人工材料和装置组成，作品表现力通过人工材料来展现。"人工式"大地艺术作品更加突出艺术作品本身，希望通过艺术作品传递作者的思想或对社会问题的思考。

当前对于大地艺术的评价主要有两种观点：一种观点认为，大地艺术是对场地的生硬破坏，"是男性强权强加给地球母亲的生硬断言"。另一种观点则认为，大地艺术创作类似于耕作或园艺，是对大地的美化或矫正。废弃矿区是一种受损的环境，环境再生的主要目标是重构生态系统，保护和利用工业遗产，实现生态价值、美学价值和社会经济价值的多赢。基于这样的目标，废弃矿区再生设计中的大地艺术应该取其精华、弃其糟粕，摒弃不符合自然演进规律的部分，充分吸取"自然式"和"人工式"的优点，实现绿色设计的目标。在进行废弃矿区大地艺术创作时，不能机械地将作品与场地割裂开，不能为凸显作品而破坏生态环境。应尽量挖掘场地工业遗存的价值，充分利用场地现有材料进行节约型设计。大地艺术作品应该符合环境美学理念，是"可持续性"的设计，要运用简洁的形式和自然的材料，采用对场地最小扰动的方式创作出符合自然演进规律的作品。

三、废弃矿区景观再生中大地艺术设计方法

大地艺术是废弃矿区修复和再利用的有效手段之一。大地艺术联系了历史和近现代文明，通过艺术手段使受损的环境和看似毫无价值的工业遗迹重新焕发了活力，为废弃矿区再生提供了新方法。废弃矿区的历史、文脉以及自然和人工要素成为大地艺术创作的源泉。艺术家运用这些素材唤醒了人们对于工业文明的记忆，促使人们反思这种利用自然资源的同时也对自然环境造成了严重破坏的模式。废弃矿区景观再生中大地艺术设计方法主要有：挖掘矿业遗产美学价值，运用原始的简单形式，采用自然材料进行艺术创作，对场地的干扰最小，注重时间和空间因素的运用以及凸显暗喻的思想等。

（一）挖掘矿业遗产美学价值

传统的美学认为废弃矿区景观是丑陋的。贫瘠的土地、裸露的岩石、锈迹斑斑的金属、残缺的建筑、横流的污水以及残垣断壁，这些场景很难与美或艺术相联系。但大地艺术家们认为废弃矿区是一种文化景观，见证了工业文明的缘起、辉煌与衰落。矿业遗产具有时间之美，建筑和机械上斑驳的锈迹在诉说着曾经的辉煌，引起人的无限遐想；矿业遗产具有技术之美，代表性的工业建筑和设备见证了工业技术发展的历程；矿业遗产具有情感之美，其承载了矿区建设者的情感，包含了一代代建设者的心血和智慧。矿业遗产具有多种美学价值，是大地艺术创作的灵感源泉。

（二）运用原始的简单形式

抽象性是大地艺术的重要创作原则和方法，需要提炼最具典型的形式，挖掘场所精神，形成艺术原型，并运用简洁而质朴的元素来进行表达。抽象几何是大地艺术中常用的形式，看似单调，实则形式简练、特点突出，具有可变性和多样性，易于唤起人们的集体记忆。因此，在大地艺术创作中，通常会在简单几何形的基础上进行拉伸、旋转、交叉、切割，创造出富有动感的形体。

抽象几何形体之所以在大地艺术中广泛应用，除了抽象几何形体原型具有较强的可塑性外，更重要的是抽象几何形体是一种承载着历史和文化的符号。这些符号或使人联想到具体的自然形象，或使人会意，或具有某种象征性。

（三）采用自然材料

大地艺术家运用泥土、植物、石头乃至自然现象作为创作素材，通过艺术化加工，使这些自然材质的独特性得到发挥。在废弃矿区大地艺术设计中，应在符合生态要求的前提

下巧妙地运用自然材料，使材料与矿区环境共同作用，创造丰富宜人的空间。

运用场地自然材料设计成一系列堆叠的岩石龛，为候鸟、哺乳动物和无脊椎动物提供了栖息地，保护它们免受风和掠食者的袭击。同时，设计者设计了公共通道和徒步旅行路线，创造鸟类和哺乳动物栖息地，并保存文化资源。

（四）最小的场地干扰

进行大地艺术创作前，需要透彻地分析废弃矿区的气候、地形、地貌、植被、水文、历史文化以及遗留的人工痕迹等现状条件，挖掘场地的自然和人文精神，让大地艺术作品在尊重自然和人文特征的基础上展现矿区的个性，同时实现对场地的最小干扰。

（五）把时间因素融入艺术创作

大地艺术是一门多维空间艺术，不仅有物质性的空间，还有时间维度，并且时间对于作品与周边环境的融合正发挥着重要的作用。

废弃矿区的场地和工业遗存见证了矿业采掘和加工活动使原生自然环境遭受破坏的过程，这种在时间轴上的场地变迁是大地艺术很好的题材，可以展现矿区的历史，也可以警醒人们，工业文明在给人类带来了丰富的物质财富的同时，也破坏了我们赖以生存的家园。此外，废弃矿区的环境修复往往是一个漫长的过程，在这个过程中矿区生态系统逐渐重建，场地由荒芜渐渐恢复生机。大地艺术可以融入矿区修复的全过程，提升矿区景观质量，为单调、破损的环境增添魅力。

（六）暗喻思想的表达

暗喻是修辞语。在设计领域，暗喻即设计师通过暗示传达思想、观念或情感。暗喻是连接环境与人情感之间的桥梁，其通过作品传递给受众。暗喻是大地艺术创作中常用的手法，思想的蕴涵是大地艺术之魂，也是评判大地艺术作品优劣的重要标准，造型、材料和色彩都是其载体。设计者应从矿区历史、文化和场地特征中去提炼精髓，通过作品展示矿区场所精神，表达作者情感和对社会问题的思考；应重新审视人与自然的关系，是无尽的索取还是可持续的发展。

第五节　废弃矿区聚落生态设计

一、矿区聚落的概念

矿区聚落有两种划分方法。一是，根据矿业类型，可以分为石油型、煤炭型、有色金属型、冶金型和化工型等多种类型的矿区聚落。二是，通过区位划分，可分为依托矿业发展而成的聚落和无依托矿业发展的聚落。有依托矿区聚落是指原先没有聚落，因矿业而兴起的；无依托矿区聚落指原先就有聚落，后因矿业的发展而壮大的区域。基于生产和生活需要，矿区中通常包括工厂建筑、矿工宿舍、道路等。矿区与聚落融合后，与聚落功能相配套设施的种类和规模必然增加，如社区中市场、银行、会堂等建筑，此外，还有非物质文化遗产。综合以上分析可知，矿区聚落是矿区的主要组成部分，由于矿产资源开发而兴起，矿业职工及其家属为居民主体，经济社会功能相对独立。

二、矿区聚落存在的问题

随着我国产业升级转型，一些传统的矿业企业由于自身资源枯竭、劳动力外流、开发技术落后、环境承载力过大等问题不可避免地走向了衰落。目前，我国矿区聚落的发展存在以下几个问题。

（一）产业结构单一

矿区聚落过于依赖矿业，产业结构单一，随着矿产资源逐渐枯竭，矿业产业衰退，村镇发展难以为继。

（二）人员外流

随着矿业衰落，聚落配套设施落后，企业薪资无法保证居民的生活需求，导致大量的人员外流，矿区聚落面临着空心化和老龄化的窘境。

（三）污染严重

矿业开采、加工破坏了生态环境，恶化了矿区聚落的人居环境。

（四）矿业文化逐渐消失

随着矿产资源逐渐枯竭，很多矿区村镇聚落逐渐废弃，相应的矿业文化逐渐消失。矿业文化是矿区聚落的精神内核，包括历史、传统、记忆等内容，是矿区聚落复兴的精神源泉。

三、矿区聚落生态设计方法

（一）矿区聚落风貌设计

聚落风貌主要通过自然景观和人工景观来体现，也包含在聚落形成过程中的非物质文化，例如传统习俗、人文历史、当地杂艺等。矿区聚落风貌是基于矿业文化，在矿业环境的影响之下形成的环境特征。

1. 空间布局形式

在矿区聚落发展过程中，有一部分聚落原本就独立存在，其区位、空间格局和建筑形态随着时间的发展已形成一定的规模，后由于矿产资源的开发，对聚落原本的布局形式和结构都造成了影响。而另一部分聚落则完全依托矿业开采发展而成的，其村镇聚落的空间布局主要服务于矿业开采和加工。因此，应依据聚落的区位条件和形成原因进行空间布局优化。对于无依托型矿区聚落，应保护其原有的空间布局，在其基础上进行适当的改造和整治。对于由于矿业开采等原因遭到破坏的地区，应在优化聚落整体布局的前提下进行复原和重建工作，确保居民的生存环境得以改善；对于有依托型矿区聚落可依据所处的地形地貌条件和矿区特色进行空间布局。

2. 矿区聚落色彩风貌

首先，应从当地的地域文化和历史建筑中提取色彩元素符号；其次，宜使聚落风貌色彩与当地的地理环境遥相呼应，创造出人工建筑环境与自然环境和谐统一的色彩景观；最后，应注意体现矿区聚落的矿业特色，营造矿业特色鲜明的矿区聚落色彩风貌。

3. 建筑立面风貌

矿区聚落建筑立面改造主要有如下方法：一是对于具有一定历史价值的民居应进行保护和修缮；二是对于能够代表矿区历史的建筑应予以保留；三是对于质量较差并且影响聚落整体风貌的建筑应予以拆除。

（二）矿区聚落公共空间设计

矿区聚落公共空间主要包括街巷、广场等。

1. 街巷空间设计

街巷是聚落居民活动的主要场所，也是整个聚落的脉络和肌理。由于建筑的布局和地势的影响，形成弯曲、笔直、狭长、宽敞等形式不一的空间。街巷和沿街立面的改造也会形成虚实统一的变化效果。对于矿区聚落的街巷景观来说，应结合其矿业文化的特色，在铺地材料、植物配置、空间形式等因素中融入当地矿业文化的景观元素，增强矿区聚落的可识别性和协调感。

2. 广场设计

广场是矿区聚落公共空间的重要组成部分。从功能上划分，矿区聚落的广场主要分为两类：一类为生活性广场，其主要功能为日常交流、健身休闲、娱乐等。这类广场在设计过程中应空间划分合理、动静分区明确，满足各类人群的需求，特别是在空心化和老龄化严重的矿区聚落，应考虑到老人、儿童和妇女的使用需求。另一类为文化性广场，主要用于展示村镇的历史和举行集会等。广场一般位于村庄的入口区域，可用雕塑、浮雕墙、多媒体技术等形式展示矿区聚落的历史和矿业文化。

（三）矿区聚落植物景观设计

矿区聚落植物景观应充分结合聚落风貌、公共空间及道路进行设计。遵循乔灌草搭配、因地制宜的原则，注重季相变化和造景效果。

在矿区聚落的植物景观设计中，不仅要考虑到乡土植物的特性，还应考虑到矿区废弃地的特殊性。在选择植物种类的时候，应选择适宜在矿区种植的植物，不仅可以改善生态环境，也可实现空间造景的功能。可选用生长力顽强的植物进行种植。例如沙棘、狗牙根、胡枝子、芒草等先锋植物，逐渐形成针叶林和针叶混交林。景观效果较差的矿区建筑和构筑物可栽植攀援植物形成垂直景观带，起到藏拙的效果。

第十章 矿产资源生态环保发展研究

第一节 绿色开采与资源可持续发展

一、可持续发展的提出

（一）珍惜地球资源，转变发展方式

2013 年 4 月 22 日是第 44 个"世界地球日"，"世界地球日"中国的宣传主题为："珍惜地球资源，转变发展方式——促进生态文明，共建美丽中国"。重点落实资源国情国策，普及国土资源科学知识、新理念、新方法和新技术，引导全社会节约集约利用资源，促进经济发展方式转变，共同推进生态文明建设。努力实现人口、资源、环境相协调，促进经济快速发展；以节约能源资源和保护生态环境为切入点，促进产业结构优化升级；实施"科技兴地"战略，加快资源科技创新；深化"完善体制、提高素质"活动，全面提升国土资源管理能力和水平；大力倡导健康、节约、环保的消费模式和良好的社会风气，使全社会都积极投身建设资源节约型和环境友好型社会。

地球日是在环境污染日益严重的背景下产生的。我国从 1990 年开始，每年都举行地球日的纪念宣传活动。地球是人类生存的唯一美好家园，人类在漫长的历史发展过程中，就是靠开发利用地球资源，繁衍生息，增强生产力，提高生活水平，从而创造了人类辉煌灿烂的文明。善待地球，保护资源实质就是关爱和保护人类自身的生存与持续发展。自然资源是地球给予人类的宝贵财产，资源和环境是人类赖以生存的基本条件，是人类赖以生存和经济社会不断发展的物质基础。

地球是人类的共同家园，地球只有一个，它的资源并不是取之不尽、用之不竭的。随着科学技术的发展和经济规模的扩大，全球环境状况在过去多年持续恶化。近几十年来，人类在最大限度地从自然界获得各种资源的同时，也以前所未有的速度破坏着全球生态环境，全球的气候和环境因此急剧变化。

最近，世界保护自然基金会称，按照目前的资源消耗情况，2050 年的地球人只能迁居到两颗与地球相仿的星球上，因为近 30 年人类就已经消耗了地球上 1/3 的可用资源，而对资源的消耗每年还以 1.5％的速度持续增长。

（二）共同发展

20 世纪的科学历程已落下帷幕，人类进入第二个科学的世纪。与 19 世纪人们欢呼科学时代到来的情况不同的是，人们在为已取得的科学成就欢欣鼓舞的同时对世界也陷入空前的忧虑。过去的两个世纪，科学不仅刷新了世界面貌，也改变了人们的日常生活。科学确实造就了不少人间奇迹，但其带来的负面影响也日益增大，甚至动摇着人类生存的根基。人口问题、能源问题、环境污染问题、资源短缺问题、生物多样性破坏问题等，均与科学的发展密切相关。一个世纪以来，有识之士一直在关注着人类的命运，思考着科学的发展道路。值得庆幸的是，今天无论在自然科学、技术应用还是在社会发展方面，其发展模式都在发生着深刻的变化，发展的轨迹正沿着正确的可持续发展的道路延伸。

在人类现代文明的进程中，采矿业是最先兴起的工业。18 世纪中叶产业革命以来，矿业就成为国民经济的基础产业，它推动着近代工业文明的兴起，它的发展与国家工业现代化的进程紧密相关。采矿工业可谓居功至伟，但是，矿产开发是双刃剑，在持续挖掘地下矿床为工业提供各种原料的同时，也给人类的生存环境带来严重影响。20 世纪是人类有史以来生产力发展最快的百年，也是人类对地球环境破坏最严重的百年，许多行业给地球环境带来了严重破坏，矿业就身处其中，它成为地球的主要污染源、灾害源。矿产资源被持续、大规模、掠夺性地开发，引起了严重的全球性环境负效应与环境生态问题。据报道，有数百个环保组织利用国际互联网在责难采矿业、宣扬矿业的危害，以祈呼唤人们反对和限制矿业的发展。但是，不管是过去、现在还是将来，任何国家的工业现代化都离不开矿业，问题的要害不在于矿业要不要发展，而在于矿业发展应该走什么道路。

自 20 世纪 70 年代以来，人们一直在努力寻求人类长期生存和发展的道路。经过人们的不懈探索，提出了一些富有启发和具有重大意义的观点、思想及对策，其中，最具有影响和最有代表性的是可持续发展理念。现在，该理念已经成为全球范围的共识，并把可持续发展提到了战略的高度，视为全球共同的发展战略。人们已逐渐认识到，未来的科技、经济和社会的发展必须走可持续发展的道路，对人类生存环境有重大影响的采矿工业更不能例外。矿业工作者的责任就在于深刻理解可持续发展理念，遵循可持续发展的道路，积极推动矿业科学技术的发展，这是矿业发展的必由之路。

二、可持续发展战略的形成

（一）可持续发展问题的讨论

近代人类社会，由于人口迅速增加、生产不断发展和工业的不断集中，对自然财富的索取量越来越大，随之投向周围的废弃物也越来越多。人类创造的物质文明，在相当大程度上是以破坏自然为代价的，尤其自 20 世纪 50 年代以来，人类面临着人口猛增、粮食短缺、能源紧张、资源破坏和环境污染等严重问题，导致"生态危机"加剧，经济增速下降，局部地区社会动荡，这就迫使人类不得不重新审视自己在生态系统中的位置，去努力寻求新的发展道路。经过人类持续的探索，提出了具有重大意义的可持续发展问题。

（二）人类传统发展模式的转变

可以说，可持续发展理念的提出彻底改变了人们的传统发展观和思维方式。与此同时，国际社会围绕着可持续发展问题，组织了最具历史意义的三次国际会议，推动了人类传统发展模式的转变：

（1）联合国人类环境会议于 1972 年 6 月在瑞典斯德哥尔摩召开。当时人类已面临着环境日益恶化、贫困日益加剧等一系列突出问题，国际社会迫切需要共同采取行动来解决这些问题。这次会议通过了《人类环境行动计划》这一重要文件，之后，迅速成立了联合国环境规划署。

（2）联合国环境与发展会议于1992年6月在巴西里约热内卢召开。会议通过了《21世纪议程》等重要文件。之后，成立了联合国可持续发展委员会。

（3）可持续发展世界首脑会议于2002年8月在南非约翰内斯堡召开。会议通过了《可持续发展世界首脑会议实施计划》这一重要文件。

三次重要国际会议的召开，使人们认识到环境问题与发展问题密切相关，彻底否定了工业革命以来那种"高生产、高消费、高污染"的传统发展模式和"先污染、后治理"的道路，把环境问题列入发展议程；三次国际会议是人类转变传统发展模式和生活方式，走可持续发展道路的里程碑。我国于2003年就对可持续发展做了相关的研究和报告。

可持续发展理念既包括古代文明的哲理精华，又富蕴着现代人类活动的实践总结，是对"人与自然关系""人与人关系"这两大主题的正确认识和完美的整合。它始终贯穿着"人与自然的平衡、人与人的和谐"这两大主线，并由此出发，不断探求"人类活动的理性规则，人与自然的协同进化，发展轨迹的时空耦合，人类需求的自控能力，社会约束的自律程度，以及人类活动的整体效益准则和普遍认同的道德规范"等，并理性地通过平衡、自制、优化、协调，最终达到人与自然之间的协同和人与人之间的公正。

三、可持续发展的内涵及目标

（一）可持续发展的内涵

可持续发展的含义丰富，涉及面广。侧重于生态的可持续发展，其含义强调的是资源的开发利用不能超过生态系统的承受能力，保持生态系统的可持续性；侧重于经济的可持续发展，其含义则强调的是经济发展的合理性和可持续性；侧重于社会的可持续发展，其含义则包括政治、经济、社会等各个方面，是个广义的可持续发展含义。尽管其定义不同，表达各异，但其理念得到全球范围的共识，其内涵都包括一些共同的基本原则。

1. 需求性原则

可持续发展强调人类的需求和欲望的满足是发展的主要目标。可持续发展立足于人的需求而发展，强调人的需求而不是市场商品；是要满足所有人的基本需求，向所有人提供实现美好生活愿望的机会。

2. 公平性原则

现代公平观包含两层含义：一是经济公平，即经济学意义上的公平，这是市场经济公平、公正原则的体现；二是社会公平，即社会学意义上的公平，即社会财富分配与占有的公平、公正原则的体现。在可持续发展经济理论中的公平也存在这两层不同含义，并强调人类的需求和合理欲望的满足是发展的主要目标，同时，在对待人类的需求、供给、交换、分配过程中的许多不公平的因素时，可持续发展经济的公平原则归根结底就是人类在分配资源和占有财富上的"时空公平"，它突出体现在以下三个方面：一是当代人之间的公平，二是代际间的公平，三是空间分配的公平。

3. 可持续性原则

可持续性是指生态系统受到某种干扰时能保持其生产率的能力，其核心就是指人类的经济和社会发展不能超越资源与环境的承载能力。要求可持续利用自然资源：对于可再生资源，要在保持它的最佳再生能力前提下加以利用；对于不可再生资源，要在保护和尽可能延缓其耗竭速度的方式下加以利用，以便维持到更经济的替代资源利用。对自然资源来说，就是有度地利用自然资源，既发挥它的最大效益，又不损害它的再生和永续能力。

4. 协调性原则

可持续发展过程，必须遵循人与自然、经济与生态、发展与资源、环境相协调的基本原则，对可持续发展经济系统的功能结构进行不断的调整、重组和优化，使经济发展按照可持续发展经济原理增强经济可持续发展能力，既符合经济规律又适应生态规律的客观要求，才能确保经济发展必须在生态环境的承受能力允许范围内满足当代人发展和后代人发展的需要。

5. 高效性原则

高效性不仅是根据其经济生产率来衡量，更重要的是根据人们的基本需求得到满足的程度来衡量，是人类整体发展的综合和总体的高效。保障高的经济、生态、社会效率，保障高的投入与产出比率。

6. 共同性原则

可持续发展作为全球发展的总目标，所体现的公平性、持续性原则，则是共同的。为了实现这一总目标，共同性原则要求必须采取全球共同大联合行动，遵守大家共同认可和制定的国际化标准和规则，负起社会责任等。企业社会（国家、国际、社区等）责任越来越成为竞争力和竞争手段之一。

7. 阶跃性原则

随着时间的推移和社会的不断发展，人类的需求内容和层次会不断增加和提高，所以可持续发展本身隐含着不断地从较低层次向较高层次的阶跃性过程。

可持续发展理念的核心，在于正确规范两大基本关系，即人与自然之间的关系和人与人之间的关系。人与自然之间的相互适应和协同进化是人类文明得以可持续发展的"外部条件"；而人与人之间的相互尊重、平等互利、互助互信、自律互律、共建共享，以及当代发展不危及后代的生存和发展等，是人类得以延续的"内在根据条件"。唯有这种必要与充分条件的完整组合，才能真正地构建出可持续发展的理想框架，完成对传统思维定式的突破，可持续发展战略才有可能真正成为世界上不同社会制度、不同意识形态、不同文化背景的人们的共同发展战略。

（二）全球共同的发展战略目标

自联合国环境与发展大会以来，世界各国和国际组织普遍认识到可持续发展对于本国、本地区和全球发展的重要性，纷纷依据环境与发展大会达成的共识和自身特点，制定各自的 21 世纪议程，以推动全球可持续发展战略的实施。作为全球的共同发展战略，它的最终目标追求可作如下表述：

（1）不断满足当代和后代人生产、生活的发展对物质、能量、信息、文化的需求。这里强调的是"发展"。

（2）代与代之间按照公平性原则去使用和管理属于人类的资源和环境。每代人都要以公正原则担负起各自的责任。当代人的发展不能以牺牲后代人的发展为代价。这里强调的是"公平"。

（3）国际和区际之间应体现均富、合作、互补、平等的原则，去缩小同代之间的差距，不应造成物质上、能量上、信息上乃至心理上的鸿沟，以此去实现"资源—生产—市场"之间的内部协调和统一。这里强调的是"合作"。

（4）创造与"自然—社会经济"支持系统相适宜的外部条件，使得人类生活在一种更严格、更有序、更健康、更愉悦的环境之中。因此，应当使系统的组织结构和运行机制不断地优化。这里强调的是"协调"。

事实上，只有当人类向自然的索取被人类给予自然的回馈所补偿，创造一个"人与人"之间的和谐世界时，可持续发展才能真正得以实现。

四、矿产资源可持续发展

（一）矿产资源的基本特性

矿产资源是指天然赋存于地壳或地表，由地质作用形成的，呈固态、液态或气态的，具有经济价值或潜在经济价值的富集物。可供人类开发利用的矿产资源具有自然属性和社会属性，是两者的统一体，这就决定了矿产资源有如下的基本特征含义：矿产资源是赋存在地壳中的有用岩石、矿物或元素的聚集体；它在目前或可以预见的将来，能被当时的科学技术所开发出来，在经济上是合理的天然物质；它的开发利用，受科学技术、社会需求、经济条件、政治军事形势以及环境保护等因素的影响。矿产资源既具有客观存在的自然物质的属性，又具有社会、经济、政治乃至军事的属性，从本质上看，是一个技术经济概念，更确切地讲，应是一个经济概念。

矿产资源具有以下 14 个方面的基本特性：天然性、经济效用性、相对性、基础性、不可再生性、有限性、空间分布的不均衡性、耗竭性、稀缺性、勘查工作的探索与高风险性及高收益性、矿产资源在开发建设周期上的长期性、开采利用上具不可逆性及非弹力性和集中垄断性、其丰度直接影响开发的经济效益性、矿产资源开发利用的负外部性。

（二）矿产资源可持续发展的原则

矿产资源的可持续发展是指：矿产资源必须能满足世界和国家经济社会发展所必需的供应，达到供需的平衡，保证国民经济和社会可持续发展；保证矿产资源供应的开发利用过程必须是可持续发展的，必须做到资源具可供性、技术具可行性、效益具经济增值性、环保具达标性等；矿产资源供应必须与人口、经济、环境、社会、资源协调发展；矿业人力资源具可持续性。矿产资源可持续发展必须遵循以下主要原则：

1. 公平性原则

矿产资源在代际时间纵向配置上必须公平。要求我们当代人类要尽量减少对现有矿产资源的消耗量，以必要需求为前提，实行适度消费原则；提高矿产资源开发利用的科技水平，加强矿产资源管理，以完善的市场化优化配置各种经济要素资源，提高资源的利用率；加强循环消费和替代消费；加强对现有矿产资源的保护等。

代内和空间公平。矿产资源不仅其储量在全世界分布极不平衡，而且被世界各国所利用的程度不相同，同时它对各个国家的发展所起的作用也是不同的。欧美发达国家的富足是建立在对发展中国家的自然资源的剥削和掠夺的基础上，它们的发展是对发展中国家的利益和权利的严重侵犯和损害的结果，发展中国家必须加强联合，争取自己的必要权利，改变现有的不合理经济政治秩序，加快自己的发展，以利于自己可持续发展，国家内部也必须实行改革，公平分配福利。

2. 可持续利用原则

可持续利用是以保存和不使其耗尽的方式利用。延缓某种矿产资源耗竭的及早到来，加强替代资源的早日到来，便是实现矿产资源的可持续利用。

3. 环境与发展协调一体化原则

矿产资源包含在广义的环境的概念之中，必须加强对环境的保护。然而消除贫穷是实现可持续发展必不可少的条件，而在一些地方（尤其是一些发展中国家）要消除贫穷就必须发展矿业，将资源优势转化为经济优势。少数发达国家借环境保护之名，限制发展中国家的经济发展，阻碍可持续发展目标的实现。可持续发展与适当的方式进行的矿产资源的开发利用不但不矛盾，而且能相互促进。

4. 共同性原则

可持续发展作为全球发展的总目标，要求必须采取全球共同大联合行动。中国在国家层面上坚持：持续发展，重视协调的原则；科教兴国，不断创新的原则；政府调控，市场调节的原则；积极参与，广泛合作的原则；重点突破，全面推进的原则。

（三）我国矿产资源可持续发展的目标

《中国 21 世纪议程》中矿产资源可持续发展的目标可以归纳为：通过健全和完善矿产资源的管理、开发和利用的体制、政策和法律以保证矿产资源的合理和低环境成本开发及利用，使矿产资源能够持续供应，充分满足国民经济建设和社会发展对矿产资源的需求，全面提高矿产资源开发利用的经济效益、环境效益和社会效益。《中国 21 世纪初可持续发展行动纲要》中矿产资源可持续发展的目标可以归纳为：合理使用、节约和保护资源，提高资源利用率和综合利用水平；建立重要资源安全供应体系和战略资源储备制度，最大限度地保证国民经济建设对资源的需要。在矿产资源利用上，进一步健全矿产资源法律法规体系；科学编制和严格实施矿产资源规划，加强对矿产资源开发利用的宏观调控，促进矿产资源勘查和开发利用的合理布局；进一步加强矿产资源调查评价和勘查工作，提高矿产资源保障程度；对战略性矿产资源实行保护性开采；健全矿产资源有偿使用制度，依靠科技进步和科学管理，促进矿产资源利用结构的调整和优化，提高资源利用效率；充分利用国内外资金、资源和市场，建立大型矿产资源基地和海外矿产资源基地；加强矿山生态环境恢复治理和保护；在矿产资源战略储备方面，建立战略矿产资源储备制度，完善相关经济政策和管理体制；建立战略矿产资源安全供应的预警系统；采用国家储备与社会储备相结合的方式，实施石油等重要矿产资源战略储备。所有目的与措施都包含于走新型工业化道路和科学发展观的要求中。

五、绿色开采对煤炭可持续发展的意义

随着矿山的开发和利用，矿山环境问题和因其引起的各种次生地质灾害现象已逐步显露端倪，有的还造成严重后果。因此，"资源开采—环境保护—矿区可持续发展"的平衡关系，是进行资源开发所面临的全局性课题，即煤炭资源"绿色开采"，符合这一平衡关系的矿区开发模式，称之为可持续发展的"绿色矿区"模式，其核心内容之一就是要实现"绿色开采"。"绿色开采"对煤炭可持续发展意义在于：

（1）绿色开采要求开采技术水平提升。我国煤炭行业整体技术水平较低，长期走粗放型发展路线，生产集约化程度很低。绿色开采必然要求多层面、多角度的技术创新。

（2）绿色开采要求系统高效利用产品。绿色开采要求从广义资源的角度看待矿区范围内的煤炭、地下水、煤层气、土地、煤矸石，以及在煤层附近的其他矿床等可用资源，在追求最佳经济效益和社会效益的同时，尽可能减少对环境的负面影响。

（3）绿色开采要求全面评价企业效益，综合考虑生态环境。绿色开采以生态大系统的观念来看待、评价企业的经济活动，实现生态大系统的可持续发展。这自然要求企业在追求自身经济效益的同时，要全面考虑社会效益与环境效益。

六、绿色开采与科学采矿

（一）现代化矿井和科学开采的技术框架

采矿不重视安全和环境保护，就是一种野蛮和掠夺式（对资源产出地区）的采矿。煤炭行业在满足经济发展的同时，必须要解决行业负外部性带来的一系列问题，使煤炭行业在适应大规模产能情况下能够健康发展，由此，提出了科学采矿理念。科学采矿就是在保证安全和保护环境的前提下高效高回收率的采出煤炭。

科学采矿涉及在各类开采条件下采矿技术的前沿问题，科学采矿的实现必须依靠科学技术的进步。另外，作为现代化的煤炭工业必须实现节能低碳运行。

归纳起来，科学采矿涉及技术包括高效开采、安全开采、绿色开采和高回收等方面的技术。高效开采技术是大力推进匹配于不同开采地质条件煤矿机械化、数字化、智能化发展进程，提高煤矿生产效率，降低井下工人数。安全开采技术以人为本，加大安全技术的研究和相关费用的投入，防范各种事故灾难的发生，百万吨死亡率达到国际水平。同时，还应增强对井下职工作业环境中粉尘、高温、噪声等危害因素的控制，防止矿工伤亡与职业疾病的发生，提高对煤矿工人劳动的尊重和身心健康的保护。绿色开采技术以控制岩层移动为基础，以保护环境为原则，利用煤与瓦斯共采、保水开采、减沉开采等开采方法，

减少废弃物和环境有害物排放，在环境损害最小状态下达到最大的资源回收率。高回收是要求对资源的珍惜。节能低碳技术是充分利用矿井开采的物质资源与能源（如地热）资源，达到节能和提高资源利用率，实现矿区低碳发展。

（二）高效开采技术

高效开采是矿井永恒的主题。高效开采技术分为机械化、信息化和智能化三个层次。机械化是指矿井生产全过程的机械化，包括采掘全部生产工艺的机械化、运输提升机械化等。数字化是以先进的煤矿机电一体化技术、计算机技术、3S技术（遥感技术 RS、地理信息系统 GIS、全球卫星定位系统 GPS）与信息化相适应的现代企业管理制度为基础，以网络技术为纽带，以煤矿安全生产、高产高效、可持续发展为目标，实现多源煤矿信息的采集、输入存储、检索、查询与专业空间分析，并实现多源信息的多方式输出、实时联机分析处理与决策、专家会诊煤矿安全事故和生产调度指挥等。无人工作面是煤矿高效开采中智能化的标志性技术，在工作面安全专家系统的保护下，通过有线或无线方式远程控制关键生产设备，监测其工况，利用割煤设备（刨煤机或采煤机）的自主定位与自动导航技术、煤岩自动识别技术、液压支架电液控制技术、刮板输送机自动推移技术、工作面自动监控监测技术、井下高速双向通信技术和计算机集中控制技术等自动完成割煤、移架、移刮板输送机、放煤和顶板支护等生产流程，动态优化作业程序，实现工作面生产过程自动化、采煤工艺智能化、工作面管理信息化以及操作的无人化，从而确保高产、高效和安全生产。

（三）绿色开采技术

绿色开采技术是指考虑环境保护的煤炭开采技术。生态脆弱地区煤矿绿色开采应得到特别关注。开采破坏了原来的岩体平衡，引起地面沉降，又直接影响地下水系。开采是一次对地下水的疏干过程，造成大量水土流失，对缺水的干旱地区生态影响较大。全国96个重点矿区中，缺水矿区占71%。为此近期提出的开采重要技术原则之一应该是使"单位资源采出量的环境损失为最小"。

1. "开采—充填—复垦"体系

采矿最大的破坏是地面环境和地下水系。对村庄和建筑物的保护可依靠充填和条带开采解决；而对大量破坏的农田则需依靠复垦解决，由此必须在矿区全面实现"开采—充填—复垦"体系。充填（条带）开采是对岩层扰动最小的控制技术，是应该扩大使用的绿色开采技术。有人提出，生态脆弱和人口稠密区应实行"无塌陷开采"，即充填（条带）开采技术。在利用条带开采时，为了提高资源回收，可利用充填采出条带。

目前发展了矸石、膏体和超高水充填技术以置换煤炭。将来还可以在一些地区发展用沙漠中的沙置换煤炭。充填开采技术推广的主要阻力是成本，因此应解决如何降低材料成本，同时应研究以最小的充填量达到岩层控制的目的。

2. 预防开采对生态环境破坏

根据岩层特性，开采对地下水的影响可以分为以下情况：

（1）开采没有破坏地下水系（如大部分南方和华东地区），此时地面环境可采用复垦解决。由此形成"开采—充填（建筑物下）—复垦"技术体系。

（2）如果开采破坏了地下水系，如富煤的鄂尔多斯地区和陕北榆林地区，部分集水的沟谷地区是长时期地质变动形成的，是以地下水和砂层潜水径流补给网为基础的生态区域。这种生态与地形地貌及地层岩性构造密切相关。受地形地貌控制，地下水以渗流的形式排泄于沟谷。因此，形成了该地区居民依赖的生态"潜水渗流补给——沟谷网"。开采引起的岩层松动和地貌改变，必然改变潜水流场，破坏补给网，从而影响沟谷的水量，甚至枯竭，最终破坏该地区的生态。榆林地区张家峁井田内原来有 115 处泉水，采煤后 102 处干涸，总流量衰减 95.8%；神木北部一带湖淖数量由开发前的 869 处减少到 2008 年的 79 处。显然，在这些地区开采必须实行"无塌陷开采"，否则大规模开采形成的环境损失将无法弥补。在无法实现保护水资源时应该限制大规模开采，或者采用避免沉降的条带开采，而条带则留待将来采用充填置换。

（3）对中间状态需要进行评估和采用适当的开采措施。开采导致上覆岩层松动，地下水渗入采空区，根据开采导致岩层的裂隙容量决定地下水位下降程度。随着雨水和周围水源的补给，隔水层的再生，水位经过相当时间有可能恢复。此时应进一步评估开采对环境的暂时影响以及可能采取的措施。在水资源贫乏地区，应该研究开采后可能引起的上覆岩层水文地质变化，隔水层的破坏与重新恢复（采用充填等技术）的可能性，以及再造隔水层的可能。在没有隔水层或者无法修复条件下，应该考虑避免地下水的全部流失，将其保存和再利用。在上述条件都不能满足时，应定为暂不可采资源。显然，在这些问题没有得到成熟解决以前，大规模开采是不合适的。

3. "煤与瓦斯共采"技术

单位体积瓦斯对环境产生的温室效应是二氧化碳 20 多倍，瓦斯治理不妥是开采煤炭过程中重大的安全隐患。同时，瓦斯也是与煤炭伴生的清洁能源，目前我国已探明储量达 31.46 万亿 m^3，相当于天然气储量。近期正在逐步形成相应的开采和利用技术。

（四）矿井低碳运行技术

所谓低碳运行，就是充分利用矿井开采的物质资源与能源资源，达到节能和提高资源利用率，实现矿井的节能减排，降低矿井吨煤生产综合能耗，实现矿区低碳发展。主要包括矿井地热资源利用、矿井残余煤柱或低热值煤炭地下气化、矿井大型设备的节能降耗技术、减少温室气体排放（如矿井回风井乏风中低浓度 CH_4 的回收利用技术、坑口燃煤发电厂 CO_2 捕集与井下填埋技术）等。

上述低碳运行技术发展的前景非常广阔。如以矿井地热利用为例，煤矿井下开采的特殊环境形成井下相对恒温层地热源，一方面较高的地温会恶化井下工人劳动环境，同时也是煤矿的一大资源。矿井回风温度常年大体保持恒定，其中蕴藏大量的热能，可利用回风源热泵对热能进行回收利用。该项技术在冀中能源梧桐庄矿得到应用，取消了锅炉房，每年节约标准煤 2 万余吨。

（五）煤炭的科学产能

由科学采矿进而提出了科学产能理念，科学产能是指在持续发展的储量条件下，具有与环境容量相匹配和相应的安全及保护环境的技术，将资源最大限度安全高效采出的能力。显然，产能必须与科技能力匹配，否则会危及安全和环境，只有提升科技能力才有可能提高科学产能。科学产能要求"资源、人、科学技术和装备"都必须到位，是煤炭行业和一个矿区综合能力的体现。

具体而言，科学产能要求达到如下指标：① 综合机械化程度大于70%；② 安全度标准：百万吨死亡率0.1%～0.01%；③ 安全费用在生产成本中占很大比例；④ 环境友好、鼓励支持煤矿充填开采，同时土地复垦率大于75%；⑤ 回采率大于45%；⑥ 难动用储量（条件复杂、埋深大于1500 m）应暂不列入可采储量。煤炭科学产能难由市场解决：

由市场经济形成的管理模式必然使企业以市场为导向，以追求利润为目的。煤炭企业和地方政府可能利用行业的负外部性形成不完全成本，把内部成本转化为社会成本，导致安全投入严重不足、开采破坏环境、资源浪费等问题。由于产能违背了科学发展，受到了社会责难，也因此使行业付出巨大的社会（声誉）成本，最终必然损害行业自身的利益。煤炭开采的负外部性主要表现在：

（1）资源的天赋性——赋存的煤质与沉积条件密切相关，而与科技投入无关，物流成本决定于区位，企业无法选择，有的企业物流成本已经超过开采成本。天赋条件的差别影响企业应有的投入，也影响企业间公平竞争。

（2）煤炭是大自然赋予的稀缺资源，而资源又因易于取得而难以定价，导致无偿或廉价使用，过度开发，不被人们所珍惜。

（3）采矿是从环境中获取资源，必然破坏原有的环境平衡，而难以作出补偿，最后必然导致产出地为环境付出巨大代价。

（4）安全难以控制，百万吨死亡率是衡量煤矿安全的重要指标。而且煤矿工人工作环境恶劣，加上经济收入低，行业社会地位低下，影响身心健康，人才难以聚集。

由于煤炭在利用过程中超越了环境容量，由此对煤炭能源引起争议。应该说煤炭在环境容量内使用是洁净而且低成本的能源。而环境容量又受多个因素约束，而这些约束的解决需要依靠科技进步。只有形成与产能相适应的煤炭科学开采和利用的技术，在环境容量和安全允许范围内开采和利用煤炭，才能彻底改变煤炭行业形象。当下，煤炭仍然是我国不可或缺的重要能源和资源。

（六）完全成本

完全成本是科学采矿的经济基础。所谓完全成本，是指人们科学开发合理利用煤炭资源所付出的各种成本的总和，是全社会为煤炭资源利用而付出的真实成本。按照科学采矿的要求，就是将采矿的外部成本内部化，社会成本企业化，其完全成本应包括资源成本、生产成本、安全成本、环境成本和发展成本。

由于采矿在环境与安全上的负外部性，导致形成不完全成本。其程度随着开采条件和企业区位不同而存在很大差别，由此影响内部成本向社会成本转化的数量。实现煤炭完全成本的难度是：资源、安全（以人为本）和资源产出地环境损失（尤其是舒适型环境资源）难以量化评估。产出地环境损失得不到补偿，导致产量（超过环境容量）越大环境的隐形损失越大，这类成本存在很大的弹性和相对性。企业以盈利为目的，而面对很大的开采和区位条件差异，行业内部对不公平竞争又缺乏协调管理，由此制约企业成本的合理投入。完全成本的实现必将影响煤炭价格及有关领域的经济关系。

市场经济是利益的博弈，煤炭企业的经济效益受开采条件、煤质和区位的影响很大，由于缺乏行业协调与管理，从而形成不公平竞争，由此导致开采条件好的企业大量盈利，而开采条件差的企业必然以减少应有的投入弥补可能出现的亏损。煤矿工人是社会的弱势群体，他们的劳动应该受到尊重。事实上煤矿工人要达到体面而又有尊严地劳动还需要作出巨大的投入和努力（我国每年煤矿工人患尘肺病和死亡人数更为惊人，因此改善矿工的工作环境更为重要）。负责任的企业在获得经济效益的同时对产出地造成的环境破坏加以修复，而且着力于改善矿工的劳动条件，提高矿工的安全生产可靠性和合理收入，帮助矿工生活的产出地由资源优势变成经济优势。

目前，有一部分企业在获得了经济效益后，为了追求更多利润，在企业自身生产和安全科技问题没有解决的情况下延长产业链，但又缺乏风险评估、技术与信息优势和行业协调，几乎很难盈利。由此使煤矿辛苦获得的利润，在行业自身问题没有得到解决的情况下，资金外流，形成"以煤养其他行业"的格局。

第二节　循环经济发展

一、国内高寒地区褐煤开发

霍林河矿区：坚持"煤为核心，电为保障，煤电铝、煤电硅为两翼，清洁能源为重点，构建循环经济产业集群"的战略思路。立足蒙东，依托霍林河、白音华、巴其北三大煤田，不断扩大各产业规模。重点在通辽、赤峰、锡林郭勒盟三盟市进行"3421"产业布局，逐步形成霍林河、白音华、巴其北三大煤炭基地，霍林河、通辽、赤峰、白音华四个火电集群，通辽（铝）、白音华（铜锌）两个有色金属原材料加工基地，白音华光伏产业原材料（多晶硅）加工基地，并以此拉动上下游延伸产业多元发展，形成霍林河煤电铝、通辽铝电、白音华煤电硅循环经济产业集群，进一步促进地方经济的快速发展。

伊敏矿区：华能伊敏煤电有限责任公司是 1989 年国务院为实施资源优化配置批准的全国第一个煤电联营企业，是中国华能集团公司全资子公司。露天矿原煤直接送往电厂，一矿供一厂，要求煤矿适时、连续、均量向电厂供煤，具有可靠性。企业实施全新的管理体制和经营模式，实现了煤电一体化经营战略，从统一规划、统一设计到同步建设，做到了各环节的紧密衔接，实行煤—电—水—灰一体化经营，将一次能源就地转化成二次能源，变输煤为输电，成功地开创出煤电开发的全新的管理体制和经营模式。

宝日希勒矿区：神宝能源公司所属的宝日希勒露天煤矿始建于 1980 年。坚持"艰苦奋斗、开拓务实、追求卓越"的企业精神和"科学发展，对标一流，打造 5000 万 t 煤炭生产基地"的企业发展战略，全面落实科学发展观，抓住改革、发展、创新这条主线，做强主业，做大规模，拓宽发展空间，追求国家、企业、职工和股东利益最大化。

平庄矿区：平庄煤业的开发模式是"以煤为主、多元发展"，是指在以煤为主的格局下，依据产业链和资源禀赋，发展煤炭及相关产业，提出"389"发展思路，即建设三大基地、形成八个产业板块、完成九项重大工程。三大基地是蒙东基地、"三西"基地和新疆基地。八个产业板块是煤炭、电力、煤化工、锗业、现代物流、建材、矿山机械设备维修和石灰石开发。九项重大工程是在"三西"地区获取优质煤炭资源，三大基地（蒙东、"三西"、新疆）建设工程，重组、置换电厂工程（元宝山电厂、京能热电厂、朝阳热电厂），新建电厂工程（锡盟热电厂、林东火电厂），新疆煤制天然气工程，蒙东（白音华、锡盟）褐煤提质工程，锗深加工工程（锗单晶片、锗镜头、有机锗），物流园区建设工程，安置富余人员工程（发展建材、矿山机械装备维修、石灰石开采）。

胜利矿区：胜利西一号露天煤矿本着"优化工艺、降低投资、提高效益"的原则，确立了"工艺简单化、设备大型化"和"能租赁的不购置、能外委的不自营"的建设思路，最大限度的实现社会服务化，5号煤层以上的剥离物全部外委，5、6号煤层之间的剥离物及5、6号煤层的开采采用单斗-卡车工艺（单斗挖掘机和卡车组合）。胜利东二号露天煤矿实现煤炭资源的就近转化，大唐国际在"锡多克"能源重化工基地规划了多伦煤化工、克旗煤制天然气、锡林浩特电厂项目等转化项目。

二、霍林河煤电铝循环发展模式

循环发展模式符合走可持续发展道路思想的基本要求，霍林河露天煤矿重视经济发展模式，最大化地开发利用煤炭资源，创造出更高的经济效益，经过数十年发展逐渐探索出自己的发展道路。

（一）煤电铝产业能源流动链

1. 煤炭向电力产业能源转化

对于低热值（单位发热量低于2700 kcal）的褐煤资源，蒙东能源公司通过建设自备电厂、坑口电厂等方式，利用以往被扔弃的低热值褐煤资源发电，实现了资源的就地转化。蒙东能源公司共建设或管理通辽发电总厂、霍林河坑口发电公司、大板发电公司、赤峰热电厂、通辽热电公司、通辽盛发热电公司以及霍煤鸿骏自备电厂7家火电企业。蒙东能源公司现有火电装机容量5700 MW，在建700 MW。

电厂锅炉均采用符合褐煤燃烧条件和要求的异形化设计煤粉炉或循环流化床锅炉，发电机组均采用国产化机组，技术成熟可靠。针对当地水资源短缺的特点，选择先进的风冷机组，电厂用水以蒙东能源公司霍林河和白音华两座水库为水源，有效地利用当地的地表水资源和露天矿开采的疏干水资源。由于霍林河地区地处草原腹地、生态极其脆弱，为了保护当地的自然生态环境，所有电厂项目都采取了相应的环保措施。

2. 电力向高载能产业能源转化

为了充分利用电力资源，同时利用距海港较近、具有自营铁路的运输优势，进一步延伸产业链，发展有色金属冶炼产业，从而实现了"变摒弃为发电、变输煤为输电、变输电为有色金属冶炼"，提高了产品附加值，破解了"褐煤资源浪费""区域电力过剩"等难题。

按照"低热值褐煤—火电—有色金属冶炼"的产业链条，蒙东能源公司建设了若干项电解铝项目，主要包括霍煤鸿骏铝电公司、通辽铝业公司，现有电解铝产能 88.8×10^4 t，在建 6.5×10^4 t。其中，通铝公司 17.3×10^4 t；霍煤鸿骏铝电公司一、二、三期 71.5×10^4 t，三期在建 6.5×10^4 t。

在新建和续建的电解铝工程中，蒙东能源公司采用了高产能、高效率、节省投资和能源、计算机智能化控制大容量点式下料 400 kA 预焙阳极电解槽技术，属于清洁生产工艺技术，符合清洁生产要求。采用熔盐电解工艺，采用干法净化电解烟气。对含有害物质的生产废水处理后复用，污水运行不排放；不含环境危害物质，需外排的生产废水与生活污水一起处理后排放，实现外排水不对环境造成影响；含氟的电解槽大修渣，堆放在设置有污染防护措施的专门堆场妥善保存，适时进行防渗漏填埋；全过程均建设污染治理设施，使污染源得到有效控制，污染物得到有效治理，污染物的排放量控制在最小限度，符合国家排放标准要求。

（二）风火协同构筑微电网清洁发展模式

随着全国节能减排"风暴"的不断深入，有色金属冶炼等高耗能产业的压力越来越大。为了缓解节能减排的压力，同时充分利用蒙东地区丰富的风能资源，蒙东能源公司开始发展风电产业。用风电为有色金属冶炼等高耗能产业提供电能，破解了"节能减排压力大""风能资源浪费"等难题，实现了高耗能产业的清洁化发展。

蒙东能源公司以高效开发利用褐煤资源为基本出发点，充分发挥运输成本较低、风能资源丰富的优势，不断延伸产业链、完善产业结构，构建了"风火互补，实现高耗能产业清洁化发展"的循环经济模式。通过产业延伸、产业循环和多元发展，将单一的资源优势放大到整体产业链条竞争优势，将多元产业的竞争优势转化为经济优势。不仅提高了褐煤资源的利用水平，而且提高了产品附加值、开拓了新的市场、提高了企业竞争力，实现了经济效益和环境保护的双赢。

（三）循环经济发展模式创新

蒙东能源公司实施循环经济模式创新的成效主要体现在以下几个方面：① 实现了发展模式由粗放型向集约型的转变；② 基本构建了一个"资源节约型、环境友好型"的能源企业；③ 构建和完善了"煤—电—铝、煤—电—建、煤—电—硅"三条产业链；④ 完善企业经济运行质量，提高综合竞争力。

1. 实现了发展模式由粗放型向集约型的转变

蒙东能源公司通过实施循环经济模式创新，变摒弃为发电、变输煤为输电、变输电为有色金属冶炼、变单一的火力发电为风火互补，不断延伸、拓展产业链条，提高最终产品的附加值，努力探索高载能产业的清洁化发展之路。由传统的粗放型、外延式的发展模式向更加符合循环经济要求的集约型、内涵式发展模式转变，企业发展的质量不断提升，实现经济发展方式的根本转变。

2. 完善了产业结构，提高企业综合竞争力

蒙东能源公司以低热值褐煤的开发利用为基本起点，发挥区域风能资源丰富、运输成本较低的优势，通过实施循环经济模式创新，逐步构建了"煤—电—建"三条产业链条，即以自备电厂和坑口电厂为中心，以电解铝和铝深加工为重点的"煤—电—铝"产业链；以风电新能源产业为中心，以电解铝和铝深加工为重点的"风—电—铝"产业链；以低热值煤、粉煤灰、疏干水资源综合利用为核心的"煤—电—建"产业链。基本形成了以褐煤开发利用为起点，以自备电厂、坑口电厂和风能发电为中心，以有色金属冶炼为重点，以建材为辅助的产业结构。改变了过去以煤炭开采为主的单一产业结构，提高了最终产业的附加值，使得企业经济运行质量显著改善，综合竞争力和抗风险能力大幅提升。

(四) 霍林河矿区循环经济发展模式实践经验

1. 褐煤资源循环经济利用

针对蒙东地区褐煤热值低、运输半径小等，提出了煤电铝循环经济发展模式，实现了褐煤"变摒弃为发电、变输煤为输电、变输电为有色金属冶炼"发展模式，提高了产品附加值，破解了褐煤资源浪费、区域电力过剩等难题。

2. 风火协同构筑微电网清洁发展模式

通过发展风电产业，并建立起一套包括风功率预测、局域网稳定控制、火电机组快速调节、电解铝负荷自动调整等在内的集电源、负荷、电网控制于一身的自动稳控微电网，实现风火互补为电解铝产业提供电力，形成了一条高载能产业清洁化发展的道路。

第三节　煤炭开发生态环保一体化发展

一、剥离排土与土地复垦一体化

剥离煤层上覆岩土层是露天煤矿生产的第一个重要环节，也是直接损害原有土地资源和生态资源的第一个重要环节。霍林河露天煤矿抓住主要矛盾，改变传统露天煤矿剥离排土只考虑运距经济性和堆放安全性的单纯生产观念，把最初的排弃剥离岩土与最终的排土场土地复垦有机结合起来，吸取国际先进经验，不断探索实践，建立和发展了有利于土地复垦和植被恢复的分土层剥离-覆土施工工艺和按粒度分层序排土的技术路线。

分土层剥离-覆土是首先将草原上珍惜宝贵的表层腐殖土分层剥离，在排土场附近集中保存，最后覆盖在达到设计高度的排土场平台表面和边坡鱼鳞坑、水平沟内，形成有利种植林草植被存活和生长的土壤条件。按粒度分层序排土是首先将粒度大、强度高的剥离岩石堆放在排土场底层，自下而上粒度逐步减小，形成有利于下部堆积层通道稳固、发达，能够保障疏排降水，防止堆积体滑坡垮塌；上部堆积层结构比较紧密，能够防止最后覆盖表土的漏失，最终形成保水保肥的合理土层结构，即可保持排土场表层及边坡的安全稳定，同时为下一步开展土地复垦、恢复植被创造了有利平台。

为此霍林河露天矿区在每天总运量上千车次，总运距近万千米的剥离—运输—排土作

业中，增加了充分考虑恢复生态要求的作业规范和生产调度指挥，根据剥离岩土在地下埋藏的层位和粒度组成，按照排土场最终到位后进行永久复垦的要求，实行定向、定位的安排排土作业，把排土的安全、经济目标上升为兼顾生产与生态恢复的综合目标，把简单的排土作业发展为有计划、有复垦利用目标的排土作业，从而实现了以基本相同的作业量和作业成本塑造出生态效率最大化的土地复垦生态重建基础平台，产生了复垦工程构筑成本最小、形成复垦平台的时间最短的效果。该项从生产源头实现生态保护优化排土的先进技术，其后迅速在各个露天煤矿推广开来。

霍林河露天煤矿是国内率先投产，采用现代化重型设备，以单斗-卡车工艺生产的大型露天煤矿，剥离岩土量大、排土场占地面积大，为实现生态环境保护与生产的同步高效，积极探索合理组织剥离—运输—排土—复垦一条龙联合作业，实现露天煤矿生产与排土场土地复垦的一体化，做到煤炭生产中对排土—复垦实施的及时跟进、整体同步和全过程有效控制。传统露天煤矿生产中因认识和生产组织的局限，排土作业和土地复垦始终"两张皮"，排土场生态恢复重建工作严重滞后，在已经固定成型的排土场上二次经行复垦绿化困难重重。霍林河露天煤矿发挥单斗-卡车工艺运行灵活性强优势，坚决不走回头路，不反复、不折腾，把排土场生态恢复重建工作前移，将生态恢复重建的基础工程建设纳入生产组织调度，把排土场设计、土壤和岩石分层剥离，分别运输排放的作业设计与生产调度，与生态恢复、土地复垦的技术要求紧密结合，并按照下阶段恢复植被和控制粉尘污染的要求，规范整形、洒水降尘，实现变"两张皮"为一体化作业，同步主动实施生态损害防护与减缓措施。与后期被再整理复垦相比，避免了大量重复劳动，可以有效保护更具生产力的表土资源，实现分层重构排土场土壤结构。通过合理的分层序排土路径调整，可以减少重型机械对表土层反复碾压次数60%以上，避免表层土壤压实板结，提高了持水保肥能力，改善复垦种植林木所需要的被立地条件。在此基础上，综合开发和应用系统化土地复垦和生态修复技术，实现了排土场重建生态系统的生态功能和生物生产力明显优于原有地表的生态重建。

二、土地复垦与水土保持一体化

由于干旱多风、植被稀疏、降水少但相对集中，霍林河矿区风蚀＋水蚀的复合型水土流失严重，高出地表，由松散岩土物料人工堆积的排土场更会成为水土流失的重点部位。露天煤炭开发同样面临水土保持的重要任务。霍林河露天煤矿探索并形成了在排土场土地复垦中同步实施水土保持工程的一体化技术路线，将水土保持所需防洪工程、排水工程、挡土工程、拦渣工程在排土场土地复垦整形中逐一落实，分别按照临时性工程和永久性工程的技术要求，做到工程同步施工、防护功能到位、及时发挥效益。水土保持监测表明，对排土场平盘和边坡分别采取一体化水土保持治理措施后，效果显著：排土场平盘土壤侵蚀控制率达到96%，风蚀得到了有效控制，排土场边坡受水蚀影响严重，采取措施后，雨后沟蚀数量和冲沟体积减少75%以上，结合雨后的及时填充治理，基本消除边坡水土流失。

通过发展土地复垦—水土保持一体化工程，露天煤矿内外排土场等占用被扰动土地上的林草植被基本得到恢复，土壤降水入渗量增加，排土场地表径流量减少，水资源得到保持，土壤侵蚀得到有效控制，损毁土地的生产力得到恢复和发展，土地利用结构得到改善，为土地资源重生利用，发展生态经济创造了非常有利的条件。

三、水土保持与集水利用一体化

霍林河矿区干旱少雨，有限的降水集中在 6 月、7 月、8 月，严重缺水且降水很快流失成为限制生态植物恢复的资源瓶颈。为充分利用宝贵的天上来水，霍林河矿区学习借鉴西北干旱地区修建水窖的智慧，巧妙地利用排土场各台阶平台形成的场地空间，创新性地建设排土场平盘集蓄水工程，将大气降水收集起来用于排土场植被灌溉。

考虑外排土场平台面积较大，加之重型机械的碾压，平台地面土壤密实度较大，降水入渗慢，集中降雨期汇流量较大且不均衡，集中汇流将破坏平台的完整性和边坡稳定性。为此在设计中将部分连续平整的到界排土平盘，按照 50 m×50 m 的基本规格进行分区平整，用中部的少量取土在边缘修筑挡水土埂，形成围堰分隔，相对水平且具有一定内凹角度的网格化连片集水浅平盘，同时在集水平台网格区中设置多个采取防渗措施的集水坑，利用渠道和抽水泵将各个集水网格中的集水抽到集水坑，集中用于复垦灌溉。露天矿区先后在两座露天矿总面积 2300 hm² 的到界排土场平盘上，建成总集水面积 345 hm² 的排土场雨洪收集利用工程，占排土场平盘面积的 15%，这种集水工程在有效防治表土水力侵蚀的同时，可以蓄留 75% 以上的大气集中有效降水（不计蒸发损失），全年可积蓄的降水量超过 $65×10^4 m^3$，变短促疾雨为细水长流，成为维系短促植物生长季节供给植被生长宝贵的自给水源，大大减少了高成本水车拉水灌溉，使平台复垦植被的三年成活率不低于 95%，按照矿区水车供水 5 元/m³ 运费、5 元/m³ 水资源费的最低成本估算，每年可以节约排土场灌溉成本 600 万元以上，实现了抗旱、节水、节能、保值被成活的综合效益。同时有效消除了排土场的土壤侵蚀现象。

四、生物措施为主的生态保护技术

根据调查研究和与设计、科研单位开展技术合作，霍林河露天矿区确定了全部矿山生态保护与恢复采取"生物措施为主，工程措施为辅"的技术路线，以生物措施固本，恢复植被系统，以工程措施固形，建立生物的立地条件，实现两种措施的优势互补，收到恢复植被、恢复生机，维持生态平衡的良好效果。生物措施主要包括排土场平台与边坡复垦恢复植被、排土场周边种植防护林带、临时建筑用地复垦恢复植被、厂区和运输道路两侧绿化等；工程措施主要包括排土场平台挡土墙、防洪沟、排水沟、排土场边坡护坡工程、道路硬化等。

同时，露天煤矿各项工业污染治理、疏干水利用、工业废水和工业场地生活污水处理等的设计、施工和投入使用，都保持了与主体生产系统的"三同时"，做到夯实环境保护基础，实现清洁生产运行。

五、霍林河生态环境治理技术经验

（一）慢速渗滤污水土地处理系统

霍林郭勒是一座因露天矿开发而兴起的煤炭城市，常住人口迅速由数百人增加到数万人。建矿之初，矿区建设指挥部从发展战略的高度，改变先生产、后生活的片面认识，统筹解决新兴城市的生活污水处理问题。根据规划全面建设城市基础设施，在兴建霍林郭勒市成片工业和民用建筑的同时，投入重金修建雨污分流的地下水收集管网，将全部生活污水集中收集处理，整体覆盖面和收集效果优于东北地区许多老工业城市。

霍林河矿区城市污水处理系统的技术之新、规模之大、投资之巨在全国五大露天煤矿中首屈一指。该项目曾获得中国科学院技术进步一等奖，专家评价认为其达到了"国内首创，国际领先"水平；项目还获得国家环保局"优秀环境工程示范奖"荣誉。由于规划、设计和建设富于预见性，该污水收集系统和处理系统至今仍在继续提供有效服务，处理能力完全满足霍林郭勒市及霍林河露天煤业生活区生活污水的处理需求，并为城市和矿区提供了宝贵的再生水资源。近年来在污水库和净化林的基础上进一步建成了静湖公园，成为年轻的霍林郭勒市一处主要森林与水面景观旅游区，产生了重要的环境、生态、社会和绿色碳汇银行的综合效益。

（二）边坡喷播新技术

露天煤矿排土场边坡面积占排土场总表面积的50%以上，在多阶排土场中的比例更高，由于边坡角度陡，覆土、种植和灌溉均很困难，恢复植被的成活率长期低于排土场平台区，属于排土场中的水土流失高发区，成为排土场土地复垦、恢复植被的重点、难点区域。

在高寒、干旱的霍林河露天矿区，无霜期短，土壤从化冻到冻结只有短短的100天，边坡复垦缺肥少水，植被成活更为困难。为攻克这个技术难题，解决占50%以上复垦任务的边坡植被恢复效率和效果问题，霍林河露天煤矿考察、引进高速公路边坡喷播绿化技术。

无土湿法喷播是霍林河露天煤矿的基础创新，由于客土喷播需要大量腐殖土资源，为解决当地草原土层薄，有机质含量低，腐殖土缺乏问题，霍林河人创造性地提出采用霍林河矿区丰富的褐煤风化衍生物——腐殖酸资源代替客土的设想，开展无土湿法喷播，用腐殖酸代替腐殖土，与草灌种子混合后喷播，同样收到了施工效率高、植物生长快的效果，在一定程度上可以替代成本较高的客土喷播工艺，还可以带动露天矿腐殖酸产业的发展，前景良好。

（三）遵循生态规律，优选复垦植被

霍林河地区自然环境恶劣、自然生态系统脆弱，为解决人工恢复植被的成活率与林草覆盖率，矿区积极开展科研合作，以生物科学和生物工程学为指导，根据生物多样性原则和生态位与生物互补原则，反复进行科学实践，提高了生态复垦的效率和效益。

优化选择树种。根据项目所处区域的自然环境特点，结合树种的生物学特性和生态学

特征，首选抗逆性强、耐寒、耐贫瘠、根系发达、生物量大、生长迅速、对土壤要求不严的优良乡土树种。乔木有侧柏、油松、落叶松、火炬等；灌木有沙棘、柠条、紫穗槐、沙枣，草本植物有沙打旺、草木樨等。在矿区排土场立地条件下生长良好，第一批草灌乔结合的立体复垦区已经步入自我良性发展更新的阶段。

规范排土场造林技术。排土场阳坡造林树种选择侧柏、柠条，侧柏株距 1 m，柠条株距 0.6 m，行距 0.8 m；阴坡造林树种选择油松、杜松，油松株距 1 m，杜松株距 0.6 m，行距 0.8 m。针对矿区高寒、无霜期短，土壤冻结期长的特点，摸索出侧柏、油松在春秋两季植苗造林，柠条采用直播造林，沙棘在春季植苗造林，也可扦插的绿化作业规程。翌年对上一年造林地实地检查，对死亡苗木及时补植，病害苗木及时打药或移除。

（四）全封闭运储装，产煤不见煤

霍林河露天矿区生产煤类以褐煤为主，褐煤的特有岩矿性质是容易风化和发火自燃。在霍林河矿区干燥、多大风的气象条件下，裸露的褐煤在转载、运输、储存、装车的过程中很容易风化，形成细小颗粒物随风扬散，造成大气污染和资源损失。

认识到霍林河开采煤炭的特殊性质后，率先建设的一号露天矿决定采用全过程控制的方案解决褐煤运储装环节的粉尘污染，设计并建设了全长 11.9 km 当时亚洲第一长度的全封闭煤炭带式运输系统，封闭、蜿蜒的从坑下煤炭破碎站一直连接到铁路装车站，实现了运煤不见煤，大风不起尘的全封闭煤炭物流过程。有效控制了北方露天煤矿运输过程中极易发生的煤尘污染，开全国露天煤矿配套建设煤炭全封闭运输系统之先河，成为后期北方露天煤矿设计的样板。

在矿区煤炭物流的终端，建立了封闭煤仓储存和自动化快速封闭装车系统，对外运煤炭列车喷洒表面抑尘剂，可以做到 6 级以下大风天气和 80 km/h 以下行车速度条件不起尘，减少装车和铁路运输粉尘产生量 93%。

随着扎哈淖尔露天矿煤炭生产的发展，同步建设了全封闭式煤炭带式运输系统，全矿区封闭式皮带走廊的总长度延伸到 24.6 km，并投资 20 万元建设了计量准、封闭好，控尘效果好的快速智能装车系统；随着坑口电厂建成用煤的需要，全封闭带式输送机系统进一步延伸到电厂煤仓，实现了煤炭封闭运输在矿区煤炭物流系统中的全覆盖。

露天煤矿开采作业受气象条件限制较多，为满足雨雪天气停产时的煤炭连续供应，各个露天煤矿都建有容量 10×10^4 t 级的大型露天储煤场，在干旱大风矿区也成为无组织排放煤尘污染的重要来源之一。为彻底解决多年煤尘污染问题，霍林河露天矿在 20 世纪 90 年代后期先后投资 1.5 亿元建成了 5 座总容量 55×10^4 m^3 的球顶封闭储煤仓，其中两座容积 20×10^4 m^3，一座容积 10×10^4 m^3，一座容积 50×10^4 m^3。该煤仓建设工程创造了三个第一，即建设时间全国第一，最大单体容量亚洲第一，总容量亚洲第一。

通辽市和霍林郭勒市环保部门的常年例行环境监测数据显示，封闭运输和储煤系统建设前后，矿区环境空气中总悬浮颗粒物（TSP）和可吸入颗粒物（PM）的浓度下降了80% 以上，除大风、干旱的春季个别时段外，环境空气质量达标率超过 90%，矿区四季可见蓝天白云，在国内北方大型露天煤炭矿区空气质量中处于领先地位。

（五）临时周转场高效防风抑尘网

露天煤矿生产受外部环境制约影响大，必须保持一定的临时周转煤量以满足市场需求。通过科学论证与模拟计算，采用先进的轻体高强度支护结构，建成高度 18 m，总长度 1200 m 的全国最高、最长的煤炭临时周转场防风抑尘网，防护面积达 80000 m^2，可以保存煤炭 $20 \times 10^4 t$，保证在 6 级风速下不产生超标煤尘污染。

参考文献

[1] 张春禹.矿区生态修复探究与实践[R].2016全国土地复垦与生态修复学术研讨会:矿山土地复垦理论,技术,实践与评价,2016.

[2] 赵双健.矿山废弃地的生态修复与旅游体验环境营造研究[D].西安:陕西科技大学,2017.

[3] 李佳.基于生态修复理念的石材矿山郊野公园规划:以望城公坤石材矿山郊野公园为例[D].长沙:中南林业科技大学,2019.

[4] 郭娜,郑志林,王磊.废弃露天矿山生态修复及再利用模式实例研究:以渝北铜锣山国家矿山公园为例[J].世界有色金属,2020(12):2.

[5] 郑刘根.淮南泉大资源枯竭矿区生态环境与修复工程实践[M].合肥:安徽大学出版社,2016.

[6] 李向东,冯启言.环境污染与修复[M].徐州:中国矿业大学出版社,2016.

[7] 王辉.煤炭开采的生态补偿机制研究[M].徐州:中国矿业大学出版社,2016.

[8] 朱清.矿产资源开发与生态文明研究[M].北京:地质出版社,2016.

[9] 郭旭颖.露天煤矿采矿工程对酷寒草原区生态环境及水资源影响和恢复治理研究[M].沈阳:东北大学出版社,2016.

[10] 范京道,董书宁,马宏伟.煤矿绿色高效开采技术研究陕西省煤炭学会学术年会论文集(2016)[M].北京:煤炭工业出版社,2016.08.

[11] 陈殿强,张维正,郝喆.海州露天矿矿山地质环境治理理论与技术[M].北京:地质出版社,2016.10.

[12] 李元,祖艳群.重金属污染生态与生态修复[M].北京:科学出版社,2016.06.

[13] 范志平.生态工程模式与构建技术[M].北京:化学工业出版社,2016.03.

[14] 高永,虞毅,汪季.采煤区土壤治理与修复[M].北京:科学出版社,2016.02.

[15] 王莉著.我国矿区生态安全法治建设[M].北京:中国政法大学出版社,2017.11.

[16] 吕志祥.西北生态脆弱区生态补偿法律机制实证研究[M].北京:中央编译出版社,2017.10.

[17] 胡进耀.生态恢复工程案例解析[M].北京:科学出版社,2017.11.

[18] 付保荣,马溪平,张润洁.环境生物资源与应用[M].北京:化学工业出版社,2017.02.

[19] 闵小波,柴立元.有色冶炼镉污染控制[M].长沙:中南大学出版社,2017.06.

[20] 廖启鹏.绿色基础设施与矿区再生设计[M].武汉:武汉大学出版社,2018.02.

[21] 董霁红,房阿曼,戴文婷.矿区复垦土壤重金属光谱解析与迁移特征研究[M].徐州:中国矿业大学出版社,2018.05.

[22] 董霁红.矿业生态学[M].徐州:中国矿业大学出版社,2018.10.

[23] 陈胜华.自燃煤矸石山表面温度场测量及覆压阻燃试验研究[M].北京:中国农业大学出版社,2018.06.

[24] 马守臣.煤炭开采对环境的影响极其生态治理[M].北京:科学出版社,2018.09.

[25] 于文轩.环境资源与能源法评论第3辑环境资源法制的完善与有效实施[M].北京:中国政法大学出版社,2018.12.

[26] 代淑娟,王倩倩,贾春云.菱镁矿选矿及矿区土壤生态修复[M].北京:冶金工业出版社,2019.09.

[27] 方松林.西北地区废旧矿区生态修复研究[M].北京:中国大地出版社,2019.09.

[28] 杨洪飞.废弃矿区的生态修复技术研究[M].北京:北京工业大学出版社有限责任公司,2019.11.

[29] 李晋川,岳建英.平朔大型生态脆弱矿区生态修复研究与实践[M].北京:科学出版社,2019.06.

[30] 杨洪飞.循环理念下矿区的开采与生态修复研究[M].北京:北京工业大学出版社有限责任公司,2019.11.

[31] 李君剑.矿区土壤微生物生态[M].徐州:中国矿业大学出版社,2019.05.

[32] 李海东,沈渭寿,白淑英.西部矿区生态环境调查与评估[M].徐州:中国矿业大学出版社,2019.10.

[33] 刘金山,张兴疗.生态修复重塑美丽河南[M].郑州:黄河水利出版社,2019.12.

[34] 林海,董颖博,李冰.矿区生态环境修复丛书:有色金属矿区水体和土壤重金属污染治理[M].北京:龙门书局,2020.11.

[35] 刘祖文,杨士,蔺亚青.离子型稀土矿区土壤重金属铅污染特性及修复[M].北京:冶金工业出版社,2020.01.

[36] 许利娟.生态文明视域下的生态修复法律制度研究[M].北京:中国商业出版社,2020.12.

[37] 罗旭辉,刘朋虎,高承芳.红壤侵蚀区水土保持:循环农业耦合技术模式与应用[M].福州:福建科学技术出版社,2020.04.

[38] 全占军,张风春,韩煜.中国矿山与大型工程生物多样性保护与恢复案例[M].北京:中国环境出版社,2020.10.

[39] 黄占斌,王平,李昉泽.环境材料在矿区土壤修复中的应用[M].北京:龙门书局,2020.11.

[40] 周连碧.金属矿山典型废弃地生态修复[M].北京:科学出版社,2020.11.

[41] 李建峰,杨光华,刘畅.矿冶污染场地治理与生态修复[M].北京:龙门书局,2020.09.

[42] 薛生国.赤泥堆场土壤形成及生态修复(英文版)[M].北京:科学出版社;北京:龙门书局,2020.07.

[43] 彭少麟.恢复生态学[M].北京:科学出版社,2020.06.

［44］吴克宁,赵华甫,王金满.采煤塌陷区受损农田整理与修复［M］.北京:科学出版社,
　　　2020.03.

［45］周启星,刘家女,薛生国.污染环境修复实践与案例［M］.北京:化学工业出版社,2021.

［46］刘善庆.赣南老区生态文明建设的探索与实践［M］.北京:经济管理出版社,2020.12.

［47］彭苏萍.废弃矿井生态开发战略研究［M］.北京:科学出版社,2020.06.

［48］胡振琪,赵艳玲,肖武.高潜水位采煤沉陷地边采边复原理与技术［M］.北京:科学出版
　　　社,2020.07.

［49］汪云甲,黄翌,邵亚琴.矿区生态环境修复丛书:矿区生态扰动监测与评价［M］.北京:龙
　　　门书局,2021.07.

［50］谢水波,曾涛涛,王国华.矿区生态环境修复丛书:铀矿山生态环境修复［M］.北京:龙门
　　　书局,2021.08.